Francis Crick
Ein irres Unternehmen

Francis Crick

Ein irres Unternehmen

Die Doppelhelix
und das Abenteuer Molekularbiologie

Aus dem Englischen
von Inge Leipold

Mit 9 Graphiken und 23 Photos

Piper
München Zürich

Die Originalausgabe erschien 1988 unter dem Titel
»What Mad Pursuit«
bei Basic Books, Inc., Publishers, New York.

Zur Umschlag-Abbildung: Die Abbildung zeigt ein vom Computer errechnetes Modell einer gekrümmten DNA. Unter Vorgabe einer bestimmten Nucleotid-Sequenz und gestützt auf physikalische Daten über die DNA kam der Rechner zu dem Ergebnis, daß ein solcher Nucleinsäure-Strang gekrümmt sein müßte. Experimentelle Befunde des Max-Planck-Instituts für biophysikalische Chemie in Göttingen wurden damit bestätigt.

ISBN 3-492-03330-X

Gesetzt aus der Times-Antiqua
Umschlag: Federico Luci
Photo: MPG-Pressebild/Diekmann
Gesamtherstellung: Clausen & Bosse, Leck
Printed in Germany

Erfahrung ist der Name, den ein jeder seinen Fehlern gibt.

OSCAR WILDE

INHALT

Vorbemerkung

Die Alfred P. Sloan Foundation engagiert sich seit vielen Jahren dafür, ein breiteres Verständnis der Naturwissenschaften zu fördern. In unserem Jahrhundert ist die Naturwissenschaft zu einem sehr umfassenden und komplexen Unternehmen geworden. Wissenschaftliche Aussagen können Jahrhunderte des Experimentierens und Theoretisierens widerspiegeln und werden normalerweise in der Sprache der höheren Mathematik oder aber in äußerst komplizierten technischen Begriffen formuliert. Je umfassender wissenschaftliche Kenntnisse werden, desto schwieriger ist es, ein allgemeines Verständnis seitens der Öffentlichkeit zu fördern.

Dennoch liegt ein Verstehen des Unternehmens Wissenschaft – im Unterschied zu Daten, Konzepten und Theorien – ganz sicherlich im Rahmen der Möglichkeiten eines jeden von uns. Handelt es sich dabei doch um ein Unternehmen, an dem Männer und Frauen beteiligt sind, die getragen werden von Hoffnungen und Zielsetzungen, die universale Bedeutung haben; belohnt werden sie durch gelegentliche Erfolge, und Mißerfolge bedrücken sie. Die Naturwissenschaft ist ein Unternehmen mit seinen eigenen Regeln und Gebräuchen, aber es ist durchaus möglich, dieses Unternehmen zu verstehen, da es in seinem Kern menschlich ist. Und ein Verständnis dieses Unternehmens vermittelt notwendigerweise Einsichten in das Wesen seiner Produkte.

Die Sloan Foundation möchte an dieser Stelle dem Beraterkomitee ihre hohe Wertschätzung ausdrücken. Zu den derzeitigen Mitgliedern zählen: der Vorsitzende, Simon Michael Bessie, Mitherausgeber der Cornelia und Michael Bessie Books; Howard Hiatt, Professor an der School of Medicine an der Harvard University; Eric R. Kandel, Professor am Columbia University College of Physicians and Surgeons und Senior Investigator am Howard Hughes Medical Institute; Daniel Kevles, Professor der Geschichte am California Institute of Technology; Robert Merton, emeritierter Professor der Columbia University; Paul Samuelson, Professor der Wirtschaftswissenschaften am Massachusetts Institute of Technology; Robert Sinsheimer, emeritierter

Kanzler der University of California, Santa Cruz; Steven Weinberg, Professor der Physik an der University of Texas in Austin, und Stephen White, ehemaliger Vizepräsident der Alfred P. Sloan Foundation. Frühere Mitglieder des Komitees waren Daniel McFadden, Professor der Wirtschaftswissenschaften, und Philip Morrison, Professor der Physik, beide am Massachusetts Institute of Technology; Mark Kac (verstorben), ehemals Professor der Mathematik an der University of Southern California, und Frederick E. Terman (verstorben), ehemals Rektor emeritus an der Stanford University. Die Sloan Foundation wurde in der Öffentlichkeit vertreten von Arthur L. Singer, Jr., Stephen White, Eric Wanner und Sandra Panem. Der erste Verlag, der die Serie herausgab, Harper & Row, war vertreten durch Edward L. Burlingame und Sallie Coolidge. Dieser Band ist der siebte, der bei Basic Books erscheint; Repräsentanten dieses Verlags sind Martin Kessler und Richard Liebmann-Smith.

Albert Rees
Präsident
Alfred P. Sloan Foundation
September 1988

Dank

Angeregt wurde dieses Buch von der Sloan Foundation, für deren großzügige Unterstützung ich sehr dankbar bin. 1978 trat Stephen White an mich heran und überredete mich, eine erste Vereinbarung zu unterschreiben; allerdings zögerte ich die Niederschrift immer wieder hinaus. Vielleicht wäre ich unendlich lange auf dieser Stufe stehengeblieben, wäre da nicht Sandra Panem gewesen, die 1986 Stephen White ablöste. Ihr gefiel mein Plan zu diesem Buch, wie er allmählich in meinem Kopf Gestalt annahm, und ich entwarf, durch ihre Begeisterung ermutigt, ein erstes Konzept. Dank ihrer kenntnisreichen Kommentare wie auch der Vorschläge des Sloan Advisory Committee konnte ich diese erste Fassung beträchtlich erweitern und verbessern. Auch die Hinweise von Martin Kessler, Richard Liebmann-Smith und Paul Golob von Basic Books sowie der Mitherausgeberin Debra Manette, die an vielen Stellen meinen Stil verbesserte, haben mir geholfen. Auch Ron Cape, Pat Churchland, Michael Crick, Odile Crick, V. S. (Rama) Ramachandran, Leslie Orgel und Jim Watson möchte ich danken; sie alle haben mir Anregungen zu den einzelnen Fassungen gegeben.

Als ich das Buch zu Ende schrieb, habe ich mich nicht eigens darum bemüht, all jenen meinen Dank auszusprechen, mit denen ich eng zusammengearbeitet habe und die mich ebenfalls in hohem Maße beeinflußt haben. Ich will also gar nicht erst versuchen, an dieser Stelle alle meine Freunde und Kollegen zu nennen; dennoch gibt es drei Menschen, die ich gesondert erwähnen möchte. Aus dem Text selber geht eindeutig hervor, wieviel ich Jim Watson verdanke. Meine lange und äußerst fruchtbare Zusammenarbeit mit Sydney Brenner kann ich gar nicht genug würdigen. Nahezu zwanzig Jahre lang war er mein engster Mitarbeiter, und im Verlauf dieser Zeit führten wir fast an jedem Arbeitstag lange wissenschaftliche Gespräche. Seine Klarsicht, sein scharfer Intellekt und seine mitreißende Begeisterung machten ihn zu einem idealen Kollegen. Als drittem bin ich Georg Kreisel verpflichtet, einem mathematischen Logiker, den ich immer beim Nachnamen nenne, obwohl wir uns seit mehr als fünfundvierzig Jahren kennen. Als ich Kreisel kennenlernte, war ich im Denken noch reichlich schlampig und ungenau. Sein klarer und strenger Verstand hat mein Denken – langsam aber sicher – schärfer und gelegentlich präziser gemacht. Eine ganze Reihe von Eigenheiten meines Denkens gehen auf ihn zurück. Ohne diese drei Freunde hätte meine wissenschaftliche Laufbahn wohl ganz anders ausgesehen.

Aber auch meiner Familie bin ich zu großem Dank verpflichtet. Sie haben mich nicht nur ermutigt, Wissenschaftler zu werden, sondern mich auch finanziell unterstützt. Meine Eltern haben beträchtliche Opfer gebracht, um mir den Besuch eines Internats zu ermöglichen, vor allem in der Zeit der Weltwirtschaftskrise. Mein Onkel Arthur Crick und seine Frau haben mich während meiner Zeit als graduierter Student am University College finanziell unterstützt, mir auch das Geld für unser erstes Haus gegeben. Meine Tante Ethel brachte mir Lesen und Schreiben bei und unterstützte mich auch finanziell, als ich nach dem Krieg zum ersten Mal nach Cambridge ging; gleiches tat auch meine Mutter. Beide halfen mir zudem, meinen Sohn Michael großzuziehen. Obwohl ich in meiner Jugend nur über äußerst bescheidene finanzielle Mittel verfügte, beruhigte mich doch das Bewußtsein, daß ich, dank meiner Angehörigen, immer genug haben würde, um zu überleben.

In der Zeit, in der die wichtigsten Passagen dieses Buches entstanden, war ich in Cambridge beim British Medical Research Council angestellt. Den Leuten dort – und vor allen anderen Sir Harold Himsworth (dem damaligen Vorsitzenden des MRC) – bin ich zu besonderem Dank verpflichtet, daß sie mir und meinen Kollegen derart perfekte Arbeitsbedingungen ermöglichten.

Auch meinem derzeitigen Arbeitgeber, dem Salk Institute for Biological Studies, und insbesondere dem Präsidenten, Dr. Frederic de Hoffmann, möchte ich meinen herzlichen Dank dafür aussprechen, daß sie es mir ermöglichten, in einer so angenehmen und anregenden Atmosphäre zu arbeiten.

Während ich dieses Buch schrieb, beschäftigte ich mich hauptsächlich mit der Erforschung des Gehirns. Ich danke der Kieckhefer Foundation, der System Development Foundation sowie der Noble Foundation für die finanzielle Unterstützung meiner Bemühungen.

Dem Herausgeber von *Nature* möchte ich für die Erlaubnis danken, umfangreiche Passagen aus meinem Artikel »The Double Helix: A Personal View«, der am 26. April 1974 erschien, zu zitieren; der New York Academy of Sciences für die Genehmigung, auf meinen Artikel »How to Live with a Golden Helix« zurückzugreifen, der im September 1979 in *The Sciences* abgedruckt wurde; Richard Dawkins und der W. W. Norton and Company für die Erlaubnis, einige Abschnitte aus seinem Buch *The Blind Watchmaker* (1986) zu verwenden; V. S. (Rama) Ramachandran und der Cambridge University Press dafür, einen Abschnitt aus seinem Beitrag »Interactions Between Motion, Depth, Color, Form and Texture: The Utilitarian Theory of Perception« zitieren zu dürfen, der in Kürze in *Vision, Coding and Efficacy* (Herausgeber: Colin Blakemore) erscheinen wird, sowie Jamie Simon für die Zeichnungen.

Schließlich gilt mein aufrichtiger Dank meiner Sekretärin Betty (»Maria«) Lang, die großartig mit den vielen aufeinanderfolgenden Versionen und all den lästigen Aufgaben, die mit der Fertigstellung eines Manuskripts verbunden sind, zurechtgekommen ist.

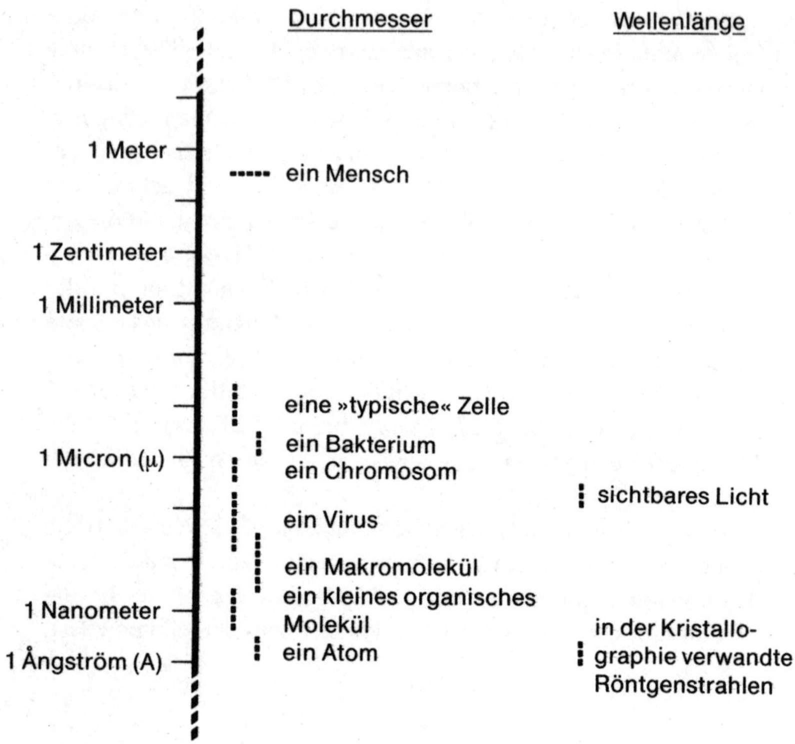

Das Diagramm veranschaulicht die annähernde Größe unterschiedlicher Objekte, von Molekülen bis hin zum Menschen. Beachten Sie, daß jeder Abschnitt der Skala einem Faktor von zehn entspricht.

Einführung

Vorrangiger Sinn und Zweck dieses Buches ist es, von einigen meiner Erlebnisse und Erfahrungen während der klassischen Periode der Molekularbiologie zu berichten, die den Zeitraum von der Entdeckung der Doppelhelix-Struktur der DNA im Jahre 1953 bis etwa 1966 umfaßte, als der genetische Code – das Wörterbuch, das die Sprache der Nucleinsäuren mit der der Proteine in Beziehung setzt – endgültig geklärt werden konnte. Als eine Art Vorbemerkung habe ich einen kurzen Prolog vorangestellt, in dem ich einige Einzelheiten aus meiner Kindheit und Jugend sowie der Ausbildung, die ich genoß, darstelle; dazu gehört auch, nach welchen religiösen Prinzipien ich erzogen wurde. Im Anschluß daran schildere ich, wie ich (das war nach dem Zweiten Weltkrieg) meine Entscheidung traf, mit welchem Wissenschaftsbereich ich mich eingehender befassen sollte; als Hilfe benutzte ich dazu den ›Plauder-Test‹. Auch einen Epilog habe ich angefügt, in dem ich kurz zusammenfasse, womit ich mich nach 1966 beschäftigte.

Zwischen der Art wissenschaftlicher Arbeit, wie sie im Hauptteil dieses Buches beschrieben wird, und jener, von der im Epilog die Rede ist, besteht ein wesentlicher Unterschied. Im ersten Fall können wir fast mit Sicherheit sagen, wie die korrekten Antworten lauten (eine Ausnahme bildet das Problem der Proteinfaltung). Was den Epilog betrifft, so ist noch nicht klar, wie die Dinge sich entwickeln werden (in diesem Fall stellt die Doppelhelix eine Ausnahme dar). Aus diesem Grund sind viele meiner Äußerungen im Schlußteil eine Sache der persönlichen Einschätzung. Meine Bemerkungen im Hauptteil des Buches haben irgendwie größere Autorität und größeres Gewicht. Eine der auffälligsten Eigenschaften der modernen Wissenschaft ist, daß sie sich so rasch weiterentwickelt, daß ein Forscher relativ klar beurteilen kann, ob seine zu einem früheren Zeitpunkt entwickelten Ideen – oder die seiner Zeitgenossen – korrekt waren oder nicht. Früher hatte man diese Möglichkeit nicht gerade oft. Und auch heute nicht, soweit es Bereiche betrifft, in denen man nur langsam vorankommt.

Ich habe gar nicht erst versucht, einen umfassenden Rechenschaftsbericht über meine gesamte wissenschaftliche Tätigkeit in diesen aufregenden Jahren zu geben, ganz zu schweigen von der Arbeit, die andere geleistet haben. So bin ich nur am Rande oder gar nicht auf die Ideen und Vorstellungen eingegangen, die Jim Watson und ich zu dem Problem der Struktur von Viren entwickelten; das gleiche gilt für meine Zusammenarbeit mit Alex Rich; dabei ging es um eine Reihe von Molekularstrukturen. Vielmehr habe ich nur solche Episoden aufgenommen, die meiner Ansicht nach von irgendeinem allgemeinen Interesse sind oder allgemeingültige Einsichten vermitteln, wie man forscht und welche Irrtümer man vermeiden sollte, insbesondere Fehler in für die Biologie sehr wichtigen Punkten. Aus diesem Grund muß ich irgendwie häufiger auf Fehler eingehen als auf positive Ergebnisse.

Im Jahre 1947 – ich war damals einunddreißig – ging ich nach Cambridge. Nachdem ich ungefähr zwei Jahre am Strangeways Laboratory (ein Laboratorium für Gewebezüchtung) gearbeitet hatte, wechselte ich zum Cavendish-Laboratorium über – dem Physiklabor. Dort war ich nun wieder graduierter Student und versuchte, etwas über die dreidimensionale Struktur der Proteine herauszufinden, indem ich die Röntgenbeugungsmuster bei Proteinkristallen untersuchte. Damals lernte ich, was das heißt: forschen. Und in dieser Zeit – ich war nach wie vor graduierter Student – stellten Jim Watson und ich die Theorie der Doppelhelix-Struktur der DNA zur Debatte.

Es ist mir schwergefallen, etwas wirklich Neues über die Ereignisse zu schreiben, die zur Entdeckung der Doppelhelix führten, da dies bereits Gegenstand einiger Bücher und Filme war. Ich wollte diese bekannten Geschichten nicht noch einmal aufwärmen und hielt es für besser, auf verschiedene Aspekte dieser Entdekkung und auf den vor kurzem gedrehten BBC-Fernsehfilm *Life Story* einzugehen, dessen Thema ebenfalls diese Entdeckung ist. In entsprechender Weise habe ich es vermieden, Schritt für Schritt nachzuvollziehen, wie der genetische Code entdeckt wurde – dies wird in fast allen neueren Lehrbüchern beschrieben. Statt dessen habe ich hauptsächlich das Auf und Ab der theoretischen Annäherung an dieses Problem nachgezeichnet, denn ich glaube, daß nur wenigen klar ist, welch ein Irrtum das ganze Theoretisieren über den genetischen Code letztendlich war.

Da ich mehr mit Ideen als mit Menschen zu tun habe, liefere ich keine detaillierten Personenbeschreibungen meiner Freunde und Kollegen, und zwar vor allem deshalb nicht, weil ich nicht gerne über enge persönliche Beziehungen zu noch Lebenden schreibe. Dennoch habe ich eine ganze Reihe kleiner Anekdoten in den Text eingefügt, um zumindest eine annähernde Vorstellung davon zu geben, was für Wesen Wissenschaftler eigentlich sind – und um das Lesen etwas kurzweiliger zu machen. Wohl nur wenige wären bereit, sich durch eine ein ganzes Buch umfassende, durchgängig intellektuelle Beweisführung hindurchzukämpfen, außer sie sind wirklich an dem Thema interessiert. Kurz gesagt: Mein vorrangiges Anliegen war es, einige Vorstellungen und Erkenntnisse auf eine – so hoffe ich – unterhaltsame Art und Weise zu vermitteln.

Ich habe sowohl für meine Kollegen wie auch für die breite Öffentlichkeit geschrieben, denn ich bin der Meinung, daß auch ein Laie ohne weiteres das meiste von dem verstehen kann, was ich hier zur Sprache bringe. Gelegentlich nehmen meine Ausführungen etwas technischen Charakter an, aber ich glaube, daß selbst in diesen Fällen die allgemeine Umschreibung einer Idee relativ einfach zu verstehen ist. Hin und wieder habe ich kurze Anmerkungen von einem etwas fortgeschritteneren Standpunkt aus in eckigen Klammern hinzugefügt. Um denjenigen entgegenzukommen, die über keine Vorkenntnisse auf dem Gebiet der Molekularbiologie verfügen, habe ich als Frontispiz eine bildliche Darstellung der ungefähren Größenordnungen von Molekülen, Chromosomen, Zellen und so weiter sowie zwei Anhänge aufgenommen; der erste umreißt kurz die Grundlagen der Molekularbiologie, im zweiten werden die Einzelheiten des genetischen Codes beschrieben. Da wohl die meisten Leute (außer Chemikern) chemische Formeln hassen, habe ich sie fast alle in den ersten Appendix verbannt.

Obgleich ich mich wirklich bemüht habe, die Zusammenhänge klar und einleuchtend darzustellen, hat ein Laie möglicherweise doch Schwierigkeiten, Teile der Kapitel 4, 5 und 12 auf Anhieb zu verstehen. Wenn also der Leser oder die Leserin bei einer solchen Passage steckenbleibt, so lautet mein Rat, sich entweder hindurchzukämpfen oder aber diesen Abschnitt zu überspringen und zum nächsten Kapitel weiterzublättern. Im großen und ganzen ist das Buch nicht sonderlich schwierig. Geben Sie die Hoffnung nicht auf, nur weil ein paar Abschnitte etwas schwerer nachvollziehbar erscheinen.

Vorrangiges Thema des Buches ist die natürliche Auslese. Meiner Ansicht nach ist dieser grundlegende Mechanismus der Punkt, in dem sich die Biologie von allen anderen Wissenschaften unterscheidet. Natürlich kann ein jeder diesen Mechanismus als solchen verstehen – obwohl dies erstaunlich wenigen Leuten tatsächlich gelingt. Die größte Überraschung stellen jedoch die *Ergebnisse* eines solchen Prozesses dar, der Milliarden von Jahren dauert. Und zwar ist das eigentlich Unerwartete dabei der allgemeingültige Charakter der resultierenden Organismen. Die natürliche Auslese baut fast immer auf dem auf, was bereits vorhanden ist, so daß ein im Grunde einfacher Prozeß durch vielerlei hinzukommende Spielereien kompliziert wird. Wie François Jacob es so treffend formuliert: »Die Evolution ist ein Flickschuster.« Die daraus resultierende Komplexität ist es, die es so schwer macht, biologische Organismen zu entschlüsseln. Biologie ist folglich etwas ganz anderes als Physik. Die Grundgesetze der Physik lassen sich im allgemeinen in exakten mathematischen Formeln ausdrücken, und wahrscheinlich haben sie für das gesamte Universum Geltung. Im Gegensatz dazu sind die »Gesetze« der Biologie oft nichts weiter als weitreichende Verallgemeinerungen, da sie ziemlich ausgeklügelte Mechanismen beschreiben, die sich in Jahrmilliarden mittels der natürlichen Auslese entwickelt haben.

Durch biologische Replikation, die für den Prozeß der natürlichen Selektion von so wesentlicher Bedeutung ist, werden viele genaue Kopien einer fast unbegrenzten Vielfalt von komplizierten chemischen Molekülen hergestellt. In der Physik oder ihr verwandten Disziplinen gibt es Vergleichbares nicht. Das ist ein Grund, weshalb einigen Leuten biologische Organismen unendlich unwahrscheinlich erscheinen.

All dies kann es einem Physiker schwer machen, einen Beitrag zur biologischen Forschung zu leisten. Eleganz und Einfachheit – oft in einer sehr abstrakten mathematischen Form ausgedrückt – stellen in der Physik nützliche Anhaltspunkte für das Verständnis dar; in der Biologie hingegen können derlei intellektuelle Hilfsmittel äußerst irreführend sein. Aus diesem Grund muß sich ein Theoretiker der Biologie in weit höherem Maße von der Evidenz der Experimente (wie unklar und verschwommen auch immer) leiten lassen, als dies in der Physik erforderlich ist. In Kapitel 13, »Schlußfolgerungen«, werde ich auf dieses Thema näher eingehen.

Ich persönlich hatte bis zu einem Alter von über dreißig nur wenig Ahnung von Biologie – außer in einem sehr allgemeinen Sinne –, da ich zuerst Physik studiert hatte. Ich brauchte einige Zeit, um mir die ganz andere Denkweise, die die Biologie erfordert, anzueignen. Es war fast so, als müßte man neu geboren werden. Aber im Grunde ist diese Neuorientierung gar nicht so schwierig, und auf jeden Fall ist es die Mühe wert. Zunächst wende ich mich also einer kurzen Schilderung meiner frühen Jahre zu und berichte Ihnen, wie meine berufliche Entwicklung verlief.

1 Prolog: Meine frühen Jahre

Geboren wurde ich im Jahre 1916, mitten in den Wirren des Ersten Weltkriegs. Meine Eltern, Harry Crick und Anne Elizabeth Crick (geborene Wilkins), gehörten der Mittelschicht an und lebten in der Nähe von Northampton, einer Stadt in Mittelengland. Das wirtschaftliche Leben in Northampton drehte sich in jener Zeit um das Leder und die Fabrikation von Schuhwerk, und zwar in einem solchen Maße, daß unsere Fußballmannschaft die »Cobblers« (das bedeutet »Schuster«) hieß. Mein Vater leitete, zusammen mit seinem ältesten Bruder Walter, eine von ihrem Vater gegründete Fabrik, in der Schuhe und Stiefel hergestellt wurden.

Ich erblickte das Licht der Welt zu Hause. Das weiß ich, weil es bei meiner Geburt zu einem seltsamen Vorfall kam. Meine Mutter war zwar eigentlich nicht besonders abergläubisch, hielt aber dennoch an bestimmten leicht abergläubischen Bräuchen fest. Zu Neujahr etwa versuchte sie es so einzurichten, daß der erste, der über unsere Schwelle trat, dunkelhaarig war und nicht blond. Dieser Brauch – ich habe keine Ahnung, ob er immer noch existiert – wird als »First footing« (»Erstschritt«) bezeichnet und bringt angeblich Glück im neuen Jahr. Nach meiner Geburt bat meine Mutter ihre jüngere Schwester Ethel, mich in das oberste Stockwerk unseres Hauses zu tragen. Sie hoffte, dieses kleine Ritual würde sicherstellen, daß ich später in meinem Leben »an die Spitze komme«. Die meisten derartigen Bräuche verraten mehr über diejenigen, die sie praktizieren, als ihnen selber bewußt wird, und diese Familienlegende zeigt ziemlich deutlich, daß meine Mutter – wie ja viele andere Mütter auch – für ihren erstgeborenen Sohn ehrgeizige Gefühle hegte, noch ehe sie sich irgendeine Vorstellung von meinem Wesen und meinen Fähigkeiten machen konnte.

Von den ersten Jahren meines Lebens weiß ich nicht sonderlich viel. Ich kann mich nicht einmal mehr daran erinnern, daß meine Tante Ethel – sie war Lehrerin – mir das Lesen beibrachte. Fotos von mir zeigen ein durch und durch normales Kind. Meine Mutter sagte gerne, ich sähe aus wie ein Erzbischof. Ich bin mir nicht sicher, ob sie je einen Erzbischof zu Gesicht bekommen hatte – sie war weder Katholikin noch gehörte sie der anglikanischen Kirche von England an –, aber vielleicht hatte sie in der Zeitung ein Foto gesehen. Allerdings ist wohl kaum wahrscheinlich, daß ich in einem Alter von vier oder fünf Jahren irgendeine Ähnlichkeit mit einer solch ehrwürdigen Persönlichkeit hatte. Ich vermute vielmehr, daß sie damit meinte – es aber nicht auszusprechen wagte –, ihrer Ansicht nach sähe ich aus wie ein kleiner Engel – hellblonde Haare, blaue Augen, ein »engelhafter« Ausdruck gutmütiger Neugierde – und vielleicht auch noch ein gewisses Etwas. Odile (meine jetzige Frau) ist im Besitz eines Medaillons aus jener Zeit; es ist ein Geschenk meiner Mutter und enthält zwei kleine, runde, kolorierte Photographien – die eine zeigt meinen jüngeren Bruder Tony, die andere mich. Irgendwann einmal erwähnte ich ihr gegenüber, ich müsse, dem Photo nach zu schließen, ein recht engelhaftes Geschöpf gewesen sein. »Eigentlich nicht«, meinte sie. »Sieh dir mal diesen durchdringenden Blick an.« Und sie sagte dies mit viel Einfühlungsvermögen, war sie doch oft, in den vielen Jahren unseres gemeinsamen Lebens, eben diesem kritischen, fragenden Blick ausgesetzt gewesen.

Den einzigen näheren Aufschluß darüber, wie ich wohl als kleiner Junge war, verdanke ich Michael, meinem Sohn von meiner ersten Frau, Doreen. Als er in etwa diesem Alter war, lebte er eine Zeitlang bei meiner Mutter. Mir fiel auf, daß er des öfteren, statt auf eine Erklärung von ihr zu antworten, sagte: »Aber das kann nicht stimmen.« Wenn meine Mutter dann, leicht verwirrt, fragte: »Warum denn nicht?«, gab Michael ihr eine einfache, logische Erklärung, die einleuchtend korrekt war. Ich vermute, auch ich ließ meiner Mutter gegenüber derartige Bemerkungen fallen – was im übrigen nicht weiter schwierig war, da sie nicht besonders präzise dachte –, und sie fand dies wahrscheinlich verwirrend und faszinierend zugleich. Wie dem auch sei, mir ist mittlerweile klar, daß meine Mutter (wie so viele Mütter) überzeugt war, ihr ältester Sohn verfüge über ganz besondere Talente, und, als Tochter einer soliden, gutbürgerlichen Familie, alles tat, um diese Talente zu fördern.

Wohl um meine ständigen Fragen über Gott und die Welt abzuwehren, kauften meine Eltern mir Arthur Mees *Children's Encyclopedia (Kinderenzyklopädie)*, denn beide hatten keinerlei wissenschaftliche Ausbildung genossen. Sie erschien in regelmäßigen Abständen, so daß in der jeweiligen Ausgabe Kunst, Wissenschaft, Geschichte, Mythologie und Literatur bunt gemischt waren. Soweit ich mich erinnern kann, habe ich diese Hefte immer regelrecht verschlungen; am meisten interessierte mich allerdings der wissenschaftliche Teil. Wie war das Universum beschaffen? Was waren Atome? Wie entstanden die Dinge? Ich nahm gierig jede Menge Erklärungen in mich auf und schwelgte in den immer neuen, unerwarteten Möglichkeiten, die ich an dem alltäglichen Leben um mich herum maß. Wie wundervoll, derlei entdeckt zu haben! Bereits in diesem zarten Alter muß ich beschlossen haben, Wissenschaftler zu werden. Aber schon damals sah ich einen Haken bei dem Ganzen. Wenn ich erwachsen wäre – und in welcher Ferne schien dies zu liegen! –, würde alles bereits entdeckt sein. Ich vertraute diese Befürchtungen meiner Mutter an, die mich jedoch beruhigte: »Mach dir keine Sorgen, Schätzchen«, meinte sie. »Es wird noch genügend übrigbleiben, das du herausfinden kannst.«

Als ich elf oder zwölf war, beschäftigte ich mich bereits mit Experimenten – meine Eltern hatten mir offensichtlich ein Schulbuch für Chemie gekauft. Ich versuchte, künstliche Seide zu fabrizieren – ein glatter Reinfall. Ich füllte eine explosive Mixtur in Flaschen und sprengte sie elektrisch – ein sensationeller Erfolg, der, nicht weiter überraschend, meinen Eltern gelinde Angst einjagte. Wir schlossen also einen Kompromiß. Ich durfte eine solche Flasche nur dann in die Luft jagen, wenn sie in einem Eimer Wasser stand. In der Schule erhielt ich einen Preis – meinen ersten Preis überhaupt – für das Sammeln wild wachsender Blumen. Ich hatte weit mehr Arten gesammelt als alle anderen – aber schließlich wohnten wir fast auf dem Land, meine Schulkameraden hingegen in der Stadt. Ich hatte deswegen ein etwas schlechtes Gewissen, nahm aber dann den Preis – ein kleines Buch über fleischfressende Pflanzen – ohne Bedenken entgegen. Ich schrieb und vervielfältigte eine kleine Zeitschrift, um meine Eltern und Freunde zu unterhalten. Aber trotz alledem kann ich mich nicht daran erinnern, daß ich übermäßig frühreif war oder irgend etwas wirklich Herausragendes leistete. In Mathematik war ich ganz gut, aber nie habe ich auf eigene Faust irgendein wichtiges Theorem entdeckt. Kurz gesagt: Ich war neugierig auf die Welt, dachte logisch, war unternehmungslustig und durchaus willens, hart zu arbeiten, wenn irgend etwas mich wirklich interessierte. Und ich hatte einen Fehler: Wenn ich etwas schnell begriff, glaubte ich, es bereits in allen Einzelheiten verstanden zu haben.

In meiner Familie spielten alle Tennis. Mein Vater trat viele Jahre lang für die englische Grafschaft Northamptonshire an, einmal sogar in Wimbledon. Auch meine Mutter spielte Tennis, aber nicht so gut, und ihre Begeisterung hielt sich in Grenzen. Mein jüngerer Bruder, Tony, war ein viel draufgängerischer Tennisspieler; er hielt sich ganz gut bei den Grafschaftsmeisterschaften der Junioren und spielte auch für seine Schule. Ich kann es mir jetzt kaum mehr vorstellen, aber als Junge war ich schier verrückt nach Tennis. Ich kann mich heute noch an den Tag erinnern, als meine Mutter mich frühmorgens weckte, um mir zu sagen, daß ich (welch ein Geschenk des Himmels!) an diesem Tag die Schule schwänzen durfte, weil wir nach Wimbledon fahren wollten. Mein Bruder und ich saßen manchmal stundenlang am Rand der Spielfelder des örtlichen Tennisclubs und warteten darauf, daß es zu nieseln aufhörte; wir hofften, wenigstens einer der Plätze würde trocken genug sein, um darauf spielen zu können. Auch bei anderen Spielen machte ich mit (Fußball, Rugby, Cricket), war aber in keiner Sportart übermäßig erfolgreich.

Meine Eltern waren auf eher zurückhaltende Weise religiös. Familiengebete oder ähnliches gab es bei uns nicht, aber beide gingen jeden Sonntagvormittag in die Kirche, und als mein Bruder und ich alt genug waren, begleiteten wir sie. Sie gehörten einer protestantischen Gemeinde an, einer Congregational Church (Kongregationsgemeinde), wie man sie in England nennt, die über ein stattliches Gebäude in der Abingdon Avenue verfügte. Da wir kein Auto hatten, gingen wir oft zu Fuß in die Kirche; manchmal allerdings fuhren wir, zusammen mit anderen, mit dem Bus. Meine Mutter bewunderte den Geistlichen wegen seines aufrechten Charakters sehr. Eine Zeitlang bekleidete mein Vater das Amt eines Gemeindesekretärs (das heißt, er kümmerte sich um den finanziellen Papierkram der Kirche), aber ich hatte nie das Gefühl, daß sie tief gläubig waren. Und in ihrer Einstellung zum Leben waren sie alles andere als engstirnig. Mein Vater spielte manchmal auch am Sonntagnachmittag Tennis; allerdings legte meine Mutter mir nahe, dies in Anwesenheit anderer Gemeindemitglieder nicht zu erwähnen, da bestimmt einige ein derart gotteslästerliches Tun nicht gebilligt hätten.

Ich akzeptierte – wie wohl die meisten Kinder – all dies als unsere Art zu leben. Mir ist nicht ganz klar, wann genau ich aufhörte, religiös zu empfinden, aber ich vermute, das war, als ich so ungefähr zwölf Jahre alt war, mit großer Wahrscheinlichkeit jedoch vor Einsetzen der Pubertät. Genausowenig kann ich mich in Einzelheiten daran erinnern, was mich zu dieser radikalen Änderung meiner Einstellung bewog. Ich erinnere mich, daß ich meiner Mutter erklärte, ich wolle nicht mehr mit in die Kirche gehen, und sie war ganz offensichtlich sehr traurig darüber. Ich stelle mir vor, daß mein zunehmendes Interesse an der Wissenschaft und das eher niedrige intellektuelle Niveau des Predigers und seiner Gemeinde das Motiv waren, obwohl ich bezweifle, daß es einen großen Unterschied gemacht hätte, wenn ich geistig anspruchsvollere christliche Glaubensrichtungen kennengelernt hätte. Was auch immer der Grund war, von dieser Zeit an war ich Skeptiker, ein Agnostiker mit einer starken Neigung zum Atheismus.

Das bewahrte mich allerdings nicht davor, in der Schule an den Gottesdiensten teilnehmen zu müssen, vor allem in dem Internat, in das ich später kam; dort fand jeden Morgen – sonntags zweimal – ein Gottesdienst statt, bei dem Erscheinen Pflicht war. Im ersten Jahr, bis zum Stimmbruch, sang ich dort sogar im Chor mit. Die Predigten hörte ich mir ohne innere Beteiligung und sogar mit leichtem Amüsement an, vorausgesetzt, sie waren nicht allzu langweilig. Glücklicherweise waren sie, da für Schulkinder gedacht, meistens ziemlich kurz, obwohl sie viel zu oft auf moralischen Ermahnungen aufbauten.

Ich habe – und das wird sich später noch deutlicher zeigen – keinen Zweifel daran, daß meine Abkehr vom christlichen Glauben und meine wachsende Hinwendung zur Wissenschaft für meine wissenschaftliche Laufbahn eine entscheidende Rolle gespielt haben, nicht so sehr auf unmittelbare, das alltägliche Leben betreffende Art und Weise, sondern hinsichtlich der grundsätzlichen Entscheidung, was in meinen Augen wichtig und interessant war. Schon früh wurde mir klar, daß detailliertes wissenschaftliches Wissen bestimmte religiöse Glaubenssätze unhaltbar macht. Wenn man weiß, wie alt die Erde tatsächlich ist und was die Fossilien uns sagen, ist es für einen normalen Verstand unmöglich, an die buchstäbliche Wahrheit eines jeden einzelnen Abschnitts der Bibel zu glauben, wie dies die Fundamentalisten tun. Und wenn schon ein Teil der Bibel ganz offensichtlich falsch ist, warum sollte man dann das übrige unbesehen akzeptieren? Ein bestimmter Glaube hat zu der Zeit seiner Ausformulierung möglicherweise nicht nur die Vorstellungskraft beflügelt, sondern darüber hinaus durchaus zu dem gepaßt, was man damals wußte. Dennoch kann man ihn angesichts von Fakten, die die Wissenschaft später aufdeckte, lächerlich erscheinen lassen. Was könnte törichter sein, als seine gesamte Weltsicht auf Ideen zu gründen, die – wie plausibel sie zur Zeit ihrer Entstehung auch gewesen sein mögen – nun als Irrtümer entlarvt werden? Und was könnte wichtiger sein, als unseren wahren Platz im Universum auf die Weise zu bestimmen, daß wir diese unglückseligen Überreste früherer Glaubensvorstellungen einen nach dem anderen beseitigen? Dennoch gibt es eindeutig nach wie vor Geheimnisse, die wissenschaftlich erst noch erklärt werden müssen. Solange sie unaufgedeckt bleiben, dienen sie leicht als willkommene Zuflucht für religiösen Aberglauben. Es scheint mir grundlegend wichtig, die unerklärten Bereiche des Wissens zu identifizieren und auf ihr wissenschaftliches Verständnis hinzuarbeiten, unabhängig davon, ob solche Erklärungen die bestehenden Glaubensvorstellungen nun bestätigen oder aber widerlegen.

Auch wenn ich feststellte, daß viele religiöse Vorstellungen schlichtweg absurd sind (die Geschichte mit den Tieren in der Arche Noah ist ein gutes Beispiel dafür), entschuldigte ich sie oft vor mir selber, indem ich von der Annahme ausging, sie hätten ursprünglich irgendeine rationale Grundlage. Dies führte mich gelegentlich zu reichlich unhaltbaren Annahmen. Beispielsweise war ich mit der Erzählung in der Genesis vertraut, in der Gott Eva aus einer Rippe Adams schuf. Wie konnte eine derartige Vorstellung sich entwickeln? Natürlich wußte ich – zumindest im Prinzip –, daß Männer sich anatomisch von Frauen unterscheiden. Was lag also näher als die Annahme, die Männer hätten eine Rippe weniger als die Frauen? Ein primitives Volk, das dies wußte, konnte doch ohne weiteres glauben, diese fehlende Rippe sei dazu benutzt worden, Eva zu konstruieren. Es kam mir nie in den Sinn zu überprüfen, ob diese stillschweigende Hypothese von mir auch wirklich den Tatsachen entsprach. Erst einige Jahre später – ich war, glaube ich, damals noch Student – ließ ich einem Freund, einem Medizinstudenten, gegenüber die Bemerkung fallen, Frauen hätten eine Rippe mehr als Männer. Anstatt mir beizupflichten, reagierte er zu meiner Überraschung ziemlich verblüfft und wollte wissen, warum ich das glaubte. Als ich ihm die Gründe erklärte, fiel er vor Lachen fast vom Stuhl. Ich lernte also auf die harte Tour, daß man im Umgang mit Mythen nicht allzu rational vorgehen sollte.

Meine Ausbildung verlief eigentlich ganz normal. Ein paar Jahre lang besuchte ich die Northampton Grammar School. Im Alter von vierzehn erhielt ich ein Stipendium für die Mill Hill School im Norden Londons; es handelte sich dabei um eine »*public*« (im englischen Sinne – also um eine private) Knabenschule, an der hauptsächlich Internatszöglinge unterrichtet wurden. Schon mein Vater und seine drei Brüder waren hier zur Schule gegangen. Glücklicherweise war der Unterricht in den naturwissenschaftlichen Fächern an dieser Schule recht gut, so daß ich eine solide Grundausbildung in Physik, Chemie und Mathematik erhielt.

Reine Mathematik interessierte mich nicht sonderlich, da mir vor allem an den mathematischen Ergebnissen gelegen war. Die exakte Disziplin einer strengen Beweisführung übte keinerlei Reiz auf mich aus, obwohl mir die Eleganz eines *einfachen* Beweises durchaus gefiel. Auch für Chemie hegte ich keine große Begeisterung, denn damals war sie, was den Schulunterricht betraf, eher eine Sammlung von Rezepten als eine Wissenschaft. Viel später, als ich Linus Paulings *General Chemistry (Grundlagen der Chemie)* las, fand ich sie jedoch sehr aufregend. Trotzdem habe ich nie irgendwelche Anstrengungen unternommen, anorganische Chemie beherrschen zu lernen, und auch meine Kenntnisse in organischer Chemie sind eher sporadisch. Der Physikunterricht machte mir wirklich Spaß. Wir hatten einen Kurs in medizinischer Biologie (an meiner Schule gab es eine sechste Klasse für Medizin, in der sich die Schüler auf die ersten Prüfungen im Rahmen eines Medizinstudiums vorbereiten konnten), aber es kam mir nie in den Sinn, mich mit den gängigen Tierformen zu beschäftigen, die Gegenstand dieses Unterrichts waren: Regenwurm, Frosch und Kaninchen. Wahrscheinlich habe ich irgendwo die Grundlagen der Mendelschen Genetik aufgeschnappt, aber ich glaube nicht, daß sie an der Schule je unterrichtet wurde.

Ich betätigte mich (beziehungsweise war dazu gezwungen) in zahlreichen Sportarten, war aber in allen ziemlich schwach – außer in Tennis. Es gelang mir, zumindest in meinen letzten beiden Jahren dort, im Schulteam mitzuspielen. Als ich die Schule verließ, kam ich zu dem Schluß, ich könnte nun nicht mehr zum reinen Vergnügen Tennis spielen, also gab ich es auf und habe seitdem kaum mehr gespielt.

Als ich achtzehn war, ging ich an das University College in London. Mittlerweile waren meine Eltern von Northampton nach Mill Hill gezogen, so daß mein jüngerer Bruder die Schule als Tagesschüler besuchen konnte. Ich wohnte zu Hause und fuhr mit dem Bus und der U-Bahn zum College; in jeder Richtung war ich fast eine Stunde unterwegs. Mit einundzwanzig bestand ich eine Prüfung in Physik (mit Mathematik als Nebenfach) mit Auszeichnung. Der Physikunterricht war gründlich, aber ein wenig altmodisch gewesen. Man brachte uns die Bohrsche Theorie des Atoms bei, die damals (es war Mitte der dreißiger Jahre) einigermaßen veraltet war. Außer in einem sehr kurzen Kurs mit sechs Vorlesungen am Ende des letzten Jahres wurde die Quantenmechanik kaum erwähnt. Dementsprechend lernte ich in Mathematik ausschließlich das, was in den Augen einer früheren Generation von Physikern nützlich gewesen war. Von Eigenwerten oder der Gruppentheorie erfuhr ich schlichtweg nichts.

Jedenfalls hat sich die Physik seitdem nahezu zur Unkenntlichkeit verändert. Damals hatte man nicht einmal die Spur einer Ahnung von Quantenelektrodynamik, ganz zu schweigen von Quarks oder »Superstrings«. So kam es, daß – obwohl ich in einem Fach unterrichtet wurde, das man heutzutage wohl als Geschichte der Physik beschreiben würde – mein derzeitiger Wissensstand in moderner Physik lediglich dem Niveau des *Scientific American* entspricht.

Nach dem Krieg brachte ich mir selber die Grundzüge der Quantenmechanik bei, hatte aber nie Gelegenheit, dieses Wissen auch anzuwenden. Bücher zu diesem Thema firmierten in jener Zeit nicht selten unter dem Titel *Wellenmechanik*. Damals waren sie in der Bibliothek der Cambridge University unter dem Stichwort »Hydrodynamik« zu finden. Zweifelsohne ist das alles heutzutage ganz anders.

Nachdem ich mein Diplom in Naturwissenschaften gemacht hatte, begann ich mit Forschungsarbeiten am University College, und zwar bei Professor Edward Neville da Costa Andrade; mein Onkel, Arthur Crick, unterstützte mich finanziell. Andrade setzte mich auf das denkbar langweiligste Problem an, nämlich die Bestimmung der Viskosität von Wasser unter Druck und bei Temperaturen zwischen 100 °C und 150 °C. Ich wohnte in einem möblierten Zimmer in der Nähe des British Museum, zusammen mit meinem früheren Schulfreund Raoul Colinvaux, der Rechtswissenschaften studierte.

Meine Hauptaufgabe bestand darin, ein verschließbares, kugelförmiges Kupfergefäß (in das das Wasser gefüllt wurde) zu konstruieren, das eine Ausbuchtung hatte, damit das Wasser sich ausdehnen konnte. Man mußte es bei konstanter Temperatur halten und die abfallenden Oszillationen auf einem Film festhalten. Ich habe keine besondere Begabung für die Herstellung präziser mechanischer Konstruktionen, aber Leonard Walden, ein Laborassistent von Andrade, sowie die wirklich fähigen Angestellten der Laborwerkstätten halfen mir bei diesem Unternehmen. Alles in allem machte mir die Konstruktion dieses Apparats sogar Spaß, denn obwohl das Ganze von einem wissenschaftlichen Standpunkt her langweilig war, stellte es doch eine Erleichterung dar, nach all den Jahren bloßen Lernens etwas zu »tun«.

Vermutlich haben sich diese Erfahrungen während des Krieges bezahlt gemacht, als ich Waffen entwickeln mußte; ansonsten aber war es die reinste Zeitverschwendung. Was ich mir allerdings tatsächlich – auf welch indirekte Weise auch immer – angeeignet hatte, war die Hybris des Physikers, das Gefühl, daß Physik als Fachgebiet äußerst erfolgreich sei – warum also sollten andere Wissenschaften dies nicht auch sein? Ich glaube, diese Einstellung half mir sehr, als ich nach dem Krieg schließlich zur Biophysik überwechselte. Sie war ein heilsames Korrektiv zu der eher schwerfälligen und irgendwie von Skrupeln belasteten Einstellung, mit der ich des öfteren konfrontiert wurde, als ich mich mit den Biologen einließ.

Als im September 1939 der Zweite Weltkrieg ausbrach, wurde unsere Abteilung nach Wales ausgelagert. Ich blieb zu Hause und verbrachte meine Zeit damit, Squash zu lernen. Mein Bruder (der damals Medizin studierte) brachte es mir auf den Sportplätzen der Mill Hill School bei. Die Schüler waren ebenfalls nach Wales evakuiert worden, und die Schulgebäude dienten jetzt als Lazarett. Tony und ich führten eine spezielle Spielregel ein: Jedesmal wenn ich ein Spiel verloren hatte, durfte ich das nächste mit einem Punkt Vorsprung beginnen. Gewann ich hingegen ein Spiel, so wurde mein Vorsprung um einen Punkt reduziert. Gegen Ende des Jahres standen wir beide in etwa gleich. Noch jahrelang spielte ich gelegentlich Squash, in London wie auch in Cambridge. Es machte mir immer großen Spaß, denn ich habe nie versucht, dieses Spiel ernsthaft zu betreiben. Da es jedoch für mein Alter nicht mehr die geeignetste Sportart ist, beschränkt sich meine sportliche Aktivität mittlerweile darauf, spazierenzugehen oder unter kalifornischer Sonne in einem geheizten Swimmingpool zu baden.

Anfang 1940 wies man mir schließlich eine Zivildienststelle bei der Marine zu. Das ermöglichte es mir, meine erste Frau, Doreen Dodd, zu heiraten. Unser Sohn Michael kam am 25. November 1940 während eines Bombenangriffs in London zur Welt. Zunächst arbeitete ich im Admiralty Research Laboratory (Forschungslabor der Marine), neben dem National Physical Laboratory (Nationales Physikalisches Institut) in Teddington, einem Vorort im Süden Londons. Anschließend wurde ich in das Mine Design Department (Abteilung für die Entwicklung von Minen) bei Havant, nicht weit von Portsmouth an der Südküste Englands, versetzt. Als der Krieg vorbei war, erhielt ich eine Stelle beim wissenschaftlichen Nachrichtendienst der Marine in London. Ich hatte Glück gehabt – eine Mine hatte den Apparat, den ich am University College mit soviel Mühe konstruiert hatte, in die Luft gejagt, so daß ich mich nach dem Krieg nicht erneut mit der Messung der Viskosität von Wasser herumplagen mußte.

2 Der Plauder-Test

Während des Krieges hatte ich mich fast ausschließlich mit der Konstruktion magnetischer und akustischer Minen – Minen, die ohne unmittelbaren Kontakt ausgelöst werden – beschäftigt, anfangs unter Anleitung des berühmten theoretischen Physikers H. S. W. Massey. Diese Minen wurden von unseren Flugzeugen über den Fahrrinnen in dem relativ seichten Wasser der Ost- und Nordsee abgeworfen. Und da lagen sie dann, lautlos und unsichtbar, bis sie durch den Wellengang eines feindlichen Schiffes ausgelöst wurden oder ein feindliches Schiff in die Luft jagten. Der Trick beim Entwerfen des Mechanismus bestand darin, diese Minen so zu konstruieren, daß sie in der Lage waren, irgendwie zwischen den magnetischen Feldern und den Geräuschen von Seegang und denen von Schiffen zu unterscheiden. Auf diesem Gebiet arbeitete ich eigentlich recht erfolgreich. Diese Spezialminen waren annähernd fünfmal so effektiv wie die gewöhnlichen kontaktunabhängigen Minen. Laut Schätzungen, die nach dem Krieg angestellt wurden, waren an die tausend feindliche Handelsschiffe durch Minen versenkt oder schwer beschädigt worden.

Als der Krieg endlich vorbei war, wußte ich nicht, was ich jetzt anfangen sollte. Damals arbeitete ich im Marine-Hauptquartier in Whitehall, in jenem Anbau ohne Fenster, den man »Die Zitadelle« nannte. Ich tat das Naheliegendste und bewarb mich um eine Stelle als wissenschaftlicher Angestellter. Zuerst konnten die Leute sich nicht entschließen, ob sie mich überhaupt haben wollten, aber schließlich – nachdem die Admiralität sanften Druck ausgeübt hatte und ich zu einem zweiten Einstellungsgespräch gebeten worden war (der Vorsitzende des Komitees war der Romanschriftsteller C. P. Snow) – bot man mir doch eine feste Stelle an. Mittlerweile war mir bereits ziemlich klar, daß ich nicht mein Leben lang Waffen konstruieren wollte – aber was wollte ich eigentlich? Ich zog also Bilanz, was meine Qualifikationen und Fähigkeiten betraf. Ein nicht gerade überwältigender Abschluß, was allerdings durch meine Leistungen bei der Marine einigermaßen aufgewogen wurde. Kenntnis bestimmter begrenzter Teilbereiche des Magnetismus und der Hydrodynamik, beides Gebiete, die keinen Funken von Begeisterung in mir weckten. Keinerlei Veröffentlichungen. Die paar kurzen Berichte für die Marine, die ich in Teddington verfaßt hatte, würden kaum zählen. Erst ganz allmählich wurde mir klar, daß dieser Mangel an Voraussetzungen von Vorteil sein konnte. Die meisten Wissenschaftler sind, wenn sie erst einmal das Alter von dreißig erreichen, Gefangene ihres Fachwissens. Sie haben an diesem Punkt ihrer Karriere bereits zu viel Arbeit und Mühe in ein spezielles Fachgebiet – das oft äußerst kompliziert ist – investiert, um noch an eine grundlegende Veränderung zu denken. Ich hingegen wußte nichts; ich verfügte lediglich über Grundkenntnisse in – etwas altmodischer – Physik und Mathematik und über die Gabe, mich ohne weiteres neuen Dingen zuwenden zu können. Ich war mir vollkommen sicher, daß ich Grundlagenforschung betreiben wollte und nicht angewandte Forschung, auch wenn die Erfahrungen, die ich bei der Marine gesammelt hatte, mich vielleicht eher für Entwicklungsarbeit geeignet erscheinen ließen. Aber hatte ich auch die notwendige Begabung?

Meine Freunde hatten in dieser Hinsicht ihre Zweifel. Einige glaubten, ich eignete mich eher zum Wissenschaftsjournalisten – vielleicht, so schlug einer von ihnen vor, könnte ich versuchen, eine Stelle bei *Nature* zu bekommen, der führenden wissenschaftlichen Wochenzeitschrift. (Ich weiß nicht, was der derzeitige Herausgeber, John Maddox, von dieser Idee halten würde.) Ich wandte mich an den Mathematiker Edward Collingwood, unter dem ich während des Krieges gearbeitet hatte. Wie immer war er mir eine große Hilfe und machte mir wieder Mut. Er sah keinen Grund, warum ich mit reiner Forschung keinen Erfolg haben sollte. Auch meinen Freund Georg Kreisel, der inzwischen ein berühmter mathematischer Logiker ist, fragte ich um Rat. Kreisel war mir über den Weg gelaufen, als er im Alter von neunzehn Jahren zur Marine kam, um dort bei Collingwood zu arbeiten. Kreisels erstes Paper, einen Essay über einen Ansatz zur Lösung des Problems einer Verminung der Ostsee unter Verwendung der Methoden Wittgensteins, hatte Collingwood in weiser Voraussicht in seinem Safe deponiert. Mittlerweile kannte ich Kreisel recht gut und hatte das Gefühl, ein Rat von seiner Seite würde

Hand und Fuß haben. Er dachte einen Augenblick lang nach und sprach dann sein Urteil: »Ich habe schon eine Menge Leute kennengelernt, die dümmer waren als du und die auf diesem Gebiet Erfolg hatten.«

Derart ermutigt, wandte ich mich meinem nächsten Problem zu: Für welches Fachgebiet sollte ich mich entscheiden? Da ich im Grunde genommen gar nichts wußte, stand mir die Wahl fast völlig frei. Aber das macht, wie die sechziger Generation später feststellen mußte, die Entscheidung nur noch schwerer. Etliche Monate grübelte ich über dieses Problem nach. Ich befand mich bereits in einem solch fortgeschrittenen Stadium meiner beruflichen Laufbahn, daß mir klar war, ich mußte gleich beim ersten Mal die richtige Entscheidung treffen. Es würde kaum möglich sein, zwei oder drei Jahre lang auf einem bestimmten Gebiet herumzuprobieren und dann zu einem völlig anderen überzuwechseln. Für was auch immer ich mich entschied, es würde eine endgültige Entscheidung sein – zumindest für viele Jahre.

Während meiner Zeit bei der Marine hatte ich mich mit einigen Leuten angefreundet. Sie interessierten sich für Naturwissenschaft, wußten aber noch weniger darüber Bescheid als ich. Eines Tages fiel mir auf, daß ich ihnen mit einiger Begeisterung von den neuesten Fortschritten in der Entwicklung von Antibiotika erzählte – von Penicillin und ähnlichem. Erst an jenem Abend ging mir auf, daß ich ja selber kaum etwas über diese Dinge wußte, außer eben das, was ich in *Penguin Science* oder vergleichbaren Zeitschriften gelesen hatte. Mir wurde klar, daß ich ihnen im Grunde nicht ein wissenschaftliches Problem erklärte. Ich *plauderte* darüber.

Diese Einsicht war für mich eine Offenbarung. Ich hatte den Plauder-Test entdeckt – was einen wirklich interessiert, ist das, worüber man plaudert. Ohne zu zögern wandte ich den Test auf die Gespräche an, die ich in letzter Zeit geführt hatte. Und binnen kurzem konnte ich meine Interessen auf zwei Hauptbereiche einengen: die Grenzlinie zwischen Belebtem und Unbelebtem sowie die Frage nach der Funktionsweise des Gehirns. Weitere Selbstbeobachtungen führten zu dem Schluß, daß diese beiden Themen etwas gemeinsam hatten: Sie rührten an Probleme, von denen man in weiten Kreisen glaubte, die Macht der Wissenschaft reiche zu ihrer Klärung nicht aus. Offensichtlich war die Tatsache, daß ich nicht an religiöse Dogmen glaubte, ein tief verwurzelter Bestandteil meines Wesens. Ich war immer schon der Ansicht gewesen, daß ein Leben, das sich an der Wissenschaft orientiert – ebenso wie ein religiöses Leben –, ein hohes Maß an Hingabe und Engagement erfordert und daß man sich nicht einer Sache voll und ganz widmen kann, wenn man nicht leidenschaftlich daran glaubt.

Ich war hoch erfreut über meine Fortschritte. Es schien mir, als hätte ich die Paßstraße durch die unendlichen Gebirge von Wissen entdeckt und könnte nun zumindest einigermaßen klar erkennen, wohin ich gehen wollte. Aber nach wie vor mußte ich mich für einen der beiden Bereiche entscheiden – heutzutage würden wir sie als Molekularbiologie und Neurobiologie bezeichnen. Dies erwies sich als wesentlich einfacher. Es fiel mir eigentlich überhaupt nicht schwer, mich selber davon zu überzeugen, daß mein Wissensstand für das erste Problem die besseren Voraussetzungen bot – die Grenzlinie zwischen Belebtem und Unbelebtem –, und entschloß mich, ohne weiter zu zögern, für dieses Fachgebiet.

Man soll nun nicht glauben, daß ich in meinen beiden potentiellen Fachgebieten überhaupt nichts wußte. Nach dem Krieg hatte ich einen Großteil meiner freien Zeit mit dem Lesen entsprechender Fachliteratur verbracht. Bei der Marine hatte man mir großzügigerweise erlaubt, ein- oder zweimal die Woche während der Arbeitszeit an Seminaren und Kursen in theoretischer Physik, die am University College stattfanden, teilzunehmen. Manchmal saß ich auch an meinem Schreibtisch in meinem Büro bei der Marine und las heimlich ein Lehrbuch über organische Chemie. Von meiner Schulzeit her erinnerte ich mich in groben Zügen an Kohlenwasserstoffe und sogar an Alkohole und Ketone, aber was waren Aminosäuren? In *Chemical and Engineering News* las ich einen von einer Kapazität auf diesem Gebiet verfaßten Artikel, in dem prophezeit wurde, daß die Wasserstoffbindung für die Biologie von großer Bedeutung werden würde – aber was war das eigentlich? Der Autor des Artikels hatte einen etwas ausgefallenen Namen – Linus Pauling –, aber für mich war er ein Unbekannter. Ich las Lord Adrians Büchlein über das Gehirn und fand es faszinierend. Ebenso Erwin Schrödingers *What Is Life?* (dt. *Was ist Leben?*). Erst später erkannte ich seine Grenzen – wie viele andere Physiker verstand er nichts von Chemie –, aber mit Sicherheit vermittelte er dem Leser den Eindruck, daß große Entdeckungen unmittelbar bevorstünden. Ich las Hinshelwoods *The Bacterial Cell*, konnte aber kaum etwas damit anfangen. (Sir Cyril Hinshelwood war ein berühmter Physikochemiker; später wurde er Präsident der Royal Society und mit dem Nobelpreis ausgezeichnet.)

Ich muß betonen, daß ich trotz dieser intensiven Lektüre nur sehr oberflächlich über die beiden Themen Bescheid wußte, die ich in die engere Wahl zog. Was mich an beiden faszinierte, war die Tatsache, daß beide ein großes Geheimnis in sich bargen – das Geheimnis des Lebens und das Geheimnis des Bewußtseins. Ich wollte Genaueres darüber wissen, um welche Geheimnisse es sich, vom wissenschaftlichen Standpunkt aus betrachtet, dabei eigentlich handelte. Und ich hatte das Gefühl, es müßte wundervoll sein, wenn ich schließlich einen kleinen Beitrag zu ihrer Lösung leisten könnte – aber das schien noch in viel zu weiter Ferne zu liegen, um sich darüber jetzt schon Gedanken zu machen.

An diesem Punkt geriet ich plötzlich in eine schwierige Situation. Man bot mir eine Stelle an! Nicht nur ein Forschungsstipendium, sondern eine echte Stelle. Der bekannte Physiologe Hamilton Hartridge, der allerdings eher ein Außenseiter war, hatte den Medical Research Council dazu überredet, ihm ein kleines Labor zur Verfügung zu stellen; er wollte über das Auge arbeiten. Er hatte wohl gehört, daß ich eine Stelle suchte, denn er forderte mich auf, bei ihm vorbeizukommen. In aller Eile las ich seinen während des Krieges geschriebenen Artikel über das Farbensehen – soweit ich mich erinnere, war er, aufgrund seiner Beschäftigung mit der Psychologie des Sehens, der Ansicht, daß es im Auge wahrscheinlich sieben Arten von Zapfen gibt und nicht, wie bislang angenommen, drei. Das Vorstellungsgespräch verlief recht gut, und er bot mir die Stelle an. Mein Problem war nun, daß ich mich in der Woche zuvor entschlossen hatte, daß mein neues Fachgebiet Molekularbiologie sein sollte und nicht Neurobiologie.

Die Entscheidung fiel mir wahrlich nicht leicht. Schließlich sagte ich mir, daß ich es mir reiflich überlegt hatte, als ich mich für die Grenzlinie zwischen Belebtem und Unbelebtem entschieden hatte, daß ich nur diese eine Chance hatte, eine neue Laufbahn einzuschlagen, und daß ich mich nicht durch ein zufälliges Job-

Angebot von meinem Weg abbringen lassen sollte. Irgendwie widerstrebend schrieb ich Hartridge und erklärte ihm, leider müsse ich sein Angebot, so reizvoll es auch sei, ablehnen. Vielleicht war es, alles in allem, besser so, denn obwohl er von lebhaftem, einnehmendem Wesen war, schien er mir doch ein wenig zu impulsiv, und ich war mir nicht ganz sicher, ob wir miteinander auskommen würden. Ich bezweifle auch, daß er sehr viel Verständnis aufgebracht hätte, wenn meine Arbeit zu dem Ergebnis geführt hätte, daß seine Vorstellungen – wie sich im Verlauf der Zeit herausstellen sollte – falsch waren.

Meine nächste Aufgabe war es, irgendwie Zugang zu meinem neuen Fach zu finden. Ich ging also zum University College und suchte Massey auf, bei dem ich während des Krieges gearbeitet hatte; ich wollte ihm meine Situation schildern und ihn bitten, mir weiterzuhelfen. Als ich ihm von meiner Absicht erzählte, bei der Marine zu kündigen, glaubte er zunächst, ich hätte es darauf angelegt, durch seine Vermittlung eine Stelle im Bereich der Atomenergie (so nannte man das damals) zu bekommen; er hatte gegen Ende des Krieges in Berkeley auf diesem Gebiet gearbeitet. Er schaute etwas überrascht drein, als ich ihm von meinem Interesse für Biologie erzählte, erwies sich aber als sehr hilfsbereit und machte mich mit zwei wichtigen Persönlichkeiten bekannt. Der eine war A. V. Hill, der ebenfalls am University College tätig war, ein Cambridge-Physiologe, der sich mit seinen Untersuchungen der Biophysik der Muskeln – vor allem der thermischen Aspekte der Muskelkontraktion – einen Namen gemacht hatte. Für diese Arbeit war ihm 1922 der Nobelpreis verliehen worden. Er konnte sich durchaus vorstellen, daß auch ich Biophysiker werden und schließlich vielleicht ebenfalls über Muskeln arbeiten würde. Er stellte mich Sir Edward Mellanby vor, dem äußerst einflußreichen Sekretär des Medical Research Council (MRC). Und er gab mir einen Rat. »Sie sollten nach Cambridge gehen«, meinte er. »Das entspricht Ihrem Niveau.«

Der zweite, zu dem Massey mich schickte, war Maurice Wilkins. Massey lächelte still vor sich hin, als er mich aufforderte, dort vorzusprechen, und ich spürte, daß Maurice irgendwie ein außergewöhnlicher Mensch sein mußte. Die beiden hatten in Berkeley gemeinsam im Rahmen der Entwicklung der Atombombe über

Isotopentrennung gearbeitet. Wilkins hatte dann eine Stelle bei seinem ehemaligen Chef, John Randall, in der Abteilung für Physik am King's College in London angenommen; ich machte mich also auf den Weg dorthin, um ihn in den Kellerräumen aufzusuchen, in denen sie arbeiteten.

Randall hatte den MRC davon überzeugt, daß man die Einbeziehung von Physikern in den Bereich der Biologie fördern müsse. Im Verlauf des Krieges hatten Naturwissenschaftler weit mehr Einfluß gewonnen, als sie vorher gehabt hatten. Es war nicht weiter schwierig für Randall, einen der Erfinder des Magnetrons (der grundlegenden Neuentwicklung für die militärische Anwendung von Radar), zu argumentieren, daß Physiker sich jetzt – genauso wie sie bei den Anstrengungen während des Krieges einen entscheidenden Einfluß gehabt hätten – einigen der fundamentalen Probleme der Biologie zuwenden könnten, die der medizinischen Forschung zugrunde lagen. Für die »Biophysik« standen also Mittel zur Verfügung, und der MRC hatte eines seiner Forschungslabors am King's College eingerichtet; Randall war dessen Direktor.

Was genau Biophysik war oder sinnvollerweise werden könnte, war allerdings nicht so klar. Am King's College schien man das Gefühl zu haben, es würde einen bedeutsamen Schritt nach vorne bedeuten, wenn man moderne physikalische Techniken auf biologische Fragestellungen anwandte. Wilkins hatte an der Entwicklung eines neuen Ultraviolett-Mikroskops gearbeitet und dabei Spiegel und nicht Linsen benutzt. Linsen hätte man aus Quarz herstellen müssen, da gewöhnliches Glas ultraviolettes Licht absorbiert. Was genau man mit diesen neuen Instrumenten zu entdecken hoffte, war nicht so ganz klar, aber man hatte das Gefühl, jede neue Beobachtung würde unweigerlich zu neuen Entdeckungen führen.

Bei ihrer Arbeit beschäftigten sie sich hauptsächlich mit Zellen, weniger mit Molekülen. Zu jener Zeit war das Elektronenmikroskop noch nicht voll entwickelt; die Beobachtung von Zellen brachte es daher mit sich, daß man sich mit dem relativ geringen Auflösungspotential des Lichtmikroskops zufriedengeben mußte. Der Abstand zwischen Atomen ist mehr als tausendmal kleiner als die Wellenlänge von sichtbarem Licht. Die meisten Viren sind viel zu winzig, um sie unter einem normalen Hochleistungsmikroskop erkennen zu können, außer vielleicht als winzige Lichtpunkte vor einem dunklen Hintergrund.

Trotz Maurices Enthusiasmus und trotz seiner geduldigen Erklärungen war ich nicht ganz überzeugt, daß dies das Richtige für mich war. Zu diesem Zeitpunkt wußte ich allerdings noch so wenig über mein neues Spezialgebiet, daß ich mir nur sehr zögernd eine Meinung bilden konnte. Mich interessierte vor allem die Grenzlinie zwischen Belebtem und Unbelebtem, und das, was am King's College gemacht wurde, schien weitgehend auf der biologischen Seite dieser Grenze zu liegen.

Das positivste Ergebnis dieser ersten Kontaktaufnahme war vermutlich meine fortwährende Freundschaft mit Maurice. Wir hatten beide eine vergleichbare wissenschaftliche Vergangenheit. Und wir sahen uns sogar irgendwie ähnlich. Viele Jahre später verwechselte mich eine junge Dame angesichts einer Fotografie von Maurice, die in einem Lehrbuch abgedruckt und irgendwie mißverständlich untertitelt war (sie war neben einem Foto von Jim Watson zu sehen), mit ihm, obwohl ich unmittelbar vor ihr stand. Zeitweise fragte ich mich sogar, ob wir nicht entfernt verwandt waren, da der Geburtsname meiner Mutter ja Wilkins war, aber wenn wir tatsächlich Cousins waren, dann bestimmt nur sehr entfernte. Viel wichtiger war, daß wir beide etwa gleich alt waren und denselben wissenschaftlichen Weg – von der Physik zur Biologie – eingeschlagen hatten.

In meinen Augen war Maurice nicht sonderlich ungewöhnlich. Selbst wenn ich beispielsweise von seiner Vorliebe für tibetanische Musik gewußt hätte, wäre mir das wohl kaum merkwürdig vorgekommen. Auf Odile, die meine zweite Frau wurde, machte er allerdings schon einen etwas seltsamen Eindruck, als er, zum ersten Mal zum Essen in ihr Appartement am Earl's Court eingeladen, schnurstracks in die Küche stürmte, um die Deckel von den Töpfen zu lüpfen und nachzusehen, was sie kochte. Sie war den Umgang mit Marineoffizieren gewöhnt, und die machten nie derlei Dinge. Nachdem sie jedoch festgestellt hatte, daß dies nicht der impertinenten Neugierde eines hungrigen Mannes entsprang – Wissenschaftler schienen sich tatsächlich für derlei komische Dinge zu interessieren –, sondern daß Maurice sich ganz schlicht und einfach fürs Kochen interessierte, sah sie ihn mit ganz anderen Augen.

Mein nächstes Problem war es nun, mich zu entscheiden, worüber und – eine mindestens genauso wichtige Frage – wo ich arbeiten sollte. Zunächst sondierte ich die Möglichkeit, am Birkbeck College in London bei dem Röntgenkristallographen J. D. Bernal zu arbeiten. Bernal war eine faszinierende Persönlichkeit. Man kann sich ein lebendiges Bild von ihm machen, wenn man C. P. Snows frühen Roman *The Search* liest, da die Figur des Wissenschaftlers Constantine eindeutig Bernal nachempfunden ist. Es ist amüsant, wenn man erfährt, daß im Roman Constantine für seine Entdeckung, wie man Proteine synthetisiert, berühmt und mit einer F. R. S. (Fellowship of The Royal Society) ausgezeichnet wird, obwohl Snow weise darauf verzichtete, näher auf dieses Verfahren einzugehen. Der Roman spielt in einem Institut für Biophysik; die Schlußpointe ist, daß der Erzähler beschließt, einen Kollegen nicht bloßzustellen, weil dieser Resultate gefälscht hat, sondern statt dessen die eigene wissenschaftliche Karriere aufzugeben und Schriftsteller zu werden – ein Vorfall, von dem ich vermute, daß etwas ähnliches in Snows eigener Laufbahn geschehen ist.

Als ich in Bernals Labor kam, nahm mir seine Sekretärin, Miss Rimmel – ein liebenswürdiger Drachen –, gleich allen Mut. »Ist Ihnen eigentlich klar«, sagte sie, »daß Leute aus aller Welt hierherkommen, um bei dem Professor zu arbeiten? Warum, glauben Sie, sollte er ausgerechnet Sie nehmen?« Mit einer weit ernstzunehmenderen Schwierigkeit konfrontierte mich Mellanby, als er mir eröffnete, der MRC könnte mich nicht unterstützen, wenn ich bei Bernal arbeitete. Man wollte, daß ich mich mit etwas eindeutiger Biologischem befaßte. Ich beschloß, A. V. Hills Rat zu befolgen und mein Glück in Cambridge zu versuchen, ob mich dort jemand haben wollte.

Ich suchte den Physiologen Richard Keynes auf, der sich mit mir unterhielt, während er vor seinen experimentellen Aufbauten sein Mittagssandwich aß. Er untersuchte die Bewegung von Ionen im Riesenaxon des Tintenfischs. Ich führte auch ein Gespräch mit dem Biochemiker Roy Markham, der mir ein interessantes Ergebnis zeigte, das er kürzlich bei einem Pflanzenvirus erzielt hatte.

Charakteristischerweise umschrieb er das Ganze auf so geheimnisvolle Weise (ich wußte damals noch nicht, wie Nucleinsäure ultraviolettes Licht absorbiert), daß ich zunächst kein Wort von dem verstand, was er mir erzählte. Beide waren wirklich sehr hilfsbereit und entgegenkommend, aber keiner von beiden hatte eine freie Stelle für mich. Schließlich landete ich im Strangeways-Laboratorium, dessen Leiterin Honor Fell war; man beschäftigte sich dort mit Gewebekulturen. Sie stellte mich Arthur Hughes vor. Am Strangeways war ein Physiker, D. E. Lea, beschäftigt gewesen, der aber vor kurzem gestorben war und dessen Zimmer immer noch leerstand. Ob ich dort arbeiten wolle? Der MRC gab seine Einwilligung und verlieh mir ein Stipendium. Auch meine Angehörigen unterstützten mich finanziell, so daß ich genug hatte, um ein möbliertes Zimmer bezahlen zu können, und mir immer noch etwas Geld blieb, um mir Bücher zu kaufen.

Am Strangeways blieb ich fast zwei Jahre. In dieser Zeit beschäftigte ich mich mit einem Problem, an dem die Leute dort interessiert waren. Hughes hatte herausgefunden, daß Bindegewebszellen von Küken in einer Gewebekultur kleine Bröckchen magnetischen Erzes »verschlingen« beziehungsweise phagocytieren können. Innerhalb der Zellen konnten dann diese winzigen Partikel bewegt werden, indem man ein magnetisches Feld einwirken ließ. Huhges machte den Vorschlag, ich solle aus diesen Bewegungen etwas über die physikalischen Eigenschaften des Cytoplasmas, des Inneren der Zelle, ableiten. Diese Fragestellung interessierte mich nicht sonderlich, aber ich stellte fest, daß sie, oberflächlich betrachtet, ideal für mich war, da die einzigen physikalischen Spezialgebiete, in denen ich mich einigermaßen auskannte, Magnetismus und Hydrodynamik waren. In der Folge verfaßte ich zwei Aufsätze – einen, der sich mit dem Experiment als solchem, sowie einen, der sich mit den theoretischen Aspekten auseinandersetzte – für die Zeitschrift *Experimental Cell Research* – meine ersten Veröffentlichungen überhaupt. Vor allem war jedoch von Vorteil, daß diese Arbeit nicht zu anspruchsvoll war und mir genügend Zeit ließ, um mich in mein neues Fachgebiet einzulesen. Damals begann ich, ganz allmählich und versuchsweise meine Ideen zu formulieren.

Irgendwann in dieser Zeit forderte man mich auf, vor einigen

Wissenschaftlern, die ins Strangeways gekommen waren, um dort an einem Kurs teilzunehmen, einen kurzen Vortrag zu halten. Ich kann mich noch sehr gut daran erinnern, da ich versuchte, ihnen zu schildern, was die eigentlich wichtigen Fragestellungen in der Molekularbiologie waren. Sie warteten gespannt, den gespitzten Bleistift in der Hand, aber als ich fortfuhr, meine Überlegungen darzustellen, legten sie ihre Bleistifte wieder hin. Sie dachten natürlich, dies sei nichts wirklich Ernstzunehmendes, sondern lediglich nutzlose Spekulation. Nur an einer Stelle machten sie sich Notizen, als ich ihnen nämlich etwas Faktisches bot – daß die Viskosität einer DNA-Lösung dramatisch abnahm, wenn man sie einer Röntgenstrahlung aussetzte. Ich gäbe viel darum, wenn ich genau wüßte, was ich bei dieser Gelegenheit gesagt habe. Ich *glaube* zu wissen, was ich damals vermutlich erzählt habe, aber mein Gedächtnis ist so überladen mit den Ideen und Entwicklungen späterer Jahre, daß ich mich darauf kaum verlassen kann. Auch der Entwurf zu diesem Vortrag existiert nicht mehr, zumindest soviel ich weiß. Wie dem auch sei, wahrscheinlich habe ich von der Bedeutung der Gene gesprochen und davon, warum man ihre molekulare Struktur klären müsse, daß sie möglicherweise (zumindest zu einem Teil) aus DNA bestünden und daß das Nützlichste, was ein Gen bewirken könnte, das Steuern der Synthese eines Proteins sei, und zwar wahrscheinlich mit Hilfe einer dazwischengeschalteten RNA.

Nach etwa einem Jahr ging ich zu Mellanby, um ihm Bericht zu erstatten, wie ich vorankam. Ich erklärte ihm, daß ich mittlerweile erste Ergebnisse über die physikalischen Eigenschaften von Cytoplasma erzielt hatte, aber viel Zeit darauf verwandte, mich weiterzubilden. Er sah mich eher skeptisch an. »Was macht das Pankreas?« fragte er. Ich hatte nur eine sehr vage Vorstellung von der Funktion der Bauchspeicheldrüse, aber es gelang mir, irgend etwas vor mich hin zu murmeln, daß das Pankreas Enzyme produziert; hastig fügte ich hinzu, ich würde mich nicht so sehr für Organe als vielmehr für Moleküle interessieren. Für den Augenblick schien er sich damit zufriedenzugeben.

Ich hatte ihn zu einem günstigen Zeitpunkt aufgesucht. Auf seinem Schreibtisch befanden sich die Unterlagen, in denen die Einrichtung eines Labors des MRC im Cavendish-Laboratorium zur

Erforschung der Struktur der Proteine mit Hilfe der Röntgenbeugung zur Diskussion gestellt wurde. Unter der Oberaufsicht von Sir Lawrence Bragg sollte Max Perutz diese Abteilung leiten. Zu meiner Überraschung (denn ich war ja noch ziemlich neu und unerfahren) fragte er mich, was ich davon hielte. Ich antwortete, meiner Ansicht nach sei dies eine exzellente Idee. Darüber hinaus erklärte ich Mellanby, daß ich jetzt, da ich ein gewisses Grundlagenwissen in Biologie hätte, gerne die Struktur von Proteinen untersuchen würde, weil ich das Gefühl hätte, daß meine Begabung eher auf diesem Gebiet läge. Diesmal erhob er keine Einwände, und so war der Weg frei, mich Max Perutz und John Kendrew am Cavendish-Laboratorium anzuschließen.

3 Des Pudels Kern

Es ist an der Zeit, die Einzelheiten meiner wissenschaftlichen Laufbahn beiseite zu lassen und auf das eigentliche Problem einzugehen. Selbst ein kursorischer Blick über die Welt der belebten Dinge zeigt ihre ungeheure Vielfalt. In den Zoos können wir zwar viele verschiedene Tiere betrachten, aber sie stellen nur einen winzigen Bruchteil der Tiere ähnlicher Größe und Art dar. J. B. S. Haldane wurde einmal gefragt, was die Beschäftigung mit Biologie einem über den Allmächtigen sagen könnte. »Ich bin mir da wirklich nicht ganz sicher«, erklärte Haldane, »außer daß Er eine ungeheure Vorliebe für Käfer haben muß.« Man schätzt, daß mindestens 300000 Arten von Käfern existieren. Im Gegensatz dazu gibt es nur 10000 verschiedene Arten von Vögeln. Zudem müssen wir auch all die verschiedenen Typen von Pflanzen, ganz zu schweigen von den Mikroorganismen wie Hefepilzen und Bakterien, in Betracht ziehen. Außerdem sind da noch all die ausgestorbenen Arten, für die der Dinosaurier wohl das dramatischste Beispiel ist; ihre Zahl ist insgesamt möglicherweise tausendmal größer als die der heute existierenden Arten.

Die zweite Eigenschaft fast aller Lebewesen ist ihre Komplexität und, vor allem, ihre in hohem Maße organisierte Komplexität. Dies hat unsere Vorfahren derart beeindruckt, daß sie es für undenkbar hielten, daß derlei komplizierte und perfekt organisierte Mechanismen ohne das Einwirken eines »Konstrukteurs« entstanden seien. Wenn ich vor 150 Jahren gelebt hätte, dann hätte ich mich – dessen bin ich mir ziemlich sicher – wohl genötigt gesehen, diesem teleologischen Gottesbeweis (Beweis aus der Zweckmäßigkeit der Dinge) zuzustimmen. Überzeugtester und beredtster Vertreter dieser Richtung war Reverend William Paley, dessen Buch *Natural Theology – or Evidence of the Existences and Attributes of the Deity Collected from the Appearances of Nature* 1802 veröffentlicht wurde. Stellen Sie sich vor, sagte er, Sie finden bei einem Spaziergang über die Heide eine Taschenuhr, die einwandfrei funktioniert. Ihre Konstruktion und ihr Verhalten lassen sich nur so erklären, daß man einen »Planer« voraussetzt. In entsprechender Weise, so argumentierte er, zwingt die komplizierte Konstruktionsweise der lebenden Organismen uns dazu, anzuerkennen, daß auch hier ein Konstrukteur am Werk war.

Diese einleuchtende Beweisführung wurde von Charles Darwin widerlegt; er war der Überzeugung, die Tatsache, daß diese Dinge gemacht »erscheinen«, sei auf den Prozeß einer natürlichen Auslese zurückzuführen. Diese Vorstellung vertraten – im wesentlichen unabhängig voneinander – sowohl Darwin als auch Alfred Wallace. Ihre diesbezüglichen Abhandlungen wurden am 1. Juli 1858 vor der Linné-Gesellschaft verlesen, riefen jedoch kaum eine Reaktion hervor. Das ging so weit, daß der Präsident der Gesellschaft in seinem Jahresbericht vermerkte, das Jahr habe keinerlei überwältigende Entdeckungen gebracht. Darwin schrieb eine »Kurzfassung« seiner Theorie (eigentlich hatte er ein weit umfangreicheres Werk geplant), nämlich *The Origin of Species* (dt. *Die Entstehung der Arten durch natürliche Zuchtwahl*). Als diese Arbeit 1859 veröffentlicht wurde, erlebte sie gleich mehrere Auflagen und erregte in der Tat großes Aufsehen. Das ist auch durchaus nicht verwunderlich, denn heutzutage ist uns klar, daß sie die wesentlichen Grundzüge des »Geheimnisses des Lebens« umschrieb. Nun brauchte es nur noch die Entdeckung der Genetik, die ursprünglich, in den 1860er Jahren, Gregor Mendel gelang, und die molekulare Grundlegung der Genetik – und das Geheimnis stand in seiner ganzen nackten Großartigkeit vor unseren Augen. Um so erstaunlicher ist es, daß heute die meisten Menschen sich all dessen gar nicht bewußt sind. Und viele von denen, die es wissen, haben (wie Ronald Reagan) das Gefühl, daß es da irgendwo einen Haken geben muß. Erstaunlich vielen hochgebildeten Leuten sind diese Entdeckungen mehr oder weniger gleichgültig, und in den westlichen Gesellschaften steht eine lautstarke Minderheit evolutionären Ideen sogar ausgesprochen feindlich gegenüber.

Wenden wir uns wieder der natürlichen Auslese zu. Als erstes muß man begreifen, daß ein komplexes Lebewesen – oder sogar ein komplexer Teil eines Lebewesens, etwa das Auge – sich nicht in einem einzigen Evolutionsschritt herausbildete. Vielmehr entwickelte es sich in einer *Reihe* von kleinen Schritten. Was in diesem Zusammenhang »klein« bedeutet, ist nicht unbedingt offensichtlich, da das Wachstum eines Organismus von einem ausgeklügelten Programm kontrolliert wird, das in den Genen niedergeschrieben ist. Manchmal kann eine kleine Änderung in einem Schlüsselbereich dieses Programms einen ziemlich großen Unterschied bewirken. So kann beispielsweise eine Änderung eines bestimmten Gens der *Drosophila* zur Entwicklung einer Fruchtfliege führen, die statt der Fühler Beine hat.

Die Ursache eines jeden dieser kleinen Schritte ist eine zufällige Veränderung der genetischen Anweisungen. Viele dieser zufälligen Änderungen können dem Organismus schaden (einige töten ihn sogar, noch ehe er geboren wird), aber gelegentlich kann eine bestimmte zufällige Änderung diesem speziellen Organismus einen selektiven Vorteil verschaffen. Das bedeutet, daß letztendlich dieser Organismus normalerweise mehr Nachkommen hinterlassen wird, als dies sonst der Fall gewesen wäre. Wenn nun dieser Vorteil auch bei den Nachkömmlingen erhalten bleibt, dann wird sich diese vorteilhafte Mutante allmählich, im Verlauf vieler Generationen, in der gesamten Population ausbreiten. In günstigen Fällen erhält schließlich jedes Einzelwesen die verbesserte Version des Gens. Die ältere Variante ist dann bereits ausgeschaltet. Natürliche Auslese ist also ein wunderschöner Mechanismus, der dazu dient, seltene Ereignisse (genaugenommen: vorteilhafte seltene Ereignisse) zu allgemein verbreiteten zu machen.

Wir wissen mittlerweile – R. A. Fisher hat als erster darauf hingewiesen –, daß die Vererbung »partikulär« sein muß (dies hat als erster Mendel gezeigt) und nicht »vermischend«, wenn dieser Mechanismus funktionieren soll. Bei einer vermischenden Vererbung stellen die Eigenschaften der Nachkommen einfach eine Mischung der Eigenschaften der Eltern dar. Bei einer partikulären Vererbung sind die Gene – denn sie sind es ja, die vererbt werden – diskrete Partikel, die sich nicht vermischen. Es stellt sich heraus, daß dies einen wesentlichen Unterschied macht.

Bei einer Mischvererbung würde beispielsweise ein schwarzes Tier, das mit einem weißen gepaart wird, immer Nachkommen haben, deren Farbe eine Mischung aus schwarz und weiß, das heißt irgendeine Schattierung von grau ist. Und falls nun diese Tiere miteinander gepaart werden, werden *deren* Nachkommen immer grau sein. Bei einer partikulären Vererbung gibt es verschiedene Möglichkeiten. Beispielsweise könnte es sein, daß alle Nachkommen der ersten Generation tatsächlich grau sind. Paarten sich nun diese untereinander, so würden in der zweiten Generation *im Durchschnitt* ein Viertel der Tiere schwarz, die Hälfte grau und ein Viertel weiß sein. [Dabei gehen wir davon aus, daß die Farbe in diesem Fall ein einfaches Mendelsches Merkmal ist und nicht ein dominantes.] Die Gene, die ja partikulär sind, vermischen sich nicht, und zwar auch dann nicht, wenn ihre *Auswirkungen* sich bei einem einzelnen Tier vermischt haben, so daß ein weißes Partikel (Gen) und ein schwarzes Partikel, die in ein und demselben Lebewesen zusammenwirken, zu einem grauen Tier geführt haben. Diese partikuläre Vererbung *bewahrt* die Vielfalt (nach zwei Generationen haben wir schwarze, weiße und graue Tiere, nicht nur graue), während eine Mischvererbung die Vielfalt *reduziert*. Würde die Vererbung nach dem Prinzip der Vermischung funktionieren, dann würden die Nachkommen eines schwarzen und eines weißen Tieres bis ins Unendliche graue Nachkommen haben. Dies ist aber offensichtlich nicht der Fall. Beim Menschen wird dies ganz deutlich sichtbar: Die Menschen werden einander im Laufe der Generationen durchaus nicht ähnlicher. Die Vielfalt bleibt bewahrt.

Darwin, ein zutiefst aufrichtiger Mann, der sich intellektuellen Schwierigkeiten immer stellte, kannte die partikuläre Vererbung nicht und war folglich sehr verwirrt angesichts der Kritik eines schottischen Ingenieurs, Fleeming Jenkin. Jenkin hob hervor, daß Vererbung (von der Darwin unbewußt annahm, sie sei vermischend) nicht zulassen würde, daß die natürliche Auslese auch wirklich funktioniert. Da man damals von der partikulären Vererbung noch nichts wußte, war dies eine vernichtende Kritik.

Was sind also die Grundvoraussetzungen dafür, daß natürliche Auslese funktioniert? Offenbar brauchen wir etwas, das »Information« übertragen kann – das heißt die Anweisungen. Die wichtigste Vorbedingung ist, daß es einen Prozeß für die exakte Replikation dieser Information gibt. Es steht fast mit Sicherheit fest, daß bei jedem beliebigen Prozeß Fehler unterlaufen, aber dies sollte die Ausnahme bleiben, vor allem dann, wenn die Einheit, die reproduziert werden soll, eine Menge Information trägt. [Im Falle der DNA oder der RNA muß die Fehlerrate pro wirksamem

Basenpaar in einer Generation in einfachen Fällen eher bei weniger als dem reziproken Wert der Anzahl der effektiven Basenpaare liegen.]

Die zweite Voraussetzung ist, daß bei der Replikation Einheiten produziert werden sollten, die ihrerseits im Rahmen eines oder mehrerer Prozesse der Replikation kopiert werden können. Die Reproduktion sollte nicht nur dem Reproduktionsvorgang bei einer Druckerpresse entsprechen, bei dem Druckplatten viele Kopien einer Zeitung herstellen; die einzelne Zeitung als solche kann keine weiteren Kopien herstellen, weder von der Presse noch von der Zeitung. [Technisch ausgedrückt bedeutet dies: Replikation muß geometrisch, nicht nur arithmetisch sein.]

Nun zur dritten Voraussetzung: Fehler – Mutationen – müssen ihrerseits kopiert werden können, so daß eine nützliche Veränderung mittels der natürlichen Auslese erhalten bleibt.

Es gibt noch eine letzte Bedingung, daß nämlich die Instruktionen und ihre Produkte zusammenbleiben sollen. [Kreuzfütterung ist zu vermeiden.] Ein recht nützlicher Trick ist es, einen Beutel zu verwenden – das heißt eine Zelle –, aber auf diesen Punkt will ich hier nicht näher eingehen.

Darüber hinaus muß die Information etwas Nützliches zuwege bringen oder aber etwas anderes produzieren, das an ihrer Stelle etwas Nützliches tut, so daß sie einen Beitrag dazu leistet, zu überleben und eine fruchtbare Nachkommenschaft mit guten Überlebenschancen zu produzieren.

Außerdem braucht der Organismus Rohstoffquellen (da er ja Kopien von sich selber herstellen muß); er muß in der Lage sein, Abfallprodukte loszuwerden, und er benötigt irgendeine Energiequelle [Freie Energie]. All dies ist notwendig, aber der Kern der Sache ist ganz offensichtlich der Prozeß der exakten Replikation.

Es ist nicht notwendig, an dieser Stelle die Mendelsche Genetik in all ihren technischen Einzelheiten zu erklären. Allerdings werde ich dennoch versuchen, einen Eindruck davon zu vermitteln, zu welch erstaunlichen Resultaten ein so einfacher Mechanismus wie die natürliche Auslese auf die Dauer führen kann. Eine umfassendere und sehr gut verständliche Darstellung findet man in den ersten Kapiteln von Richard Dawkins' neuestem Buch, *The Blind Watchmaker* (dt. *Der blinde Uhrmacher*). Vielleicht wundern Sie sich über den Titel dieses Buches. Nun, *Watchmaker* bezieht sich eindeutig auf den Planer oder Konstrukteur, auf den Paley anspielte, um die imaginäre Uhr, die er auf der Heide gefunden hatte, zu erklären. Aber wieso »blind«? Am besten ist es, ich überlasse Dawkins selbst das Wort:

> Allen Anzeichen zum Trotz: Der einzige Uhrmacher in der Natur sind die blinden Kräfte der Physik, wenn sie sich auch auf ihre besondere Weise entfalten. Ein echter Uhrmacher plant: Er entwirft seine Rädchen und Federn, ebenso ihren Zusammenhang, und zielt dabei auf einen künftigen Zweck. Die natürliche Zuchtwahl, der blinde, unbewußte, automatische Vorgang, den Darwin entdeckte und von dem wir heute wissen, daß er die Erklärung für die Existenz und scheinbar zweckmäßige Gestalt alles Lebens ist, zielt auf keinen Zweck. Sie hat keine Augen und blickt nicht in die Zukunft. Sie plant nicht voraus. Sie hat kein Vorstellungsvermögen, keine Voraussicht, sieht überhaupt nicht. Wenn man behauptet, daß sie die Rolle des Uhrmachers in der Natur spielt, dann die eines blinden Uhrmachers.*

Dawkins führt ein schönes Beispiel an, um die Vorstellung zu widerlegen, natürliche Auslese könne den Reichtum an komplexen Formen, die wir überall um uns herum in der Natur beobachten, nicht hervorbringen. Es handelt sich dabei um ein sehr einfaches Beispiel, aber es trifft den Nagel auf den Kopf. Er nimmt dazu einen kurzen Satz (aus *Hamlet*):

METHINKS IT IS LIKE A WEASEL
(Mich dünkt, sie sieht aus wie ein Wiesel)

Zunächst berechnet er, wie extrem gering die Wahrscheinlichkeit ist, daß irgend jemand, der aufs Geratewohl auf einer Schreibmaschine tippt (normalerweise ein Affe, in diesem Fall jedoch seine elf Monate alte Tochter, oder aber ein Computer-Programm), zufällig genau diesen Satz schreibt, in dem alle Buchstaben an der

* Richard Dawkins, Der blinde Uhrmacher. Aus dem Englischen von Karin de Sousa Ferreira. München 1987, S. 18

richtigen Stelle stehen. [Es stellt sich heraus, daß die Wahrscheinlichkeit etwa 1 zu 10^{40} ist.] Diesen Vorgang bezeichnet er als »Ein-Schritt-Selektion«*.

Als nächstes versucht er es mit einem anderen Ansatz, den er als »kumulative Selektion« bezeichnet. Der Computer wählt eine rein *zufällige* Folge der achtundzwanzig Buchstaben aus. Dann stellt er einige Kopien davon her, wobei allerdings eine gewisse Wahrscheinlichkeit besteht, daß er beim Kopieren einen Fehler macht. Als nächstes wählt er diejenige Kopie aus, die dem angestrebten Satz am ehesten ähnelt – wie gering diese Ähnlichkeit auch sein mag. Mit dieser leicht verbesserten Version wiederholt er nun den Prozeß der Replikation (mit Mutation), auf den eine Selektion folgt. In seinem Buch listet Dawkins Beispiele für einige Zwischenstufen auf. In einem Fall, nach dreißig Einzelschritten, hatte er:

METHINGS IT ISWLIKE B WECSEL

und nach dreiundvierzig solcher Operationen war der Satz völlig korrekt. *Wie viele* Schritte erforderlich sind, ist teilweise eine Sache des Zufalls. Bei anderen Versuchen brauchte er vierundsechzig oder einundvierzig Schritte und so weiter. Der springende Punkt ist, daß man das Ziel bei kumulativer Selektion mittels relativ weniger Schritte erreicht, während es bei einer Selektion in *Einzelschritten* ewig dauern würde.

Da dieses Beispiel allzu einfach ist, versuchte Dawkins es mit einem etwas komplizierteren, bei dem der Computer »Bäume« (Organismen) wachsen ließ, und zwar gemäß bestimmten rekursiven Regeln (Gene). Die Ergebnisse sind zu komplex, um sie an dieser Stelle wiederzugeben. Dawkins sagt: »Nichts in meiner Intuition als Biologe, nichts in meiner zwanzigjährigen Erfahrung im Programmieren von Computern und nichts in meinen verrücktesten Träumen hatte mich auf das vorbereitet, was tatsächlich auf dem Bildschirm erschien.«**

Wenn Sie an der Macht der natürlichen Auslese zweifeln, dann rate ich Ihnen dringend, Dawkins' Buch zu lesen, ehe es zu spät

* ebd., S. 63ff.

** ebd., S. 80

ist. Ich bin überzeugt, es wird eine Offenbarung für Sie sein. Dawkins gibt ein recht hübsches Beispiel dafür, wie weit der Prozeß der Evolution in der Zeit, die dafür zur Verfügung steht, gehen kann. Er weist darauf hin, wie viele verschiedene Hunderassen der Mensch mittels Selektion gezüchtet hat, etwa Pekinesen, Bulldoggen und so weiter, und das in einem Zeitraum von lediglich einigen tausend Jahren. In diesem Fall ist der »Mensch« der ausschlaggebende Faktor in der Umwelt, und seine seltsamen Vorlieben haben (durch selektive Züchtung, nicht aufgrund einer »Planung«) diese Launen der Natur hervorgebracht, die sich in unserer Umgebung als Haushunde erhalten haben. Die Zeitspanne, die man dafür brauchte, ist auf der evolutionären Skala, die Hunderte Millionen von Jahren umfaßt, außergewöhnlich kurz. Die immer größere Vielfalt von Lebewesen, die die natürliche Auslese in diesem viel längeren Zeitraum hervorgebracht hat, sollte uns daher nicht überraschen.

Übrigens enthält Dawkins' Buch auch eine faire, aber vernichtende Kritik des Buches *The Probability of God* des Bischofs von Birmingham, Hugh Montefiore. Ich kenne Hugh noch aus der Zeit, als er Dekan am Caius College in Cambridge war, und ich stimme mit Dawkins dahin gehend überein, daß Hughs Buch »... ein ernsthafter und ehrlicher Versuch durch einen geachteten und gebildeten Autor (ist), die Naturtheologie auf den neuesten Stand zu bringen«*. Ebenso stimme ich von ganzem Herzen Dawkins' Kritik an dem Buch zu.

An dieser Stelle muß ich kurz innehalten und die Frage stellen, was genau der Grund dafür ist, daß es vielen Leuten so schwer fällt, das Prinzip der natürlichen Auslese zu akzeptieren. Zum Teil läßt sich dies darauf zurückführen, daß – nach unseren gängigen Zeitmaßstäben – der Prozeß so langsam abläuft, daß wir ihn nur selten unmittelbar miterleben. Vielleicht könnte die Art von Computerspiel, die Richard Dawkins beschreibt, es einigen Leuten leichter machen, die Übermächtigkeit dieses Mechanismus zu erkennen, aber nicht jeder spielt gerne mit Computern. Eine weitere Schwierigkeit stellt der frappierende Gegensatz zwischen den hochgradig organisierten und ausgeklügelten Ergebnissen des

---

* ebd. S. 55

Prozesses – all die lebenden Organismen, die wir um uns herum sehen – und der Zufälligkeit, die dem Ganzen zugrunde liegt, dar. Aber dieser Gegensatz täuscht, denn der eigentliche Prozeß ist alles andere als zufällig, und zwar aufgrund des Selektionsdrucks der Umwelt. Ich vermute, einigen Leuten mißfällt der Gedanke, daß die natürliche Auslese sich planlos verhält. Der Prozeß als solcher kennt in der Tat die Richtung nicht, die er nehmen soll. Es ist die »Umgebung«, die die Richtung bestimmt, und auf lange Sicht lassen sich die Auswirkungen im Detail fast nicht vorhersagen. Dennoch hat es den Anschein, als seien die Organismen so konstruiert worden, daß sie erstaunlich effizient funktionieren, und dem menschlichen Verstand fällt es daher schwer, die Tatsache zu akzeptieren, daß es keines »Konstrukteurs« bedarf, um dies zu vollbringen. Die statistischen Aspekte und die ungeheuer große Anzahl *möglicher* Organismen – viel zu viele, als daß mehr als nur ein winziger Bruchteil davon je hätte existieren können – scheinen kaum begreifbar. Aber der Prozeß funktioniert – das steht eindeutig fest. All die Befürchtungen und Einwände, die ich eben angeführt habe, erweisen sich als gegenstandslos, wenn man sie genauer unter die Lupe nimmt, vorausgesetzt, man hat den Prozeß als solchen richtig verstanden. Und wir haben Beispiele – aus dem Labor wie auch aus der Feldforschung –, daß natürliche Auslese hier und jetzt stattfindet, von der molekularen Ebene bis zur Ebene von Organismen und Populationen.

Meiner Ansicht nach gibt es zwei berechtigte Ansatzpunkte einer Kritik, was die natürliche Auslese betrifft. Der erste ist, daß wir bis jetzt die Geschwindigkeit, mit der die natürliche Auslese abläuft, aus ihren Grundprinzipien nicht genau, sondern nur sehr annäherungsweise berechnen können; allerdings könnte dies etwas leichter werden, wenn wir erst einmal genauer verstehen, wie Organismen sich entwickeln. Letztendlich ist es ja wirklich komisch, daß wir uns so viele Gedanken darüber machen, wie Organismen sich weiterentwickelt haben (ein Prozeß, den zu untersuchen schwierig ist, da er in der Vergangenheit stattgefunden hat und seinem Wesen nach nicht voraussagbar ist), während wir immer noch nicht genau wissen, wie sie hier und jetzt funktionieren. Embryologie ist sehr viel einfacher zu untersuchen als Evolution. Es wäre also konsequenter, zuerst einmal im Detail herauszufinden, wie einzelne Organismen sich entwickeln und wie sie funktionieren, und sich dann erst Gedanken darüber zu machen, wie ihre Evolution verlief. Allerdings ist Evolution ein so faszinierendes Thema, daß wir der Versuchung nicht widerstehen können, sie hier und jetzt erklären zu wollen, obwohl unser Wissen auf dem Gebiet der Embryologie noch sehr unvollständig ist.

Der zweite Einwand wäre, daß wir möglicherweise noch nicht alle Mechanismen kennen, die entwickelt wurden, damit die natürliche Auslese effizienter funktioniert. Möglicherweise erwarten uns noch Überraschungen hinsichtlich der Tricks, die eine reibungslosere und schnellere Evolution ermöglichen. Sexualität ist vermutlich ein Beispiel für einen derartigen Mechanismus, und es könnte, soweit wir wissen, noch andere bislang unentdeckte geben. Die »egoistische« DNA – die großen Mengen von DNA in unseren Chromosomen, die keine offenkundige Funktion haben – könnte sich als Teil einer anderen erweisen (vgl. S. 199). Es ist durchaus möglich, daß diese eigennützige DNA eine entscheidende Rolle bei der schnellen Evolution einiger der komplexen genetischen Kontrollmechanismen für höhere Organismen spielt.

Läßt man jedoch diese Einwände beiseite, so ist der Prozeß als solcher gewaltig, vielseitig und von sehr großer Bedeutung. Es ist wirklich erstaunlich, daß in unserer modernen Gesellschaft nur so wenige ihn wirklich verstehen.

Es könnte nun ohne weiteres sein, daß Sie diese Argumente hinsichtlich der Evolution, der natürlichen Auslese und der Gene wie auch die Vorstellung akzeptieren, daß es sich bei Genen um Instruktionseinheiten im Rahmen eines ausgeklügelten Programmes handelt, das einerseits aus dem befruchteten Ei einen Organismus werden läßt, andererseits dazu beiträgt, dessen späteres Verhalten weitgehend zu kontrollieren. Dennoch sind Sie vielleicht nach wie vor etwas irritiert. Wie, so könnten Sie fragen, kommt es, daß Gene so klug sind? Was, um alles in der Welt, tun die Gene denn, um die Konstruktion all jener kunstvollen und wunderschön kontrollierten Bestandteile der belebten Dinge zu ermöglichen?

Um diese Frage zu beantworten, müssen wir erst einmal begreifen, in welcher Größenordnung sich das alles abspielt. Als ich begann, mich mit Biologie zu beschäftigen – das war Ende der vierziger Jahre –, gab es bereits einige eher indirekte Hinweise, die den

Schluß nahelegten, daß ein einzelnes Gen möglicherweise nur so groß wie ein sehr großes Molekül – das heißt also ein Makromolekül – ist. Es ist merkwürdig, daß eine einfache, suggestive Überlegung, die sich aus allgemein bekannten Tatsachen ergibt, ebenfalls in diese Richtung weist.

Die Genetik sagt uns, daß wir – ganz allgemein gesprochen – die Hälfte aller unserer Gene von unserer Mutter erhalten, nämlich aus dem Ei; die andere Hälfte stammt von unserem Vater, aus dem Sperma also. Nun ist der Kopf eines menschlichen Samens, in dem sich diese Gene befinden, ziemlich klein. Ein einzelner Same ist viel zu winzig, als daß man ihn mit bloßem Auge deutlich erkennen könnte; unter einem Hochleistungsmikroskop allerdings läßt er sich recht gut beobachten. Dennoch muß auf diesem engen Raum fast ein ganzer Satz von Anweisungen für die Schaffung eines vollständigen menschlichen Wesens vorhanden sein (das Ei liefert das Gegenstück dazu). Wenn man nun die entsprechenden Zahlen betrachtet, kommt man notwendigerweise zu dem Schluß, daß ein Gen – nach unseren alltäglichen Maßstäben – sehr, sehr klein sein muß, etwa wie ein sehr großes chemisches Molekül. Dies allein sagt noch nichts darüber aus, was ein Gen tut, aber es gibt einen Hinweis darauf, daß es möglicherweise ganz vernünftig wäre, sich zuerst einmal mit der chemischen Beschaffenheit von Makromolekülen zu befassen.

Damals wußte man auch, daß eine jede chemische Reaktion in der Zelle durch einen speziellen Typ eines großen Moleküls ausgelöst wird. Diese Moleküle bezeichnet man als Enzyme. Enzyme sind sozusagen die Werkzeugmaschinen einer lebenden Zelle. Entdeckt wurden sie im Jahre 1897 von Eduard Buchner, der zehn Jahre später für diese Leistung den Nobelpreis erhielt. Im Verlauf seiner Experimente zerquetschte er mit einer hydraulischen Presse Hefezellen und erhielt auf diese Weise eine Mixtur aus Hefesäften. Er wollte nun wissen, ob solche Fragmente einer lebenden Zelle irgendeine der chemischen Reaktionen der intakten Zelle ausführen konnten, denn damals glaubten die meisten, die Zelle müsse intakt sein, damit derlei Reaktionen stattfinden können. Da er den Saft aufbewahren wollte, tat er etwas, das jeder Hausfrau geläufig ist: Er fügte ziemlich viel Zucker hinzu. Zu seiner Überraschung fermentierte der Saft die Zuckerlösung! Und so wurden die Enzyme entdeckt. (Der Begriff Enzym bedeutet »in Hefe«.) Binnen kurzem stellte sich heraus, daß man Enzyme auch aus vielen anderen Zelltypen gewinnen konnte, einschließlich der menschlichen, und daß jede Zelle sehr viele verschiedene Enzyme enthielt. Selbst eine einfache Bakterienzelle kann mehr als tausend verschiedene *Typen* von Enzymen beinhalten, und es können Hunderte oder sogar Tausende von Molekülen irgendeines Typus vorhanden sein.

Unter günstigen Bedingungen konnte man ein Enzym von all den anderen trennen und sein Verhalten in einer Lösung beobachten. Derlei Untersuchungen führten zu dem Ergebnis, daß jedes Enzym sehr spezifisch war und jeweils nur eine einzige chemische Reaktion – oder höchstens ein paar einander verwandte Reaktionen – auslöste. Ohne dieses spezielle Enzym lief die chemische Reaktion – unter den gemäßigten Bedingungen hinsichtlich Temperatur und Säuregehalt, wie sie normalerweise in lebenden Zellen gegeben sind – nur sehr, sehr langsam ab. Wenn man jedoch das Enzym hinzufügte, erfolgte die Reaktion ziemlich schnell. Stellt man eine fein verteilte Lösung von Stärke in Wasser her, dann passiert sehr wenig. Spuckt man jedoch hinein, dann zersetzt die Amylase im Speichel allmählich die Stärke und setzt Zucker frei.

Die nächste bedeutsame Entdeckung war, daß es sich bei allen untersuchten Enzymen um Makromoleküle handelte und daß sie alle zu der gleichen Familie von Makromolekülen gehörten, die man als Proteine bezeichnet. Die wichtigste Entdeckung gelang 1926 einem einarmigen amerikanischen Chemiker namens James Sumner. Es ist wahrlich alles andere als leicht, mit nur einem Arm chemische Experimente durchzuführen (den anderen hatte er als kleiner Junge bei einem Jagdunfall verloren), aber Sumner war ein sehr willensstarker Mann und beschloß, trotz allem zu beweisen, daß es sich bei den Enzymen um Proteine handelte. Obwohl es ihm gelang zu zeigen, daß ein bestimmtes Enzym, nämlich Urease, ein Protein ist, und obwohl er Kristalle daraus herzustellen vermochte, zögerte man, seine Ergebnisse zu akzeptieren. Tatsächlich bekämpfte eine Gruppe deutscher Wissenschaftler leidenschaftlich diese Theorie – was Sumner irgendwie verbitterte –, aber es stellte sich heraus, daß er recht hatte. 1946 wurde ihm

– zusammmen mit anderen – für seine Entdeckung der Nobelpreis zuerkannt. Obwohl sich vor kurzem herausgestellt hat, daß es einige sehr bedeutsame Ausnahmen von seiner Regel gibt, gilt nach wie vor, daß fast alle Enzyme Proteine sind.

Proteine sind also eine Gruppe raffinierter und vielseitiger Moleküle. Als ich Näheres über sie erfuhr, war mir sofort klar, daß eines der Schlüsselprobleme darin bestand, zu erklären, wie sie synthetisiert werden.

Es gab noch eine dritte wichtige Generalisierung, obwohl sie in den vierziger Jahren so revolutionär war, daß nicht jedermann geneigt war, sie zu akzeptieren. Und zwar wurde diese Idee von George Beadle und Ed Tatum entwickelt. (Auch sie erhielten später, im Jahre 1958, für ihre Entdeckung den Nobelpreis.) Sie verwendeten den kleinen Brot-Schimmelpilz *Neurospora* und stellten fest, daß bei jeder Mutante, die sie untersuchten, nur ein einziges Enzym fehlte. Daraufhin prägten sie den berühmten Slogan: »Ein Gen – ein Enzym«.

So schien also der allgemeine Plan der gesamten belebten Natur offensichtlich zutage zu liegen. Jedes Gen bestimmt ein spezielles Protein. Einige dieser Proteine dienen dazu, Strukturen zu bilden oder Signale zu übertragen, während viele andere als Katalysatoren fungieren, die bestimmen, welche chemischen Reaktionen in jeder einzelnen Zelle stattfinden. Fast jede Zelle in unserem Körper verfügt über einen kompletten Satz von Genen, und dieses chemische Programm bestimmt den Stoffwechsel, das Wachstum der einzelnen Zellen und ihre Wechselwirkung mit den Nachbarzellen. Ausgerüstet mit all diesem (für mich) neuen Wissen, fiel es mir nicht weiter schwer zu erkennen, welches die Kernfragen waren. Woraus bestehen Gene? Wie werden sie kopiert? Und wie kontrollieren oder beeinflussen sie zumindest die Synthese von Proteinen?

Man war seit geraumer Zeit der Ansicht, daß die meisten Gene einer Zelle sich auf ihren Chromosomen befinden und daß die Chromosomen wahrscheinlich aus Nucleoprotein – das heißt aus Protein und DNA sowie möglicherweise ein wenig RNA – bestehen. Anfang der vierziger Jahre nahm man – irrtümlicherweise – an, DNA-Moleküle seien klein und – das war ein noch größerer Irrtum – einfach strukturiert. Phoebus Levene, der in den dreißiger Jahren führende Experte auf dem Gebiet der Nucleinsäure, hatte die Ansicht vertreten, daß sie eine regelmäßige, sich wiederholende Struktur haben [die sogenannte Tetranucleotid-Hypothese]. Und das ließ kaum erwarten, daß sie ohne weiteres genetische Informationen transportieren könnten. Bestimmt – so dachte man – bestanden die Gene, wenn sie tatsächlich so bemerkenswerte Eigenschaften aufwiesen, aus Proteinen, denn die Proteine als Klasse waren dafür bekannt, daß sie solch außerordentliche Funktionen übernehmen konnten. Vielleicht hatte die DNA irgendeine Hilfsfunktion, daß sie beispielsweise als eine Art Arbeitsgerüst für die komplizierten Proteine diente?

Außerdem war zu jener Zeit bekannt, daß alle Proteine Polymere waren. Das bedeutet, sie bestanden aus einer langen Kette – der sogenannten Polypeptid-Kette; diese war so konstruiert, daß sie, von einem Ende zum anderen, kleine organische Moleküle miteinander verknüpfte; diese wurden als Monomere bezeichnet, da sie die Bauelemente eines Polymers sind. In einem Homopolymer – beispielsweise Nylon – sind diese kleinen Monomere im allgemeinen alle gleich. Bei Proteinen ist das nicht so einfach. Jedes Protein ist ein Heteropolymer; die einzelnen Ketten bestehen aus einem Sortiment in gewisser Weise voneinander verschiedener kleiner Moleküle, in diesem Fall Aminosäuren. Das Endergebnis ist, vom Chemischen her, daß jede Polypeptid-Kette ein vollkommen regelmäßiges Rückgrat hat, an dem in regelmäßigen Abständen kleine Seitenketten hängen. Man glaubte nun, es gäbe etwa zwanzig verschiedene mögliche Seitenketten (die genaue Anzahl kannte man damals noch nicht). Die Aminosäuren (die Monomere) entsprechen den Buchstaben in einem Setzkasten. Die Grundfläche aller Buchstaben in diesem Setzkasten ist immer gleich, damit sie in die Nuten passen, von denen der ganze Schriftsatz zusammengehalten wird; die Oberflächen der einzelnen Buchstaben hingegen sind verschieden, damit jeweils ein ganz bestimmter Buchstabe gedruckt wird. Jedes Protein hat eine charakteristische Anzahl von Aminosäuren, normalerweise mehrere hundert, so daß man sich, grob gesprochen, jedes einzelne Protein als einen Absatz vorstellen könnte, der in einer speziellen Sprache abgefaßt ist, die etwa zwanzig (chemische) Buchstaben kennt. Damals wußte man noch nicht mit Sicherheit, daß in jedem Protein die Buchstaben in einer bestimmten Reihenfolge angeordnet sein müssen (so wie es ja auch bei einem bestimmten Absatz der Fall sein muß). Dies wies wenig später der Biochemiker Fred Sanger nach, aber die Schlußfolgerung war einfach genug, um damit rechnen zu können, daß dies wahrscheinlich so sein würde.

Natürlich entspricht in unserer Sprache jeder einzelne Absatz in Wirklichkeit einer einzigen langen Reihe von Buchstaben. Aus praktischen Erwägungen wird diese Reihe in mehrere Zeilen unterteilt, die untereinandergeschrieben werden, aber das ist lediglich eine sekundäre Angelegenheit, da die Bedeutung genau dieselbe ist, unabhängig davon, ob die Zeilen lang sind oder kurz, ob es nur einige wenige sind oder aber viele, vorausgesetzt, wir passen beim Trennen der Wörter am Ende einer jeden Zeile auf. Was die Proteine betraf, so wußte man, daß dies bei ihnen ganz anders war. Obwohl das Rückgrat des Polypeptids chemisch regelmäßig ist, enthält es flexible Verbindungsglieder, so daß im Prinzip viele unterschiedliche dreidimensionale Formen möglich sind. Dennoch schien ein jedes Protein eine ganz spezielle Form zu haben, und in vielen Fällen war – das wußte man – diese Form ziemlich kompakt (man bediente sich zu diesem Zweck der Bezeichnung »globulär«) und nicht langgestreckt (»fibrös«). Eine Reihe von Proteinen war kristallisiert worden, und diese Kristalle ermöglichten detaillierte Röntgenbeugungsmuster, die darauf schließen ließen, daß die dreidimensionale Struktur eines jeden Moleküls einer bestimmten Art von Protein ganz (oder fast) genau die gleiche war. Zudem wurden viele Proteine, wenn man sie kurz auf den Siedepunkt von Wasser (oder sogar etwas darunter) erhitzte, denaturiert, so als hätten sie sich entfaltet; ihre dreidimensionale Struktur war also teilweise zerstört worden. Wenn dieser Fall eintrat, verlor das denaturierte Protein normalerweise seine katalytische (oder seine andere) Funktion; dies legte fast zwangsläufig die Schlußfolgerung nahe, daß die Funktion eines solchen Proteins *von seiner genauen dreidimensionalen Struktur abhängig war*.

Und nun können wir uns an das verwirrende Problem wagen, mit dem wir scheinbar konfrontiert waren. Wenn Gene aus Proteinen bestanden, schien es wahrscheinlich, daß jedes Gen eine spezielle dreidimensionale, irgendwie kompakte Struktur hatte. Nun war es eine wesentliche Eigenschaft eines Gens, daß es Generation für Generation genau kopiert werden konnte, wobei nur gelegentlich Fehler unterliefen. Was wir herausfinden wollten, war das allgemeine Prinzip dieses Kopiermechanismus. Sicher mußte man, um etwas zu kopieren, eine komplementäre Struktur – eine Matrize – und dann eine weitere komplementäre Struktur der Matrize anfertigen, um auf diese Weise eine exakte Kopie des Originals zu erhalten. Dies ist schließlich und endlich, allgemein gesprochen, das Verfahren, wie eine Skulptur kopiert beziehungsweise vervielfältigt wird. Aber dann stießen wir auf eine Schwierigkeit: Es ist zwar einfach, auf diese Weise die *Außenseite* einer dreidimensionalen Struktur zu kopieren, aber wie, um alles in der Welt, konnte man die Innenseite kopieren? Dieser ganze Prozeß schien so ungeheuer mysteriös – man wußte kaum, wo man mit dem Nachdenken anfangen sollte.

Natürlich scheint jetzt, da wir die Antwort kennen, alles derart einleuchtend, daß sich heutzutage kein Mensch mehr daran erinnert, wie verwirrend dieses Problem damals erschien. Wenn Sie zufällig die Antwort *nicht* kennen, möchte ich Sie bitten, einen Augenblick innezuhalten und sich zu überlegen, wie sie wohl lauten könnte. Um die Einzelheiten der chemischen Abläufe braucht man sich in diesem Zusammenhang nicht weiter zu kümmern. Worauf es ankommt, ist das dieser Idee zugrundeliegende Prinzip. Das Problem wurde damals durch die Tatsache nicht gerade leichter gemacht, daß man viele der genannten Eigenschaften der Proteine und Gene nicht mit Sicherheit kannte. Alle waren sie plausibel, und die meisten schienen sehr wahrscheinlich zu sein, aber uns quälten – wie bei den meisten Problemen in Grenzbereichen der Forschung – nach wie vor nagende Zweifel, daß eine oder mehrere dieser Annahmen gefährlich irreführend sein könnten. In der Forschung verläuft die Frontlinie fast immer in dichtem Nebel.

Wie lautete also die Antwort? Seltsamerweise war ich auf die Lösung gestoßen, noch ehe Jim Watson und ich die Doppelhelix-Struktur der DNA entdeckten. Die – im übrigen nicht ganz neue – Grundidee war folgende: Die einzige Aufgabe des Gens bestand darin, die *Reihenfolge (Sequenz)* der Aminosäuren in diesem bestimmten Protein korrekt festzulegen. Sobald einmal die richtige Polypeptid-Kette hergestellt war, mit allen Seitenketten in der richtigen Reihenfolge, *faltete sich* – entsprechend den Gesetzen der Chemie – *das Protein korrekt zu einer einzigartigen dreidimensionalen Struktur zusammen*. (Wie die dreidimensionale Struktur eines jeden Proteins im einzelnen aussah, mußte erst noch geklärt werden.) Durch diese kühne Annahme wurde aus dem dreidimensionalen Problem ein eindimensionales, und das ursprüngliche Dilemma hatte sich praktisch in nichts aufgelöst.

Selbstverständlich hatten wir das Problem damit nicht *gelöst*. Wir hatten lediglich aus einem schier unlösbaren Problem eines gemacht, mit dem man umgehen konnte. Das Problem als solches existierte nach wie vor: Wie stellt man eine exakte Kopie einer eindimensionalen Sequenz her. Um diese Frage zu klären, müssen wir uns wieder dem zuwenden, was man damals über die DNA wußte.

Ende der vierziger Jahre wußten wir in vielen wichtigen Punkten schon sehr viel über die DNA. Man hatte herausgefunden, daß DNA-Moleküle letztendlich doch nicht besonders kurz sind. Die genaue Länge kannte man allerdings nicht. Mittlerweile ist bekannt, daß sie nur deswegen kurz zu sein schienen, weil sie als lange Moleküle (lang in dem Sinn, wie ein Stück eines Fadens lang ist) bei dem Prozeß, sie aus der Zelle herauszuholen und in einem Teströhrchen Versuche mit ihnen zu unternehmen, leicht zerbrachen. Um die einigermaßen langen Moleküle zu zerbrechen, genügt es, einfach ein wenig in einer DNA-Lösung zu rühren. Man wußte jetzt Genaueres über ihre chemischen Eigenschaften, und zudem war die Tetranucleotid-Hypothese tot – einige wunderschöne Untersuchungen eines Chemikers an der Columbia University, des aus Österreich stammenden Flüchtlings Erwin Chargaff, hatten sie auf dem Gewissen. Man wußte, daß die DNA ein Polymer war, aber ein ganz anderes Rückgrat hatte, und daß ihr Alphabet aus nur vier Buchstaben bestand, nicht aus zwanzig. Chargaff zeigte, daß DNA unterschiedlicher Herkunft ziemlich unterschiedliche Mengen dieser vier Basen (so nannte man diese Buchstaben) hatten. Vielleicht war die DNA doch kein so dummes Molekül. Möglicherweise war es beträchtlich länger und vielfältig genug, um genetische Information tragen zu können.

Noch bevor ich meinen Dienst bei der Marine quittierte, war man auf einige ziemlich unerwartete Hinweise darauf gestoßen, daß möglicherweise die DNA an den Kern des Geheimnisses rührte. Im Jahre 1944 hatten Avery, MacLeod und McCarty, die am Rockefeller Institute in New York arbeiteten, eine Abhandlung veröffentlicht, in der sie die Behauptung aufstellten, der »Transformationsfaktor« des Pneumococcus bestehe aus reiner DNA. Bei dem Transformationsfaktor handelte es sich um eine chemische Substanz, die man aus einem Stamm von Bakterien mit einer glatten Hülle gewonnen hatte. Wenn man sie mit einem verwandten Stamm, der keine solche Hülle besaß, zusammenbrachte, »transformierte« sie diesen, so daß einige der aufnehmenden Bakterien ebenfalls eine solche Hülle bekamen. Und was noch wichtiger war: Alle Nachkömmlinge dieser Zellen hatten ebenfalls eine glatte Hülle. In ihrem Aufsatz waren die Verfasser beim Interpretieren ihres Ergebnisses ziemlich vorsichtig, aber in einem mittlerweile berühmt gewordenen Brief an seinen Bruder äußerte Avery sich etwas weniger zurückhaltend. »Klingt nach einem Virus – ist vielleicht ein Gen«, schrieb er.

Diese Schlußfolgerung stieß nicht sogleich auf Zustimmung. Ein einflußreicher Biochemiker, Alfred Mirsky, der ebenfalls am Rockefeller Institute tätig war, war überzeugt davon, daß eine Verunreinigung der DNA diese Transformation bewirkt habe. In der Folge erwies eine sorgfältigere Untersuchung von Rollin Hotchkiss (ebenfalls am Rockefeller), daß dies äußerst unwahrscheinlich war. Des weiteren wurde argumentiert, die Beweise von Avery, MacLeod und McCarty seien reichlich dünn, da lediglich ein Merkmal verändert worden sei. Hotchkiss zeigte, daß auch ein anderes Merkmal transformiert werden konnte. Die Tatsache, daß derlei Transformationen oft unverläßlich und schwer durchführbar waren und lediglich einen Bruchteil der Zelle veränderten, stellte eine zusätzliche Schwierigkeit dar. Ein weiterer Einwand lautete, daß dieser Prozeß nur bei diesen ganz speziellen Bakterien nachgewiesen worden war. Zudem waren damals noch bei keinem Bakterium Gene irgendeiner Art nachgewiesen worden, obwohl es nicht mehr lange dauerte, bis dies Joshua Lederberg und Ed Tatum gelang. Kurz gesagt, man befürchtete, diese Transformation könnte eine Laune der Natur sein und in die falsche Richtung weisen, was höhere Organismen betraf. Dies war gar kein so unvernünftiger Standpunkt. Ein einzelner, isolierter

Hinweis, wie überzeugend er auch ist, fordert immer Zweifel heraus. Erst die Häufung verschiedener Hinweise, die in die gleiche Richtung deuten, kann wirklich überzeugen.

Gelegentlich wird behauptet, die Arbeit Averys und seiner Kollegen sei ignoriert und verdrängt worden. Natürlich waren die Reaktionen auf ihre Ergebnisse sehr unterschiedlich, aber man kann wirklich nicht behaupten, daß niemand davon wußte. Beispielsweise verlieh die Royal Society of London, diese erhabene und eher konservative Körperschaft, im Jahre 1945 Avery die Copley-Medaille und verwies dabei ausdrücklich auf seine Arbeit über den Transformationsfaktor. Ich würde zu gerne wissen, wer damals die Laudatio gehalten hat.

Dennoch beweist – selbst wenn man alle Einwände und Vorbehalte beiseite schiebt – die Tatsache, daß der Transformationsfaktor aus reiner DNA bestand, als solche noch nicht, daß einzig und allein DNA das genetische Material im Pneumococcus ist. Man könnte – durchaus logisch – behaupten, daß ein Gen dort aus DNA *und* Protein zusammengesetzt ist, wobei beide einen Teil der genetischen Information tragen, und daß es lediglich ein Fehler des Systems war, daß bei der Transformation der veränderte DNA-Anteil die Information übertrug, die Hülle aus Polysaccharid zu verändern. Vielleicht würde man bei einem anderen Experiment einen Proteinbestandteil finden, der ebenfalls einen erblichen Wandel hinsichtlich der Hülle oder anderer Eigenschaften hervorrufen würde.

Wie auch immer man es interpretiert, aufgrund dieses Experiments und aufgrund der Tatsache, daß man immer mehr über die chemischen Eigenschaften der DNA herausfand, schien es nun möglich, daß Gene einzig und allein aus DNA bestehen könnten. Mittlerweile interessierte sich die Gruppe am Cavendish hauptsächlich für die dreidimensionale Struktur von Proteinen, etwa des Haemoglobins und des Myoglobins.

4 Treiben Sie es nicht zu weit!

Wir wollen uns nun wieder meiner eigenen wissenschaftlichen Laufbahn zuwenden. Ich hatte immer noch nicht Kontakt mit Max Perutz aufgenommen. Eines Tages Ende der vierziger Jahre fuhr ich nach einem Aufenthalt in Cambridge nach London zurück; ich hatte alles geregelt, um bei Perutz in dem Physiklabor vorbeizuschauen, in dem er arbeitete. Die Bahnfahrt nach London verlief ohne Zwischenfälle. Ich betrachtete die Landschaft, die an mir vorbeiflog, aber meine Gedanken waren woanders; sie richteten sich hauptsächlich auf meinen bevorstehenden Besuch im Cavendish-Laboratorium. Für einen britischen Physiker hat der Name »Cavendish« einen einzigartigen Klang, eine magische Anziehungskraft. Das Cavendish war nach einem Physiker des 18. Jahrhunderts, Henry Cavendish, benannt worden, einem Einzelgänger und genialen Experimentator. Der erste Professor war der aus Schottland stammende theoretische Physiker James Clerk Maxwell gewesen, von dem die Maxwellschen Gleichungen stammen. In der Zeit, als das Laboratorium gebaut wurde, führte er seine Experimente zu Hause in der Küche durch; seine Frau sorgte für eine erträgliche Temperatur, indem sie Töpfe mit kochend heißem Wasser aufstellte.

Am Cavendish hatte J. J. Thomson das Elektron »entdeckt« und sowohl seine Masse als auch seine Ladung gemessen. Thomson gehörte zu dem recht interessanten Typus von Experimentatoren, die ungeheuer tolpatschig sind, so daß seine Mitarbeiter ständig versuchten, seine Versuchsanordnungen aus seiner Reichweite zu bringen, aus Angst, er würde sie zerbrechen. Ernest Rutherford, der aus Neuseeland gekommen war, begann hier seine eigentliche Karriere als Forscher; später kehrte er an das Cavendish zurück und wurde J. J.'s Nachfolger. Hier im Cavendish hatten Cockroft und Walton unter seiner Ägide zum ersten Mal »das Atom zertrümmert« – das heißt, ihnen war es zum ersten Mal gelungen, ein Atom künstlich zu spalten. Der Beschleuniger, mit dem sie gearbeitet hatten, stand immer noch hier. Und Anfang der dreißiger Jahre hatte James Chadwick (den ich später kennenlernte, als er Rektor des Caius College war) innerhalb nur weniger Wochen das Neutron entdeckt. Zu jener Zeit stand das Cavendish in vorderster Linie der Grundlagenforschung im Bereich der Physik.

Zu meiner Zeit war Sir Lawrence Bragg (von seinen Freunden Willie genannt) Leiter des Cavendish; er hatte das Braggsche Gesetz für die Röntgenbeugung formuliert. Und er war der bislang jüngste unter allen Nobelpreisträgern: Schon im Alter von fünfundzwanzig Jahren teilte er sich diese Auszeichnung mit seinem Vater, Sir William Bragg. Kein Wunder also, daß ich große Ehrfurcht vor dieser weltberühmten Institution empfand und bei der Aussicht, ihr einen Besuch abzustatten, richtig aufgeregt war.

Am Bahnhof beschloß ich, ein Taxi zu nehmen. Nachdem ich meine Koffer verstaut hatte, lehnte ich mich in meinen Sitz zurück. »Bringen Sie mich zum Cavendish-Laboratorium«, wies ich den Fahrer an.

Er drehte sich um und sah mich über seine Schulter hinweg an. »Wo ist denn das?« fragte er.

Mir wurde – übrigens nicht zum ersten Mal – klar, daß nicht jedermann so leidenschaftlich an Grundlagenwissenschaft interessiert war wie ich. Nach einigem Kramen in meinen Unterlagen fand ich schließlich die Adresse.

»Free School Lane«, erklärte ich, »wo auch immer das sein soll.«

»Nicht weit vom Marktplatz«, meinte der Taxifahrer, und wir fuhren los.

Max Perutz, dem ich einen Besuch abstatten wollte, war gebürtiger Australier. Sein erstes Diplom, in Chemie, hatte er an der Universität Wien gemacht. Nach Cambridge wollte er, um dort unter Gowland Hopkins, dem Begründer der Cambridge School for Chemistry, zu arbeiten. Perutz hatte Herman Mark, den Spezialisten für Polymere, gebeten, das in die Wege zu leiten, als dieser zu einem kurzen Besuch in Cambridge war. Statt dessen stolperte Mark über J. D. Bernal (von seinen Freunden »Sage« – der »Weise« – genannt, da er schlichtweg alles zu wissen schien). Bernal meinte, er würde sich freuen, wenn Perutz mit ihm zusammenarbeitete, und so wurde Max Kristallograph. All das hatte sich vor dem Zweiten Weltkrieg abgespielt.

In der Zeit, in die mein Besuch bei Perutz fiel, beschäftigte er sich gerade – unter der lockeren Aufsicht Braggs – mit der dreidimensionalen Struktur der Proteine. Wie ich bereits im vorhergehenden Kapitel erklärte, gehören Proteine zu einer der wichtigsten Gruppen der biologischen Makromoleküle. Die genaue dreidimensionale Struktur bestimmt das Verhalten eines jeden Proteins. Es ist daher von wesentlicher Bedeutung, diese Strukturen auf experimentellem Wege aufzudecken. Damals war das größte organische Molekül, dessen Struktur mittels der Beugung von Röntgenstrahlen bestimmt worden war, um zwei Größenordnungen kleiner als ein typisches Protein. Eine Bestimmung der dreidimensionalen Struktur eines Proteins schien den meisten Kristallographen fast unmöglich oder bestenfalls erst in ferner Zukunft möglich. Bernal hatte sich seit jeher dafür begeistert, denn schließlich war er ein Visionär. Andererseits war auch Bragg – der ziemlich stur war – sehr interessiert daran, da es eine Herausforderung darstellte. Bragg hatte zu Beginn seiner Laufbahn die im Grunde äußerst einfache Struktur von Kristallen aus Natriumchlorid (gewöhnliches Kochsalz) aufgedeckt und hoffte jetzt, seine erfolgreiche Karriere mit der Erklärung einer der *größten* überhaupt denkbaren molekularen Stukturen zu krönen.

Vor dem Krieg hatte Bernal die Fachrichtung der Röntgenbeugung begründet. Eines Tages beobachtete er die optischen Eigenschaften eines Proteinkristalls, und zwar arbeitete er dabei mit einem Lichtmikroskop (genau genommen: mit einem polarisierenden Mikroskop). Der Kristall lag auf einem offenen Objektträger, zusammen mit einer kleinen Menge von der Mutterlauge (die Lösung, in der der Proteinkristall gezüchtet worden war). Allmählich verdunstete das Wasser in der Mutterlauge, bis schließlich der Kristall trocken wurde. Bei diesem Vorgang, so stellte Bernal fest, verschlechterten sich die optischen Eigenschaften, da der unregelmäßig getrocknete Kristall das Licht nun unregelmäßiger übertrug als vorher. Bernal war sofort klar, daß es darauf ankam, Proteinkristalle naßzuhalten, und er plazierte einen Kristall in ein kleines Quarzglas-Röhrchen, das an beiden Enden mit einem Stöpsel aus Spezialwachs verschlossen wurde. Glücklicherweise beeinträchtigte das Quarzglas die Beugung der Röntgenstrahlen durch den Kristall kaum. Alle früheren Versuche, Photos der Röntgenbeugung bei Proteinkristallen anzufertigen, hatten lediglich ein paar verschmierte Flecken auf der photographischen Platte ergeben. Die Aufregung in Bernals Labor war also groß, als der nasse Kristall eine Vielzahl herrlicher Punkte produzierte. In der Erforschung der Protein-Struktur war ein erster, entscheidender Schritt gemacht worden.

Ehe ich zum ersten Mal Max Perutz am Cavendish besuchte, las ich zwei Abhandlungen über seine Untersuchungen der Röntgenbeugung bei Kristallen etlicher Spielarten von Haemoglobin, die er kürzlich in den *Proceedings of the Royal Society* veröffentlicht hatte. Bei Haemoglobin handelt es sich um jenes Protein, das den Sauerstoff in unserem Blut transportiert und die roten Blutkörperchen rot färbt; allerdings stammten die Blutproben, die Perutz untersucht hatte, von einem Pferd, da Pferdehaemoglobin zufälligerweise Kristalle bildet, die sich hervorragend für eine Untersuchung mit Röntgenstrahlen eignen. Wir wissen, daß ein Haemoglobin-Molekül aus vier einander ziemlich ähnlichen Untereinheiten besteht, von denen jede etwa 2500 Atome enthält, die in einer präzisen dreidimensionalen Struktur angeordnet sind.

Da es nicht einfach ist, Röntgenstrahlen zu bündeln, ist es nicht möglich, Röntgenaufnahmen so zu machen, wie man eine Linse verwendet, um mit Hilfe sichtbaren Lichts oder durch Fokussierung von Elektronen in einem Elektronenmikroskop Photographien anzufertigen. Allerdings entspricht die Wellenlänge geeigneter Röntgenstrahlen in etwa dem Abstand zwischen nahe beieinanderliegenden Atomen in einem organischen Molekül. Aus diesem Grund können Beugungsbilder der Röntgenstrahlen, die von Molekülen produziert werden, unter optimalen Bedingungen dem Experimentierenden genügend Informationen vermitteln, um die Position aller Atome in dem Molekül zu bestimmen. Genauer gesagt: Ein solches Bild gibt die Dichte der Elektronen an, die jedes Atom umhüllen; diese streuen, da sie eine nur sehr geringe Masse haben, die Röntgenstrahlen wirksamer als die schwereren Atomkerne. Man arbeitet dabei mit einem Kristall, da die Röntgenstrahlen, die von einem einzigen Molekül gebeugt werden, zu schwach wären. Würde man versuchen, diese Schwierigkeit mit langen Expositionszeiten zu umgehen, so würde die hohe Dosis von Röntgenstrahlen das Molekül zu sehr zerstören und es nachgerade kochen, ehe genügend Röntgenstrahlen gestreut worden sind, um überhaupt einen Nutzen aus dem Ganzen zu ziehen.

Damals wurden die Röntgenstrahlen mittels eines speziellen photographischen Films aufgezeichnet, der auf ähnliche Weise entwickelt wurde wie gewöhnliche Photonegative. (Heutzutage werden Röntgenstrahlen mit Hilfe eines Detektors beziehungsweise Zählers eingefangen und gemessen.) Eine Spezialkamera mußte den Kristall – und gleichzeitig den Röntgenfilm – in den Strahl rücken, um einen bestimmten Ausschnitt der Beugungsdaten zu einem bestimmten Zeitpunkt aufzeichnen zu können.

Obwohl ich mit Sicherheit das alles gelernt hatte, als ich mein Diplom in Physik machte, hatte ich inzwischen das meiste vergessen, so daß ich mir nur eine ungefähre Vorstellung davon machen konnte, was Perutz eigentlich getan hatte. Ich erfuhr, daß Proteinkristalle normalerweise sehr viel Wasser enthalten, das sich innerhalb des Kristalls in den Zwischenräumen zwischen einem großen Molekül und den Nachbarmolekülen befindet. In einer trockeneren Umgebung konnte ein Kristall ein wenig schrumpfen, wenn nämlich die Protein-Moleküle einander näher rückten, und eben diese Schrumpfungsstadien hatte Perutz untersucht. Wenn allerdings die Umgebung *zu* trocken war, geriet die »Packung« der Moleküle durcheinander, da die sperrigen Moleküle vergeblich versuchten, einander so nahe wie möglich zu kommen. Das schöne Röntgenbeugungsmuster mit den vielen scharf umrissenen einzelnen Punkten wurde dann undeutlich, und auf dem Röntgenfilm konnte man nur noch ein paar Flecken erkennen. *Regelmäßige* dreidimensionale Strukturen ergeben bei der Beugung eine ganze Reihe einzelner Punkte, wie Bragg schon viele Jahre zuvor erklärt hatte.

Ich wußte auch einigermaßen, was das Hauptproblem bei der Röntgenkristallographie war. Selbst wenn man die Intensität der vielen Röntgenpunkte gemessen hatte (in jener Zeit ein kolossales Unternehmen) und selbst wenn die Atome in den Kristallen so regelmäßig waren, daß auch die Röntgenpunkte, die den kleinsten Details entsprachen, aufgezeichnet wurden, zeigten doch die mathematischen Berechnungen ganz eindeutig, daß diese Punkte lediglich die Hälfte der Information enthielten, die notwendig gewesen wäre, um die dreidimensionale Struktur zu erklären. [Technisch gesprochen gaben die Punkte zwar die Intensität der vielen Fourier-Komponenten an, nicht aber ihre Phasen.] Wenn man irgendwie, mittels Zauberei, die Position eines jeden Atoms feststellen konnte, dann war es möglich (wenn auch damals sehr mühsam), genau zu berechnen, wie das Röntgenbeugungsmuster aussehen würde, und darüber hinaus die fehlende Information zu berechnen – die Phasen. Waren jedoch nur die Punkte gegeben, so ließ sich theoretisch zeigen, daß sehr, sehr viele mögliche dreidimensionale Anordnungen der Elektronendichte genau die gleichen Punkte ergeben konnten, und es war alles andere als einfach zu entscheiden, welche die richtige war.

Im Verlauf der letzten Jahre konnte – hauptsächlich aufgrund der Arbeiten von Jerome Karle und Herbert Hauptman – gezeigt werden, wie man dies bei kleinen Molekülen anstellt – indem man nämlich einige recht natürliche Randbedingungen in die Berechnungen einführt. Für diese Arbeit erhielten die beiden Wissenschaftler im Jahre 1985 den Nobelpreis in Chemie. Aber selbst heute ist es, vom Prinzipiellen her, nicht möglich, derlei Methoden bei Makromolekülen von der Größe der meisten Proteine anzuwenden.

Es war daher nicht weiter überraschend, daß Ende der vierziger Jahre Perutz noch nicht sehr weit gekommen war. Ich hörte aufmerksam zu, als er mir seine Arbeit erklärte, und wagte es sogar, einige Kommentare abzugeben. Dies ließ mich vermutlich als schneller von Begriff erscheinen, als ich es in Wirklichkeit war. Jedenfalls hinterließ ich einen ausreichend guten Eindruck bei Perutz, daß ihm die Vorstellung, mich als Mitarbeiter zu haben, durchaus gefiel – vorausgesetzt, der MRC würde mich unterstützen.

1949 heirateten Odile und ich. Wir hatten uns während des Krieges kennengelernt; sie war damals Marineoffizier – genauer gesagt, WREN-Offizier (WREN ist das britische Gegenstück zu WAVES, der Frauenabteilung bei der Marine). Gegen Ende des Krieges arbeitete sie im Marinehauptquartier in Whitehall (der Straße mit den meisten Regierungsgebäuden in London), und zwar übersetzte sie deutsche Dokumente, die den Briten in die Hände gefallen waren. Nach dem Krieg nahm sie ihr Kunststudium wieder auf, diesmal an der St. Martin's School of Art in der

Charing Cross Road, nicht weit von Whitehall entfernt. Ich arbeitete damals unmittelbar in Whitehall, beim Nachrichtendienst der Marine, also war es nicht weiter schwierig, uns zu treffen. 1947 ließen Doreen und ich uns scheiden. Odile besuchte nun einen neuen Kursus für Modezeichnen am Royal College of Art, aber schon nach dem ersten Jahr entschied sie, daß sie die Ehe einer Fortsetzung ihres Studiums vorzog.

Unsere Flitterwochen verbrachten wir in Italien. Erst nach unserer Rückkehr stellte ich fest, daß in Cambridge während meiner Abwesenheit der Erste Internationale Kongreß für Biochemie stattgefunden hatte. Damals gab es noch nicht so viele wissenschaftliche Tagungen und Kongresse wie heute. Als Anfänger auf dem Gebiet der Forschung merkte ich es kaum, wenn tatsächlich einmal eine der seltenen Tagungen stattfand. Ich vermute, daß irgendwo in meinem Hinterkopf die Vorstellung herumgeisterte, Wissenschaft sei eine Beschäftigung für Gentlemen (selbst wenn es sich dabei eher um verarmte Gentlemen handelte). So unglaublich es auch scheinen mag – mir war damals einfach nicht klar, daß sie für viele eine sehr anstrengende, konkurrenzträchtige Angelegenheit war.

Die Perutzens hatten eine Zeitlang in einer winzigen möblierten Wohnung gelebt, die sehr günstig nahe dem Zentrum von Cambridge und nur wenige Gehminuten vom Cavendish-Laboratorium entfernt war. Sie wollten nun in ein Haus in einem der Vororte umziehen, um mehr Platz zu haben, und machten uns den Vorschlag, ihre Wohnung zu übernehmen. Wir waren begeistert von dieser Idee und zogen in »The Green Door« (»Zur Grünen Tür«) ein; die Wohnung bestand aus zweieinhalb Zimmern und einer kleinen Küche und lag oben auf der Old Vicarage, ganz in der Nähe der St.-Clement-Kirche in der Bridge Street, zwischen dem oberen Ende des Portugal Place und der Thompson's Lane. Der Besitzer, ein Tabakwarenhändler, und seine Frau bewohnten das eigentliche Haus; unsere Wohnung war im Dachgeschoß. Die tatsächlich vorhandene Grüne Tür befand sich hinten im Erdgeschoß; sie führte zu einem engen Stiegenhaus, über das man in unsere Wohnung gelangte. Das Waschbecken und die Toilette befanden sich auf halber Höhe in diesem Treppenhaus; das Bad, verdeckt von einem mit Scharnieren befestigten Brett, war in der kleinen Küche untergebracht. Wenn man baden wollte, mußte man nicht selten erst einmal ein ganzes Sortiment von Geschirr und Töpfen wegräumen. Ein Raum diente als Wohnzimmer, der andere als Schlafzimmer, und der kleinste war für meinen Sohn Michael reserviert, wenn er – er besuchte ein Internat – in den Ferien nach Hause kam.

Odile und ich genossen jeden Tag unser gemütliches Frühstück am Mansardenfenster des kleinen Wohnzimmers; wir blickten über den Friedhof bis hin zur Bridge Street und noch weiter bis zum St. John's College. Auf den Straßen herrschte damals viel weniger Verkehr; allerdings waren immer viele Radfahrer unterwegs. Manchmal hörten wir des Abends ein Käuzchen von einem der Bäume schreien, die das College umstanden. Unser Einkommen war niedrig, aber glücklicherweise war auch die Miete recht billig, obwohl die Wohnung möbliert war. Der Hausherr entschuldigte sich wortreich, als er sich gezwungen fühlte, die Miete von dreißig Shilling die Woche auf dreißig Shilling und Sixpence zu erhöhen. Odile genoß den neu entdeckten Müßiggang, saß vor dem kleinen Gasofen und las französische Romane; ohne sich offiziell einzuschreiben, besuchte sie ein paar Vorlesungen über französische Literatur. Ich meinerseits schwelgte in der romantischen Vorstellung, wirklich wissenschaftlich zu forschen, und war fasziniert von meinem neuen Fachgebiet.

Als erstes mußte ich mir nun auf eigene Faust Röntgenkristallographie beibringen, sowohl in der Theorie wie auch in der Praxis. Perutz riet mir, welche Lehrbücher ich mir vornehmen sollte, und man zeigte mir, wie man Kristalle im Mikroskop fixiert und Röntgenaufnahmen macht. Anhand einer einfachen Untersuchung von Teilbereichen des Röntgenbeugungsbildes konnte man ziemlich direkt nicht nur die physikalischen Dimensionen der Einheitszelle – die räumliche, sich wiederholende Einheit – bestimmen; darüber hinaus sagte dies auch einiges über ihre Symmetrie aus. Da biologische Moleküle oft »händig«* sind – ihr Spiegelbild läßt sich bei Lebewesen im allgemeinen nicht feststellen –, können bestimmte Symmetrie-Elemente [Spiegelung in einem Mittelpunkt, Refle-

* Genauer gesagt, handelt es sich hierbei um links- oder rechtshändige Symmetrie.

xion und miteinander verbundene gleitende Ebenen] bei Proteinkristallen nicht auftreten. Diese Einschränkung reduziert die mögliche Anzahl der Symmetrie-Kombinationen beziehungsweise räumlichen Gruppen, wie man sie nennt, drastisch.

Es existiert auch eine allgemein bekannte Einschränkung bezüglich der Rotationsachsen. Eine Tapete kann eine zweizählige Rotationsachse haben – wenn man sie um 180 Grad dreht, sieht sie immer noch genauso aus – oder aber eine drei-, vier- oder sechszählige. Alle anderen Rotationsachsen, einschließlich der fünfzähligen, sind nicht möglich. Diese Einschränkung gilt für jedes großflächige Muster mit einer zweidimensionalen Symmetrie (man bezeichnet dies als ebene Symmetriegruppe) und daher auch für eine dreizählige ausgedehnte Symmetrie (genannt räumliche Symmetriegruppe). Ein einzelnes Objekt kann selbstverständlich eine fünfzählige Symmetrie haben. Schon die Griechen kannten den Dodekaeder und den Ikosaeder, die beide fünfzählige Rotationsachsen haben; aber was für eine punktuelle Gruppe (die keine Dimensionen hat) erlaubt ist, das ist für eine ebene Symmetriegruppe (mit zwei Dimensionen) oder eine räumliche Symmetriegruppe (mit drei Dimensionen) nicht möglich. Aus diesem Grund weist die moslemische Kunst, in der die Darstellung von Personen oder Tieren aus religiösen Gründen verboten ist (denn der Prophet haßte alles Heidnische), sehr viele geometrische Elemente auf. Manchmal kann man erkennen, daß der Künstler gelegentlich mit der fünfzähligen Symmetrie geliebäugelt hat, ohne sie je durchgehend und wiederholt verwirklichen zu können. Wie sich herausstellt, haben die Proteinhüllen vieler kleiner »kugelförmiger« Viren (etwa des Polio-Virus) normalerweise eine fünfzählige Symmetrie, aber das steht auf einem anderen Blatt.

Die Theorie der Röntgenbeugung von Kristallen ist ziemlich einfach, und zwar in einem Maße, daß die meisten jüngeren Physiker sie eher langweilig finden. Obwohl sie unerläßlich ist, um mit den algebraischen Einzelheiten etwas anfangen zu können, erkannte ich doch bald, daß ich die Antwort auf viele dieser mathematischen Fragen mittels eines Zusammenwirkens von Vorstellungskraft und Logik finden konnte, ohne mich zuerst durch die entsprechenden mathematischen Berechnungen hindurchkämpfen zu müssen.

Einige Jahre später, als Jim Watson zu uns ans Cavendish kam, bediente ich mich einiger dieser visuellen Methoden, die von der zugrundeliegenden Mathematik ausgehen, um ihm die Prinzipien der Röntgenbeugung beizubringen. Zeitweise spielte ich sogar mit dem Gedanken, eine kleine Monographie darüber zu verfassen; ich hätte ihr den Titel »Fourier-Transformationen für Vogelbeobachter« gegeben (Jim war wegen seines schon früh erwachten Interesses an der Vogelbeobachtung Biologe geworden), aber da waren zu viele andere Dinge, die mich ablenkten, und so blieb dieses Büchlein ungeschrieben.

Damals existierte kein ohne weiteres erhältliches Lehrbuch über diese Problematik. Die Bücher, die es gab, gingen nach einer Schritt-für-Schritt-Methode vor, die weitgehend von dem Braggschen Gesetz und der historischen Entwicklung des Gegenstandes ausging. Für jemanden wie mich wurde dadurch die ganze Sache nur noch schwieriger und ganz sicherlich langweiliger, da eine einfache Methode beim Lernenden oft weiterreichende Fragen aufkommen läßt und diese Zweifel dem Lernprozeß hinderlich werden können. Es ist oft besser – zumindest bei Schülern mit schneller Auffassungsgabe –, gleich zu fortgeschritteneren Darstellungen zu greifen und zu versuchen, die schwierigeren Formalisierungen hinter sich zu bringen, und gleichzeitig zu probieren, etwas darüber herauszufinden, was eigentlich abläuft. Mir persönlich blieb damals keine andere Wahl, als mir die Röntgenbeugung selber beizubringen. Das erwies sich als sehr nützlich, da ich mir auf diese Weise ein einigermaßen gründliches und genaues Wissen auf diesem Gebiet aneignete. Darüber hinaus lernte ich – da Perutz die Schrumpfstadien eines Kristalls, der aus großen Molekülen bestand, untersuchte –, daß man sich am besten zuerst mit der Beugung bei einem einzelnen Molekül befaßt und erst dann die Moleküle in einem regelmäßigen kristallinen Gitter anordnet, anstatt den etwas konventionelleren Weg einzuschlagen und bei diesem Gitterwerk zu beginnen. Später sollte sich dies für mich als sehr wertvoll erweisen.

Mit diesem neuen Wissen ausgerüstet, nahm ich mir noch einmal die Abhandlungen von Perutz vor und verwandte einige Zeit darauf, darüber nachzudenken, wie man das Problem der Protein-Struktur angehen mußte. Perutz hatte eher vage die Ansicht geäußert, daß die Form des Moleküls in gewisser Weise der einer altmodischen Hutschachtel entsprechen könnte; in sein erstes Paper hatte er eine entsprechende Zeichnung eingefügt. (Übrigens ist es meistens sehr schwer, zufriedenstellende Diagramme von Modellen zu zeichnen, wenn man dabei nicht äußerst sorgfältig vorgeht; oft drücken sie mehr aus, als man eigentlich sagen will.) Aus verschiedenen Gründen kam ich zu dem Schluß, der Vergleich mit einer Hutschachtel sei nicht plausibel, und versuchte, Hinweise auf andere denkbare Formen zu finden. Vergessen Sie nicht, die relevanten Röntgendaten als solche konnten uns nichts über die Form sagen, aber jede angenommene Form, die man sich aussuchte, konnte dazu dienen, die entsprechenden Röntgendaten zu berechnen. Die Form beeinflußt nur die wenigen Röntgenreflexionen, die der Grobstruktur des Kristalls entsprechen. Die Stärke der Reflexionen hängt von dem Kontrast zwischen der hohen Elektronendichte des Proteins und der geringeren Dichte der Elektronenverteilung des »Wassers« (in Wirklichkeit handelt es sich um eine Salzlösung) zwischen den einzelnen Molekülen ab. Selbst wenn ein Bild mit geringer Auflösung von der Elektronendichte zur Verfügung stünde, würde es doch nicht unmittelbar die Form eines einzelnen Moleküls angeben, da an verschiedenen Stellen die Protein-Moleküle sich sehr nahe beieinander befinden. Man könnte nicht erkennen, wo ein Molekül aufhört und das nächste beginnt. Glücklicherweise hatte Perutz einen Satz einander ähnlicher Zusammenballungen untersucht – die einzelnen Schrumpfungsstadien –, und ausgehend von der Annahme, daß Protein-Moleküle relativ starr und in den verschiedenen Stadien lediglich auf eine etwas andere Art und Weise zusammengepackt sind, konnte man die Anzahl möglicher Formen einschränken.

Was das Hauptproblem betraf, so machte ich einige Fortschritte, aber schließlich geriet ich in eine Sackgasse. In der Zwischenzeit hatte sich, ganz unabhängig davon, Bragg ebenfalls Gedanken über diese Frage gemacht. Und während ich mich festgefahren hatte, machte er rasch Fortschritte. Er nahm einfach ganz kühn an, die Form entspräche annähernd einem Ellipsoid – einem besonders einfachen Fall einer deformierten Kugel. Dann sah er sich das wenige an, was man über die Kristalle des Haemoglobins anderer Tierarten wußte, und ging dabei von der Annahme aus, daß wahrscheinlich alle Arten von Haemoglobin-Molekülen ungefähr die gleiche Form hatten. Zudem ließ er sich nicht aus der Ruhe bringen, wenn die Daten nicht *ganz genau* zu seinem Modell paßten, eben weil es nicht wahrscheinlich war, daß das Molekül *exakt* ein Ellipsoid war. Mit anderen Worten: Er ging von kühnen, vereinfachenden Annahmen aus; sah sich so viele Daten wie möglich an; und er war kritisch, aber nicht – wie ich – pedantisch, was die Übereinstimmung zwischen seinem Modell und den experimentell gewonnenen Fakten betraf. So kam er schließlich zu einer Form, von der man mittlerweile weiß, daß sie keine schlechte Annäherung an die tatsächliche Form des Moleküls darstellt, und veröffentlichte gemeinsam mit Perutz einen Aufsatz darüber. Dieses Ergebnis war nicht gerade von überragender Bedeutung, schon allein weil es mittels einer indirekten Methode erzielt worden war und noch mittels direkter Methoden bestätigt werden mußte, aber für mich war es wie eine Offenbarung – wie man wissenschaftlich forscht und, vor allem, wie man es *nicht* machen soll.

Je besser ich über das Hauptproblem Bescheid wußte, desto mehr Gedanken machte ich mir darüber, wie es wohl gelöst werden könnte. Wie ich schon erwähnte, enthielten die mit Hilfe von Röntgenstrahlen gewonnenen Daten lediglich die Hälfte der notwendigen Information, auch wenn man sich darüber im klaren war, daß ein Teil dessen, was zugänglich war, wahrscheinlich redundant war. Existierte irgendeine systematische Methode, um die verfügbaren Daten auszunützen? Es stellte sich heraus, daß es sie tatsächlich gab. Einige Jahre zuvor hatte ein Kristallograph, Lindo Patterson, gezeigt, daß man experimentell gewonnene Daten dazu verwenden konnte, eine spezielle Karte der Dichteverteilung zu konstruieren, die man jetzt kurz als »Patterson« bezeichnet. [Alle Amplituden der Fourier-Komponenten werden quadriert und alle Phasen auf null gesetzt.]

Was besagt nun diese Dichteverteilung? Patterson zeigte, daß sie alle denkbaren Zwischenräume zwischen den Maximalwerten in der tatsächlichen Elektronendichte-Karte repräsentierte, die alle überlagert waren, so daß folgendes galt: Wenn die tatsächliche Dichteverteilung häufig in einem Abstand von 10 Å eine hohe Dichte aufwies, und zwar in einer bestimmten Richtung, dann befand sich auf der Patterson ein Maximum in einer Entfernung von

10 Å vom Ausgangspunkt, und zwar in der entsprechenden Richtung. (Eine Ångström-Einheit entspricht einem Zehnmilliardstel eines Meters.) Mathematisch ausgedrückt wäre dies eine dreidimensionale Karte der Autokorrelationsfunktion der Elektronendichte. Wenn man mit Daten arbeitet, die unter Verwendung von Röntgenstrahlen hoher Auflösung gewonnen wurden, könnte man für eine Einheitszelle, die nur sehr wenige Atome enthält, irgendwann einmal diese Karte aller denkbaren interatomaren Abstände entschlüsseln und auf diese Weise die tatsächliche Karte der Anordnungen der Atome erhalten. Leider gab es beim Protein viel zu viele Atome, und die Auflösung war zu gering, so daß dieses Unterfangen aussichtslos war. Dennoch konnten stark ausgeprägte Stellen in der Patterson auf stark ausgeprägte Stellen in der Anordnung der Atome hinweisen, und in der Tat hatte Perutz vorausgesagt, daß das Protein gefaltet wurde, so daß sich stabförmige Bereiche der Elektronendichte ergaben, die in einer bestimmten Richtung verliefen, eben weil er auf der Patterson Stäbchen hoher Dichte, die in eben dieser Richtung verliefen, beobachtet hatte. Wie sich herausstellte, waren letztere Stäbchen nicht ganz so hoch, wie er es sich vorgestellt hatte (er kannte zu diesem Zeitpunkt lediglich die relative Intensität seiner Röntgenpunkte, nicht aber ihren absoluten Wert), so daß die Faltung nicht ganz so einfach war, wie er vermutet hatte.

Diese Berechnung der Patterson für seine Kristalle von Pferdehaemoglobin war ein schwieriges und mühsames Stück Arbeit, da zu jener Zeit die Methoden – sowohl zum Sammeln von mit Hilfe von Röntgenstrahlen gewonnenen Daten wie auch für die Berechnung der Fourier-Transformationen – nach modernen Maßstäben extrem primitiv waren. Man mußte eine Vielzahl von Kristallen ins Mikroskop einbringen (da jeder einzelne lediglich eine bestimmte Dosis von Röntgenstrahlen vertragen konnte, ehe er zerfiel); man mußte zahlreiche Röntgenphotos anfertigen, sie gegeneinander kalibrieren, mit dem Auge messen und systematische Korrekturen durchführen. Die Berechnungen wurden nicht von einem – wie man es heutzutage nennen würde – Computer ausgeführt (das kam erst später), sondern mit Hilfe einer IBM-Lochkartenmaschine. Ein Assistent brauchte für diese Berechnungen sage und schreibe ein Vierteljahr, und sie waren äußerst mühsam.

Dann mußte man alle Zahlen, die man erhalten hatte, registrieren und Umrißzeichnungen anfertigen, bis man schließlich einen Stapel transparenter Blätter hatte, auf denen jeweils ein Teilabschnitt der Patterson-Dichte in Umrissen zu sehen war. Soweit ich mich erinnere, schied man die negativen Konturen aus (die durchschnittliche Korrelation setzte man bei null an) und registrierte nur die positiven.

Ich erhielt noch eine weitere Lektion, als Perutz einer kleinen Gruppe von Röntgenkristallographen aus allen Teilen Großbritanniens, die sich im Cavendish-Laboratorium versammelt hatten, über seine Ergebnisse berichtete. Nach seinem Vortrag erhob sich Bernal, um sich dazu zu äußern. In meinen Augen war Bernal ein Genie. Und aus irgendeinem Grund hatte ich die Vorstellung, daß alle Genies sich schlecht benehmen. Ich war daher überrascht, als ich ihn sehr freundlich Perutz rühmen hörte – für seinen Mut, sich an eine so schwierige und, zu jener Zeit, beispiellose Aufgabe zu wagen, sowie für seine Gründlichkeit und Ausdauer bei der Durchführung. Und erst jetzt wagte Bernal es, in der denkbar nettesten Form einige Bedenken hinsichtlich der Patterson-Methode allgemein und dieser Anwendung der Methode im besonderen zu äußern. Ich lernte, daß es, wenn man kritische Einwände gegen eine bestimmte wissenschaftliche Arbeit vorbringen will, besser ist, dies eindeutig, aber freundlich zu sagen und eine kleine Lobrede über die positiven Aspekte voranzustellen. Ich wünschte nur, ich hätte mich immer an diese so nützliche Regel gehalten. Leider ließ ich mich nicht selten von meiner Ungeduld mitreißen und brachte eine viel zu harsche und vernichtende Kritik vor.

Im Rahmen eines ähnlichen Seminars hielt ich meinen ersten Vortrag über Kristallographie. Obwohl ich schon über dreißig war, war dies erst das zweite Forschungsseminar, das ich abhielt; das Thema des ersten waren sich bewegende magnetische Teilchen in Zytoplasma gewesen. Ich machte den für Anfänger typischen Fehler, indem ich versuchte, in den vorgesehenen zwanzig Minuten viel zuviel unterzubringen, und ich geriet völlig aus der Fassung, als ich nach etwa zehn Minuten sah, wie Bernal herumzappelte und nur mit halbem Ohr zuhörte. Erst später erzählte man mir, er habe nach seinen Dias gesucht, die er für seinen Vortrag, der auf meinen folgen sollte, brauchte.

All das war jedoch gar nichts im Vergleich zum Inhalt meines Vortrags, in dem ich, alles in allem, erklärte, daß sie alle ihre Zeit verschwendeten und daß, laut meiner Analyse, nahezu alle Methoden, deren sie sich bedienten, keine Aussicht auf Erfolg hatten. Ich nahm mir jede dieser Methoden einzeln vor, einschließlich der Pattersonschen, und versuchte deutlich zu machen, daß alle außer einer völlig hoffnungslos waren. Diese Ausnahme war die sogenannte Methode der isomorphen Ersetzung, die meinen Berechnungen zufolge zumindest einige Aussicht auf Erfolg hatte, vorausgesetzt, man konnte damit auf chemische Weise operieren.

Wie ich schon an früherer Stelle erwähnt habe, vermitteln uns die Röntgenbeugungsdaten die Hälfte der Information, die wir brauchen, um das dreidimensionale Bild der Elektronendichte eines Kristalls zu rekonstruieren. Und dieses dreidimensionale Bild brauchen wir, um die vielen Tausende von Atomen in dem Kristall zu lokalisieren. Gibt es nun irgendeine Möglichkeit, an die andere Hälfte zu gelangen? Es stellt sich heraus, daß dies tatsächlich der Fall ist. Nehmen Sie einmal an, ein sehr schweres Atom – beispielsweise Quecksilber – kann dem Kristall beigefügt werden, und zwar jeweils an der gleichen Stelle eines jeden einzelnen Proteinmoleküls, das er enthält. Nehmen Sie weiter an, daß dadurch die Art und Weise, wie die Protein-Moleküle zusammengepackt sind, nicht beeinträchtigt wird, sondern lediglich ein oder zwei unbedeutende Wassermoleküle verschoben werden. Wir können dann zwei verschiedene Röntgenstrahlenmuster anfertigen: eines mit Quecksilber und eines ohne. Wenn wir uns nun die *Unterschiede* zwischen den beiden Beugungsbildern anschauen, können wir, mit etwas Glück, feststellen, wo in dem Kristall [genau genommen in der Einheitszelle] sich die Quecksilber-Atome befinden. Wenn wir die jeweiligen Positionen bestimmt haben, können wir uns einen Teil der fehlenden Information auf die Weise verschaffen, daß wir bei jedem einzelnen Röntgenpunkt nachsehen, ob das Quecksilber den Punkt schwächer oder aber stärker gemacht hat.

Das ist die sogenannte Methode der isomorphen Ersetzung. »Ersetzung«, weil wir ein leichtes Atom oder Molekül, etwa Wasser, durch ein schweres Atom, beispielsweise Quecksilber, ersetzt haben; letzteres beugt Röntgenstrahlen stärker. »Isomorph«, weil die beiden Protein-Kristalle – das eine mit dem Quecksilber, das andere ohne – die gleiche Form haben sollten [dies gilt wiederum für die Einheitszelle]. Etwas salopp ausgedrückt: Wir können uns vorstellen, daß das hinzugefügte Atom eine lokalisierbare Markierung darstellt, die uns hilft, unseren Weg zwischen all den anderen Atomen hindurch zu finden. Es stellt sich heraus, daß wir im allgemeinen mindestens zwei *verschiedene* isomorphe Ersetzungen brauchen, um einen Großteil der fehlenden Information zu bekommen; noch günstiger sind allerdings drei oder mehr.

Diese allgemein bekannte Methode war bereits mit Erfolg angewandt worden, um die Struktur kleiner Moleküle zu bestimmen. Es waren auch schon ein oder zwei halbherzige Versuche unternommen worden, dieses Verfahren bei Proteinen anzuwenden, aber diese waren fehlgeschlagen, vermutlich weil die chemischen Verfahren, die man dabei anwandte, zu primitiv gewesen waren. Auch meine Betitelung des Ganzen half mir nicht. Ich hatte John Kendrew erklärt, was ich vortragen wollte, und ihn gefragt, wie ich es benennen sollte. »Warum«, meinte er, »nennen Sie es nicht: ›Ein irres Unternehmen‹!« (ein Zitat aus Keats »Ode auf eine griechische Urne«) – und das tat ich auch.

Bragg tobte. Da stand dieser Neuling auf und erzählte erfahrenen Röntgenkristallographen – einschließlich Bragg –, die das Fach als solches überhaupt erst begründet hatten und seit fast vierzig Jahren in vorderster Linie standen, daß das, was sie taten, höchstwahrscheinlich zu keinerlei brauchbaren Ergebnissen führen würde. Die Tatsache, daß ich die theoretischen Aspekte klar und deutlich verstand und tatsächlich dazu neigte, in dieser Hinsicht ungebührlich gesprächig zu sein, half auch nichts. Wenig später saß ich hinter Bragg, kurz vor Beginn eines Vortrags, und äußerte meinem Nachbarn gegenüber meine übliche Kritik zu diesem Thema, und zwar in reichlich spöttischem Ton. Bragg drehte sich um und sagte über seine Schulter hinweg zu mir: »Crick, treiben Sie es nicht zu weit!«

Seine Verärgerung war teilweise wirklich berechtigt. Für eine Gruppe von Leuten, die sich einer schwierigen und irgendwie ungewissen Aufgabe widmen, ist permanente negative Kritik seitens eines der Ihren nicht gerade hilfreich. Es zerstört die Atmosphäre des Vertrauens, die notwendig ist, um solch ein gewagtes Unternehmen bis zu einem erfolgreichen Abschluß durchzustehen. Aber in gleicher Weise ist es sinnlos, einen Kurs weiterzuverfolgen, der notwendigerweise zu einem Fehlschlag führt, insbesondere dann, wenn es eine alternative Methode gibt. Wie sich später herausstellte, hatte ich mit meinen kritischen Einwänden in allen Punkten recht – außer in einem. Ich unterschätzte nämlich, wie nützlich die Untersuchung einfacher, sich wiederholender künstlicher Peptide ist (die entfernt mit dem Protein verwandt sind); mit Hilfe dieses Verfahrens erhielt man schon wenig später einige nützliche Informationen. Aber meine Voraussage, daß einzig und allein die isomorphe Ersetzung uns eine Antwort auf die Frage nach der genauen Struktur eines Proteins geben konnte, war völlig richtig gewesen.

Zu jener Zeit war ich immer noch graduierter Student, der ganz am Anfang stand. Indem ich meinen Kollegen einen – sehr notwendigen – Schock versetzte, hatte ich ihre Aufmerksamkeit in die richtige Richtung gelenkt. Später erinnerten sich nur sehr wenige Leute daran oder würdigten meinen Beitrag – außer Bernal, der mehr als einmal darauf anspielte. Natürlich mußte, auf lange Sicht, mein Standpunkt sich durchsetzen. Ich hatte nichts weiter getan, als daß ich dazu beitrug, eine Atmosphäre zu schaffen, in der dieser Fall eben ein wenig schneller eintrat. Ich habe meine Kritik nie niedergeschrieben, obwohl ich die Notizen für meinen Vortrag noch ein paar Jahre aufbewahrte. Das eigentliche Ergebnis – was mich persönlich betraf – war, daß Bragg mich von nun an als lästiges Ärgernis betrachtete, als jemanden, der mit seinen Experimenten nicht vorankam und zuviel und allzu kritisch daherredete. Glücklicherweise hat er seine Meinung später geändert.

Mit meiner Ansicht stand ich im übrigen nicht allein. Damals glaubte ein Großteil der anderen Kristallographen, daß Proteinkristallographie ein aussichtsloses Unternehmen sei oder wahrscheinlich erst im kommenden Jahrhundert erfolgreich durchgeführt werden könnte. Damit gingen sie in ihrem Pessimismus zu weit. Ich wußte auf diesem Gebiet zumindest recht gut Bescheid und sah eine mögliche Methode zur Lösung des Problems. Es ist interessant, die doch eher seltsame Einstellung von Wissenschaftlern zu beobachten, die sich mit einem »aussichtslosen« Thema beschäftigen. Ganz im Gegensatz zu dem, was man eigentlich erwarten würde, sind sie alle von einem unbezähmbaren Optimismus beflügelt. Und ich glaube, daß es eine ganz einfache Erklärung dafür gibt. Jedermann, der nicht von einem solchen Optimismus getragen ist, gibt auf und wendet sich irgendeiner anderen Aufgabe zu. Nur die Optimisten bleiben übrig. Man sieht sich also mit dem merkwürdigen Phänomen konfrontiert, daß Leute, die auf Gebieten arbeiten, in denen der Preis hoch, die Aussicht auf Erfolg aber sehr gering ist, immer einen sehr optimistischen Eindruck machen. Und dies trotz der Tatsache, daß sie, obwohl alles mögliche abzulaufen scheint, ihrem Ziel anscheinend nie spürbar näher kommen. Meines Erachtens trifft dies auch für Teilbereiche der theoretischen Neurobiologie eindeutig zu.

Glücklicherweise war das Problem der Strukturbestimmung bei Proteinen mittels Röntgenbeugung nicht so schwer zu lösen, wie dies einigen vorgekommen war. 1962 teilten sich Max Perutz und John Kendrew den Nobelpreis für Chemie für ihre Arbeiten zur Struktur von Haemoglobin beziehungsweise Myoglobin. Jim Watson, Maurice Wilkins und ich erhielten im gleichen Jahr den Nobelpreis für Medizin und Physiologie. In der Laudatio heißt es: »... für ihre Entdeckung betreffend die Molekularstrukturen der Nucleinsäure und ihre Bedeutung für die Übertragung von Information in lebendem Material.« Rosalind Franklin, die exzellente Arbeit auf dem Gebiet der Röntgenbeugungsmuster geleistet hatte, war schon 1958 gestorben.

5 Die α-Helix

Sir Lawrence Bragg war ein Physiker, der von einer jungenhaften Begeisterung für Forschung beflügelt war, die er nie verlor. Zudem war er ein begeisterter Hobbygärtner. Als er 1954 aus seinem weitläufigen Haus mit Garten in der West Road in Cambridge nach London zog, wo er Direktor der Royal Institution in der Albemarle Street wurde, lebte er in einer Dienstwohnung im obersten Stockwerk dieses Gebäudes. Er vermißte seinen Garten sehr und arrangierte es daher, daß er jede Woche einen Nachmittag lang als Gärtner für eine unbekannte Dame arbeitete; sie lebte in The Boltons, einem vornehmen Vorort Londons. Als er sich ihr vorstellte, tippte er respektvoll an seinen Hut und erklärte ihr, sein Name sei Willie. Einige Monate lang ging alles gut, bis eines Tages eine Dame, die zu Besuch war, aus dem Fenster sah und zu ihrer Gastgeberin sagte: »Meine Liebe, was, um alles in der Welt, macht denn Sir Lawrence Bragg in Ihrem Garten?« Ich kann mir nur wenige Physiker seines Ranges vorstellen, die etwas Derartiges tun würden.

Bragg hatte eine große Begabung dafür, Probleme in einfache Begriffe zu fassen; er hatte festgestellt, daß viele scheinbare Komplikationen unter Umständen wegfallen, wenn man das dem Ganzen zugrundeliegende Schema herausfindet. Es war daher keineswegs überraschend, daß er 1950 zeigen wollte, daß zumindest einige Teilbereiche der Polypeptidkette in einem Protein sich auf einfache Art und Weise zusammenfalten. Es war dies kein ganz neuer Ansatz. Der Kristallograph Bill Astbury hatte seine Röntgendiagramme von Keratin (das in Haaren und Fingernägeln enthaltene Protein) zu erklären versucht, indem er Molekularmodelle mit regelmäßigen Wiederholungen benutzte. Er hatte zwei Formen solcher Faserdiagramme gefunden, die er als α und β bezeichnete. Seine Vorstellung davon, wie die β-Struktur aussehen müsse, war nicht weit von der korrekten Antwort entfernt, aber seine Annahmen hinsichtlich der α-Struktur trafen weit daneben. Dies lag zum Teil daran, daß er ein eher schlampiger Modellbauer und, was die Abstände und Winkel betraf, die dabei eine Rolle spielten, nicht genau genug war, teilweise aber auch daran, daß die experimentellen Ergebnisse in einer Weise irreführend waren, die er kaum hätte vorhersehen können.

Es war allgemein bekannt, daß jede Kette mit identischen, sich wiederholenden Gliedern, die sich so falten, daß jedes Glied sich auf genau dieselbe Art und Weise faltet, und mit den jeweils gleichen Beziehungen zu ihren unmittelbaren Nachbarn eine Helix bildet (Nicht-Mathematiker bezeichnen sie manchmal – unkorrekt – als Spirale). Die extremen Formen – eine Gerade oder ein Kreis – werden vom Mathematischen her als degenerierte Helices bezeichnet.

Bragg war ursprünglich Physiker gewesen, und ein Großteil seiner Arbeit über die Molekularstruktur beschäftigte sich mit anorganischen Stoffen wie Silikaten. Er war weder mit der organischen Chemie noch mit der damit in Beziehung stehenden physikalischen Chemie detailliert vertraut, obwohl er selbstverständlich die wesentlichen Grundlagen beider Gebiete beherrschte. Er kam zu dem Schluß, es sei ein guter Ansatz, regelmäßige Modelle des Rückgrats der Polypeptide zu konstruieren und dabei die verschiedenen komplizierten Seitenketten außer acht zu lassen.

Im Rückgrat einer Polypeptidkette befindet sich eine regelmäßige Sequenz von Atomen, und zwar mit der Wiederholung... CH-CO-NH... (dabei steht C für Kohlenstoff, H für Wasserstoff und N für Stickstoff). Wie diese Atome tatsächlich miteinander verbunden sind, wird in Anhang A gezeigt. An jedem CH hängt eine kleine Gruppe von Atomen – von Chemikern oft als »R« bezeichnet, wobei »R« für »Rest« steht. In unserem Zusammenhang bezeichnen wir R als Seitenkette. Mittlerweile weiß man, daß es im allgemeinen in Proteinen lediglich zwanzig verschiedene Seitenketten gibt. Bei dem kleinsten Rest, Glycin, besteht R lediglich aus einem Wasserstoffatom, so daß es kaum den Namen »Kette« verdient. Das nächstgrößere R wird als Alanin bezeichnet; hier besteht die Seitenkette aus einer Methylgruppe (CH_3). Die anderen sind von unterschiedlicher Größe. Einige transportieren eine positive, andere eine negative elektrische Ladung, etliche hingegen überhaupt keine. Die meisten von ihnen sind ziemlich klein. Die Seitenketten der beiden größten, Tryptophan und Arginin, bestehen aus lediglich achtzehn Atomen. In Anhang B sind die Namen (allerdings nicht die Formeln) aller zwanzig aufgeführt.

Eine derartige Polypeptidkette wird auf die Weise aufgebaut, daß kleine Moleküle, die als Aminosäuren bezeichnet werden, zusammengefügt werden. (Die Einzelheiten dieser chemischen Vorgänge finden Sie in Anhang A.) Wenn ein Protein synthetisiert wird, werden die entsprechenden Aminosäuren mit den Enden aneinandergefügt (dabei wird Wasser abgesondert); sie bilden nun ein langes Band, das man als Polypeptidkette bezeichnet. Wie ich bereits erklärt habe, bestimmt die genaue *Anordnung* der Aminosäuren in dem jeweiligen Protein, die von seinen Genen festgelegt wird, seine Eigenschaften. Wir müssen nun wissen, wie jede bestimmte Polypeptidkette zu der dreidimensionalen Struktur des Proteins zusammengefaltet wird und wie genau all die Seitenketten (von denen einige ein bißchen flexibel sind) im Raum angeordnet werden, damit wir verstehen können, wie das Protein funktioniert. Bragg wie auch andere wollten anhand von Modellen herausfinden, ob die Haupt-Polypeptidkette eine oder mehrere regelmäßige Faltungen durchführt. Aus Astburys mit Hilfe von Röntgenstrahlen ermittelten Strukturmustern für α und β ergaben sich Hinweise darauf, daß dies sehr wohl der Fall sein könnte.

Man beschäftigte sich daher lediglich mit dem Polypeptidrückgrat und ließ die Seitenketten außer acht. Es ist vielleicht auf den ersten Blick nicht ganz einleuchtend, warum es überhaupt notwendig war, Modelle zu konstruieren, da doch die einfache chemische Struktur einer Einheit des Rückgrats bekannt war. Man kannte sämtliche Bindungsabstände sowie alle Bindungswinkel. Es besteht jedoch die Möglichkeit einer ziemlich freien Rotation um die Bindungen, die man als Einzelbindungen bezeichnet (im Gegensatz dazu jedoch nicht um Doppelbindungen), und die genaue räumliche Anordnung der Atome hängt davon ab, wie diese Rotationswinkel festgelegt sind. Dies wiederum hängt normalerweise von den Wechselwirkungen zwischen Atomen entlang der Kette ab, die nur einen geringen Abstand voneinander haben, und es kann mehrere plausible Alternativen geben, vor allem wenn es sich um schwache Bindungen handelt.

Der Grund für diese Beliebigkeit leuchtet möglicherweise nicht

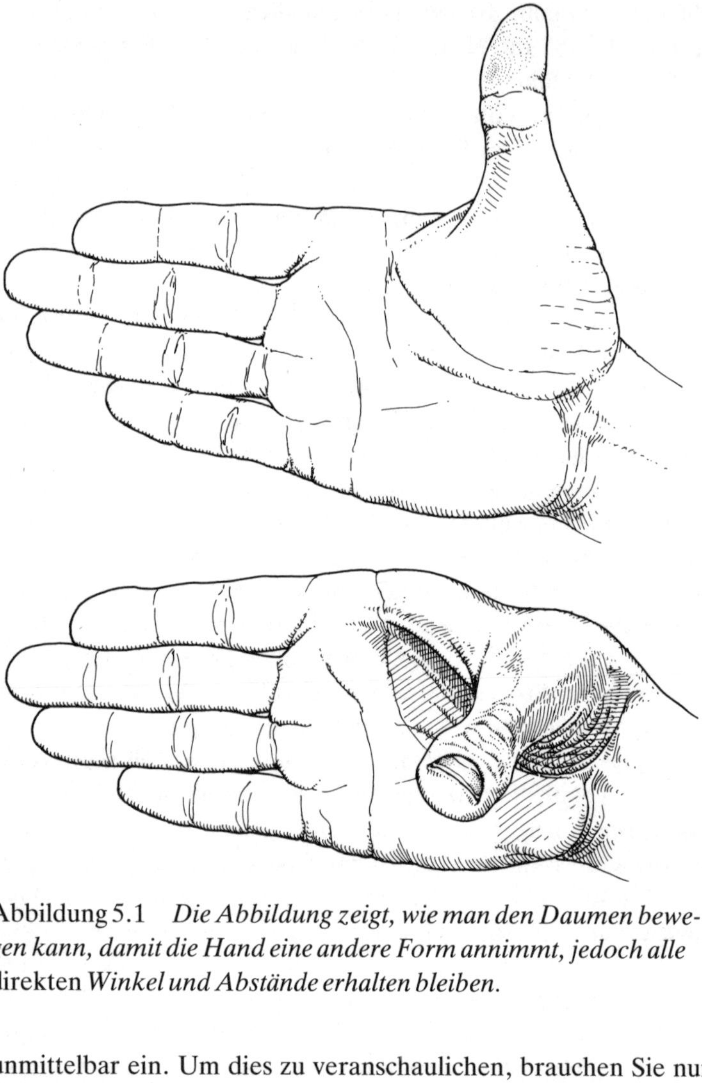

Abbildung 5.1 *Die Abbildung zeigt, wie man den Daumen bewegen kann, damit die Hand eine andere Form annimmt, jedoch alle* direkten *Winkel und Abstände erhalten bleiben.*

unmittelbar ein. Um dies zu veranschaulichen, brauchen Sie nur Ihre Hand zu betrachten. Halten Sie eine Hand so, daß alle Finger sich in einer Ebene befinden; der Daumen soll dabei genau einen rechten Winkel zum Zeigefinger bilden. Jetzt können Sie nach wie vor Ihren Daumen hin und her bewegen und dabei diesen rechten Winkel beibehalten, aber die dreidimensionale Form, die Ihre Hand bildet, verändert sich dadurch. (Siehe Abb. 5.1.) Und zwar gilt dies, obwohl alle Abstände (jeweils zum nächstgelegenen Nachbarn) – die Länge des Daumens und eines jeden einzelnen Fingers – wie auch die Winkel zwischen ihnen konstant bleiben. Lediglich der sogenannte diedrische Winkel (zwischen der Ebene der vier Finger und der Ebene, in der sich Ihr Daumen und Ihr Zeigefinger befinden) ändert sich. Ein Beispiel für eine »Interaktion bei geringer Entfernung«, von der eben die Rede war, wäre es, wenn Sie den Abstand zwischen Ihrem Daumennagel und dem Nagel Ihres kleinen Fingers ändern.

Im Fall eines chemischen Moleküls muß es Interaktionen irgendeiner Art geben, wenn das Molekül eine bestimmte Konfiguration bekommen soll. Es war klar, daß für eine Polypeptidkette die beste Art und Weise, sich selber zusammenzuhalten, darin besteht, Wasserstoffbindungen zwischen bestimmten Atomen in ihrem Rückgrat zu bilden. Wasserstoffbindungen sind schwache Bindungen. Die Energie ist lediglich ein kleines Vielfaches der thermischen Energie (bei Zimmertemperatur), und aus diesem Grund kann eine einzelne Wasserstoffbindung durch die konstante thermische Bewegung ohne weiteres zerstört werden. Das ist der Grund dafür, warum Wasser bei normaler Temperatur und normalen Druckverhältnissen flüssig ist. Eine Wasserstoffbindung besteht aus einem Spenderatom (plus dem daran gebundenen Wasserstoff) und einem Empfänger. In einer Polypeptidkette ist der einzige potente Spender die NH-Gruppe und der einzige wahrscheinliche Empfänger das O der CO-Gruppe. John Kendrew wies darauf hin, daß eine derartige Wasserstoffbindung im Endeffekt einen besonderen Ring von Atomen entstehen läßt. Indem man nun alle denkbaren Ringe dieser Art aufzählt, kann man alle möglichen Strukturen dieses Typus spezifizieren, von denen eine jede durch die Bindung der NH-Gruppe an eine bestimmte CO-Gruppe charakterisiert ist – beispielsweise eine, die drei Wiederholungen entlang der Kette entfernt ist. Diese Bindung wiederholt sich entlang der Kette immer wieder. Die mehrfachen Wasserstoffbindungen haben auf diese Weise dazu beigetragen, die Struktur gegen die zerstörerischen Einwirkungen der thermischen Bewegung zu schützen.

Bragg, Kendrew und Perutz konstruierten nun, unter Verwendung von speziellen Modellatomen aus Metall und maßstabgetreuen Bindegliedern, alle möglichen Modelle, außer bei Faltstrukturen, die nicht kompakt genug waren. Sie hofften, eines der Modelle würde besser zu den mit Hilfe von Röntgenstrahlen gewonnenen Daten passen als alle anderen. Leider ließen sie die Modelle nicht ihre günstigsten Konfigurationen annehmen. Astbury hatte gezeigt, daß das α-Muster auf dem sogenannten Meridian einen starken Röntgenpunkt aufwies, und zwar in Abständen, die einer Wiederholung in Richtung der Faser nach 5,1 Å entsprachen. Dies legte den Schluß nahe, daß sich nach dieser Entfernung ein wichtiger Aspekt der Struktur wiederholte, möglicherweise der »Gipfelpunkt« – der Abstand zwischen aufeinanderfolgenden Windungen. Da dieser Punkt genau auf dem Meridian lag, ließ sich daraus schließen, daß der Wert für die Gewindeachse (das Symmetrieelement einer regelmäßigen Helix) eine ganze Zahl ist, obwohl nicht feststand, um welche ganze Zahl es sich dabei handelte. Bragg wies darauf hin, daß es sich dabei um ein Zwei-, ein Drei-, ein Vier- oder sogar ein Fünffaches oder noch mehr handeln konnte. Wie bereits festgestellt, kann eine Tapete – ein zweidimensionales, sich wiederholendes Strukturmuster – keine fünffache Symmetrie haben; allerdings gab es keinen Grund, warum eine einzelne Polypeptidhelix nicht eine fünffache Gewindeachse haben sollte. Dies bedeutet schlicht und einfach folgendes: Wenn man die Helix um 72 Grad (360 Grad dividiert durch 5) dreht und gleichzeitig die Struktur entlang ihrer Achse um einen bestimmten Abstand verlagert, bietet sie nach wie vor das gleiche Bild, wenn man von den Enden absieht.

Aus diesem Grund versahen Bragg, Kendrew und Perutz alle ihre Modelle mit ganzzahligen Achsen. Außerdem bauten sie sie etwas zu schlampig. Eine bestimmte Gruppe von Atomen, die sogenannte Peptidgruppe, sollte eigentlich planar sein – alle sechs beteiligten Atome sollten in oder zumindest nahezu in einer Ebene liegen; sie ließen jedoch eine Rotation um die Peptidbindung zu, und dadurch wurden ihre Modelle zu einfach.

Kurz gesagt, sie faßten eine Eigenschaft (die genaue Beschaffenheit der Gewindeachse) zu eng und waren bei einer anderen (der Planarität der Peptidbindung) zu großzügig. Es war daher nicht weiter überraschend, daß *alle* ihre Modelle häßlich aussahen und sie sich nicht in der Lage sahen zu entscheiden, welches das beste war. Eher zögernd veröffentlichten sie ihre Ergebnisse in den *Proceedings of the Royal Society*, obwohl sie nicht überzeugend waren. Zufällig bat man mich, die Fahnen dieses Papers durchzusehen (ich glaube, die Fahnen sollten ankommen, als alle drei Autoren nicht im Laboratorium waren), aber ich wußte einfach zu wenig über die Feinheiten Bescheid, als daß ich bemerkt hätte, wo der Fehler lag.

Ohne daß meine Kollegen davon wußten, ging auch Linus Pauling von dem gleichen Ansatz aus. Der breiten Öffentlichkeit ist er hauptsächlich aufgrund seiner überragenden Arbeiten über Vitamin C bekannt. Damals war er vermutlich der führende Chemiker der Welt. Er hatte als einer der ersten die Quantenmechanik auf die Chemie angewandt (indem er beispielsweise erklärte, warum Kohlenstoff eine Wertigkeit von vier hat) und lehrte als Professor der Chemie am California Institute of Technology, wo er einige sehr vielversprechende Forschungsgruppen leitete. Vor allem interessierte er sich dafür, wie man sich der organischen Chemie bedienen kann, um wichtige Phänomene in der Biologie zu erklären.

Pauling hat einmal geschildert, wie er zum ersten Mal auf die Idee mit der α-Helix kam, als er im Jahre 1948 in Oxford (er war dort Gastprofessor) wegen einer Erkältung für ein paar Tage ans Bett gefesselt war. Seine wichtigste Abhandlung über die α-Helix erschien, zusammen mit einigen anderen Aufsätzen von ihm, im Frühjahr 1951 in den *Proceedings of the National Academy of Sciences*. Pauling war sich darüber im klaren gewesen, daß die Peptidbindung annähernd planar ist, und zwar vor allem deswegen, weil er mit der organischen physikalischen Chemie besser vertraut war als die drei Forscher in Cambridge. Er hatte gar nicht erst den Versuch unternommen, die Struktur mit einem ganzzahligen Gewinde zu versehen, sondern hatte die Modelle sich ganz ungezwungen zu jedem beliebigen Gewinde falten lassen, das ihnen behagte. Es stellte sich heraus, daß die α-Helix genau 3,6 Einheiten pro Windung hatte. Zudem stieß er auf eine Abhandlung von Bamford, Hanby und Happey, die über Polymere arbeiteten, über die Röntgenbeugung bei einem synthetischen Polypeptid, die recht gut zu seinem Modell paßte. Die Tatsache, daß sein Modell die 5,1 Å-Reflexion auf dem Meridian nicht erklären konnte, schob er beiseite. Die Ironie lag darin, daß Bragg, Kendrew und Perutz neben anderen Modellen auch eines konstruiert hatten, das in der Tat eine α-Helix darstellte; sie hatten jedoch das arme Ding in der Absicht deformiert, ihm eine Achse mit einem exakten Vierfachen zu geben. Das Modell sah daher furchtbar gewaltsam konstruiert aus – und das war es ja auch.

Es stellte sich bald heraus, daß Paulings α-Helix die richtige Lösung war. Bragg war am Boden zerstört. Langsam ging er die Treppe hinauf. (Als Rutherford Erfolg gehabt hatte, stürmte er die Treppe hinauf und sang laut: »Onward Christian Soldiers/Vorwärts, christliche Soldaten«.) »Der größte Irrtum in meiner ganzen wissenschaftlichen Laufbahn«, so umschrieb Bragg seine Empfindungen. Auch die Tatsache, daß Linus Pauling es war, der das Problem gelöst hatte, tröstete ihn nicht, denn Bragg war schon einmal kurz vor dem Ziel von Pauling überrundet worden. Perutz erfuhr, daß nach einem seiner Seminare ein ortsansässiger Physikochemiker ihm gesagt hatte, die Peptidgruppe müsse planar sein. Perutz hatte dies sogar in seinen Aufzeichnungen festgehalten, sich aber nicht weiter darum gekümmert. Es war durchaus nicht so, daß sie jegliche Ratschläge ablehnten, aber einige der Hinweise, die man ihnen gegeben hatte, waren irreführend gewesen. Charles Coulson, ein theoretischer Chemiker aus Oxford, hatte erklärt, es könne durchaus sein, daß das Stickstoffatom »pyramidenförmig« sei – eine äußerst irreführende Information.

Die verletzte Ehre wurde einigermaßen wiederhergestellt, als Perutz herausfand, daß die α-Helix eine starke Reflexion bei 1,5 Å auf dem Meridian haben sollte, entsprechend der Höhe zwischen aufeinanderfolgenden Stadien der Helix, und dies auch nachwies. Zusammen mit zwei anderen Kristallographen, Vladimir Vand von der Glasgow University und Bill Cochran vom Cavendish, arbeitete ich die Allgemeingültigkeit der Fourier-Transformation bei einem Satz von Atomen, die in einer regelmäßigen Helix angeordnet sind, heraus, und Cochran und ich zeigten, daß dies recht gut zu dem Röntgenbeugungsmuster eines synthetischen Polypeptids paßte. Aber in gewisser Weise streuten wir nur Salz in unsere Wunden.

Aber was war dann die Erklärung für den irreführenden Punkt bei 5,1 Å? Wenig später stießen Pauling und ich unabhängig voneinander auf die richtige Erklärung. Aufgrund ihrer nicht ganzzahligen Windung ordnen sich α-Helices nicht so ohne weiteres nebeneinander an. Sie arrangieren sich am besten, wenn sich ein kleiner Winkel zwischen ihnen befindet, und wenn sie nun leicht deformiert sind, ergibt dies eine um sich gewundene Windung – das heißt zwei oder drei α-Helices, die unmittelbar nebeneinander liegen, sich aber langsam umeinander winden. [Ein schönes Beispiel für eine Symmetriebrechung durch eine schwache Wechselwirkung. Diese zusätzliche Windung verschob den 5,4 Å vom Meridian entfernten Punkt auf den Meridian, und zwar bei 5,1 Å.]

Man könnte nun einwenden, daß man, da α-Helices sich fast ausschließlich in biologischen Molekülen finden, ein Modell eines Polypeptidrückgrats nicht einzig und allein deswegen ablehnen sollte, weil es häßlich ist. Ich würde es vorziehen zu sagen, daß die grundlegende α-Helix wegen ihrer einfachen molekularen Struktur eher in den Bereich der Physikochemie gehört als in die Biologie. Auf dieser Ebene gibt es nur wenig Möglichkeiten für die Evolution, wirksam zu werden. Nur wenn wir die Seitenketten und die vielen Möglichkeiten, wie eine lange Polypeptidkette sich auf sich selber zurückfalten kann, in Betracht ziehen, wird eine immense Vielfalt von Strukturen möglich. Einfachheit führt dann wahrscheinlich zu Differenziertheit. Eine elegante Lösung – sofern es sie gibt – könnte durchaus raffinierter sein, und was auf den ersten Blick möglicherweise gewollt oder sogar häßlich scheint, ist unter Umständen die beste Lösung, die die Evolution bieten konnte.

Die Tatsache, daß meine Kollegen die α-Helix nicht entdeckt hatten, hinterließ einen nachhaltigen Eindruck bei Jim Watson und mir. Daher argumentierte ich, es sei wichtig, sich nicht allzusehr auf irgendwelche experimentellen Einzelergebnisse zu verlassen. Sie könnten sich als irreführend herausstellen, wie dies zweifelsohne bei der 5,1 Å-Reflexion der Fall gewesen war. Jim ging etwas weiter und stellte fest, ein *gutes* Modell erkläre nie *alle* Fakten, da einige Daten notwendigerweise irreführend, wenn nicht sogar schlichtweg falsch sein müßten. Eine Theorie, die *wirklich* zu allen Daten paßte, wäre zusammengeschustert, um eben dies zu erreichen, und daher verdächtig.

Man hat manchmal behauptet, Paulings Modell der α-Helix oder sein falsches Modell für die DNA hätten uns auf die Idee gebracht, daß die DNA eine Helix ist. Nichts könnte weiter von der Wahrheit entfernt sein. Helices lagen sozusagen in der Luft, und man hätte schon entweder begriffsstutzig oder aber sehr stur sein müssen, um nicht in diesen Kategorien zu denken. Allerdings hat Pauling uns in der Tat eines gezeigt, daß nämlich ein genaues und sorgfältiges Konstruieren von Modellen Einschränkungen mit sich bringen kann, denen die endgültige Antwort in jedem Fall genügen muß. Dies konnte manchmal zu der korrekten Struktur führen, wobei man lediglich einen Bruchteil der unmittelbaren experimentellen Hinweise verwendete. Das war die Lektion, die wir lernten und die Rosalind Franklin und Maurice Wilkins bei ihrem Versuch, die Struktur der DNA zu erklären, nicht bedachten. Dies sowie die Notwendigkeit, keine Annahmen zu machen, die nicht von Zeit zu Zeit in Frage gestellt werden konnten. Hinzuzufügen wäre noch, daß Jim und mir sehr daran gelegen war, zu Ergebnissen zu kommen, obwohl wir die Probleme eher locker angingen; aus diesem Grund erkannten wir einen Erfolg sehr schnell als einen solchen und bemühten uns, soviel wie nur möglich sowohl aus Erfolgen als auch aus Fehlschlägen zu lernen.

Die α-Helix war ein wichtiger Meilenstein auf dem dornigen Weg der Molekularbiologie, hatte jedoch nicht die gleiche durchschlagende Wirkung wie die Entdeckung der Doppelhelix der DNA. Ursprünglich hofften wir, ausgehend von der grundlegenden Faltstruktur der α- und β-Helix das Problem der Struktur eines Proteins unmittelbar anhand der Konstruktion eines Modells lösen zu können. Leider sind die meisten Proteine jedoch dafür zu komplex und zu raffiniert gebaut. Kurz gesagt, diese beiden strukturellen Konzepte machten uns wachsam für das, was wir in einigen Teilbereichen des Proteins zu erwarten hatten, aber sie enthüllten uns nicht unmittelbar das Geheimnis der Besonderheit und der katalytischen Aktivität eines bestimmten Proteins. Auf der anderen Seite verriet die Struktur der DNA sofort ihr Geheimnis, indem sie äußerst überzeugend nahelegte, wie genau Nucleinsäure kopiert werden konnte. DNA ist im Grunde genommen ein weit weniger kompliziertes Molekül als ein hochentwickeltes Protein und verrät daher ihre Geheimnisse sehr viel schneller. Dies konnten wir natürlich nicht im voraus wissen – es war einfach Glück, daß wir über eine solch wunderschöne Struktur förmlich stolperten.

Man unterschätzt manchmal, welch große Rolle Pauling für die Molekularbiologie gespielt hat. Es gelangen ihm nämlich nicht nur einige grundlegende Entdeckungen (beispielsweise daß Sichelzellenanaemie eine molekulare Krankheit ist); darüber hinaus hat er auch den korrekten theoretischen Ansatz für die Erklärung dieser biologischen Probleme entwickelt. Er war überzeugt, daß man vieles von dem, was zu erklären war, auf die Weise erklären konnte, daß man die grundlegenden und bewiesenen Vorstellungen der Chemie und insbesondere der Chemie der Makromoleküle anwandte, und daß das, was wir über die verschiedenen Arten von Atomen, insbesondere Kohlenstoffatomen, sowie die Bindungen wußten, die die Atome zusammenhalten [die homopolare Bindung, elektrostatische Wechselwirkungen, Wasserstoffbindungen und die Van-der-Waal-Kräfte], ausreichen würde, um die Geheimnisse des Lebens zu ergründen.

Max Delbrück seinerseits, der als Physiker begonnen hatte, hoffte, daß die Biologie es uns ermöglichen würde, neue Gesetzmäßigkeiten in der Physik zu entdecken. Delbrück arbeitete, ebenso wie Pauling, am Cal Tech (California Institute of Technology). Er hatte einige bahnbrechende Untersuchungen über bestimmte Viren durchgeführt, die man als Bakteriophagen (kurz »Phagen«) bezeichnet, und war eine der maßgeblichen Persönlichkeiten der sehr einflußreichen »Phagen-Gruppe«, der auch Jim Watson als einer der Jüngeren angehörte. Ich glaube nicht, daß Delbrück sonderlich viel an Chemie gelegen war. Wie die meisten Physiker betrachtete er die Chemie als eine eher triviale Anwendung der Quantenmechanik. Er hat sich wohl nie ganz klar gemacht, welch bemerkenswerte Strukturen die natürliche Auslese hervorbringen kann, ebensowenig, wie viele verschiedene Arten von Proteinen es geben könnte.

Im Laufe der Zeit hat sich gezeigt, daß bislang Pauling recht hatte, Delbrück hingegen sich irrte; in seinem Buch *Mind into Matter* hat er dies auch eingeräumt. Alles, was wir über Molekularbiologie wissen, scheint mittels der gängigen chemischen Kategorien erklärt werden zu können. Wir wissen inzwischen auch, daß die Molekularbiologie durchaus nicht ein nebensächlicher

Aspekt biologischer Systeme ist. Sie gehört zum Wesen der Dinge. Nahezu alle Aspekte des Lebens laufen auf molekularer Ebene ab, und wir gewinnen lediglich eine sehr umrißhafte Vorstellung vom Leben als solchem, wenn wir die Moleküle nicht verstehen. Alle Ansätze auf einer höheren Ebene sind fragwürdig, solange sie nicht auf molekularer Ebene bestätigt werden.

6 Wie lebt es sich mit einer goldenen Helix?

Die Doppelhelix ist in der Tat ein bemerkenswertes Molekül. Der neuzeitliche Mensch ist vermutlich etwa 50000 Jahre alt, die Zivilisation begann vor kaum 10000 Jahren – und die Vereinigten Staaten existieren erst seit etwa 200 Jahren; aber die DNA und die RNA gibt es seit mindestens einigen Milliarden Jahren. Und während dieser ganzen Zeit gab es auch die Doppelhelix, und immer war sie aktiv; dennoch sind wir die ersten Lebewesen auf dieser Erde, die sich ihrer Existenz bewußt sind.

Es wurde schon so viel über unsere Entdeckung der Doppelhelix geschrieben, daß es mir schwerfällt, noch etwas hinzuzufügen, das nicht bereits gesagt ist. »Jedes Kind weiß«, daß es sich bei der DNA um eine sehr lange chemische Botschaft handelt, die in einer Sprache geschrieben ist, die vier Buchstaben hat. Das Rückgrat einer jeden Kette ist fast vollständig gleichförmig. Die vier Buchstaben – die Basen – hängen in regelmäßigen Abständen an diesem Rückgrat. Normalerweise besteht die Struktur aus zwei separaten Ketten, die sich umeinander winden und auf diese Weise die Doppelhelix bilden, aber das eigentliche Geheimnis der Struktur ist nicht die Helix. Es liegt in der Art und Weise, wie sich die Basen miteinander paaren: Adenin paart sich mit Thymin, Guanin mit Cytosin. Abgekürzt: A=T und G≡C, wobei jeder Strich eine schwache chemische Bindung bezeichnet, nämlich die Wasserstoffbrücke. In dieser spezifischen Art der Koppelung von Basen auf einander gegenüberliegenden Strängen liegt das Geheimnis des Replikationsprozesses begründet. Was für eine Sequenz auch immer auf eine der beiden Ketten geschrieben ist, die andere Kette muß die komplementäre Sequenz haben, die durch die Paarungsregeln festgelegt ist. Biochemie befaßt sich hauptsächlich mit organischen chemischen Molekülen, die sich eng aneinanderfügen. Die DNA bildet da keine Ausnahme. (Vgl. Anhang A; dort finden Sie eine etwas detailliertere Darstellung.)

DNA war nicht immer ein allgemein bekannter und geläufiger Begriff, aber schon vor dreißig Jahren war er doch nicht mehr ganz unbekannt. Der Physikochemiker Paul Doty erzählte mir einmal, kurz nachdem die Ansteckknöpfe in Mode gekommen seien, habe er in New York zu seinem Erstaunen einen solchen Button mit der Aufschrift »DNA« gesehen. Da er dachte, dies müsse sich auf etwas anderes beziehen, fragte er den Verkäufer, was es bedeute. »Komm schon, Mann«, antwortete der Händler mit einem ausgeprägten New Yorker Akzent. »Det is' ein Gen.«

Heutzutage wissen die meisten, was DNA ist; falls nicht, dann wissen sie zumindest, daß es irgendwie ein unanständiges Wort ist, wie etwa »Chemikalie« oder »Synthetik«. Glücklicherweise sind sich Leute, die sich daran erinnern, daß es da zwei Typen namens Watson und Crick gibt, oft nicht darüber in klaren, wer eigentlich wer ist. Wie oft hat irgendein begeisterter Bewunderer mir gesagt, wie sehr ihm mein Buch gefallen habe – und natürlich war es das von Jim. Mittlerweile weiß ich, daß es besser ist, das gar nicht erst lange erklären zu wollen. Etwas noch Komischeres passierte, als Jim 1955 nach Cambridge zurückkam. Ich ging eines Tages ins Cavendish und begegnete Neville Mott, dem neuen Leiter des Cavendish (Bragg war mittlerweile bei der Royal Institution in London). »Ich würde Sie gerne mit Watson bekannt machen«, sagte ich, »da er in Ihrem Laboratorium arbeitet.« Er sah mich ganz überrascht an. »Watson?« fragte er. »Watson? Ich dachte, Ihr Name sei Watson-Crick.«

Manche Leute tun sich immer noch schwer damit, die DNA zu verstehen. Ich erinnere mich an eine Sängerin in einem Nachtclub in Honolulu, die mir erzählte, wie sie als Schulmädchen Watson und mich verflucht hatte wegen all der schwierigen Dinge, die sie in Biologie über die DNA habe lernen müssen. In Wirklichkeit sind die Vorstellungen, die notwendig sind, um die Struktur zu begreifen, lächerlich einfach, wenn man sie richtig darstellt, da sie dem gesunden Menschenverstand nicht zuwiderlaufen, wie dies etwa bei der Quantenmechanik oder der Relativitätstheorie der Fall ist. Ich glaube, es gibt einen guten Grund dafür, daß die Nucleinsäuren so einfach sind. Sie reichen wahrscheinlich bis zum Ursprung des Lebens zurück, zumindest annähernd. Zu diesem Zeitpunkt mußten die Mechanismen einigermaßen einfach sein, sonst wäre es nicht möglich gewesen, daß Leben entsteht. Natürlich kann die Existenz chemischer Moleküle als solcher nur mittels der Quantenmechanik erklärt werden, aber glücklicherweise kann man die Form eines chemischen Moleküls relativ einfach mit Hilfe eines mechanischen Modells veranschaulichen, und genau das ist der Grund, warum diese Ideen so einfach zu verstehen sind.

Für diejenigen, die noch nichts davon gehört haben, wie die Doppelhelix entdeckt wurde, ist vielleicht folgende kurze Zusammenfassung ganz hilfreich. Astbury hatte an der Leeds University einige ziemlich dürftige Röntgenbeugungsphotos von DNA-Fasern gemacht, die jedoch etliche Schlußfolgerungen zuließen. Nach dem Zweiten Weltkrieg gelangen Maurice Wilkins, der damals in Randalls Laboratory am King's College arbeitete, einige sehr viel bessere Aufnahmen. Randall stellte daraufhin eine sehr erfahrene Kristallographin ein, Rosalind Franklin, die ihm helfen sollte, die Struktur zu bestimmen. Unglücklicherweise kamen Rosalind und Maurice nicht sonderlich gut miteinander aus. Er wollte, daß sie sich eingehender mit der mehr Wasser enthaltenden Form (der sogenannten B-Form) beschäftigte, die zwar ein einfacheres, jedoch viel aufschlußreicheres Röntgenbeugungsmuster ergab als die weniger Wasser enthaltende Art (die A-Form), obwohl diese detailliertere Röntgenbilder ermöglichte.

Ich arbeitete in Cambridge an einer Doktorarbeit über die Röntgenbeugung von Proteinen. Jim Watson, ein Amerikaner, der zu Besuch war – damals war er dreiundzwanzig Jahre alt –, war entschlossen herauszufinden, was Gene sind; er hoffte, die Entschlüsselung der Struktur der DNA könne dazu beitragen. Wir drängten die Wissenschaftler in London, Modelle zu konstruieren, und folgten damit dem Ansatz, mit dem Linus Pauling gearbeitet hatte, um die α-Helix zu entschlüsseln. Wir selber bauten, wie ein wenig später auch Linus Pauling, ein völlig falsches Modell. Schließlich errieten Jim und ich, nach vielem Auf und Ab, die richtige Struktur, indem wir einige Daten der Londoner Gruppe zusammen mit Chargaffs Regeln hinsichtlich der relativen Menge der vier Basen in den verschiedenen Sorten von DNA benutzten.

Von Jim hörte ich zum ersten Mal durch Odile. Eines Tages, als ich nach Hause kam, sagte sie zu mir: »Max war zusammen mit einem jungen Amerikaner hier; er wollte, daß du ihn kennenlernst, und weißt du was – er hatte keine Haare!« Damit wollte sie zum Ausdruck bringen, daß Jim einen Bürstenhaarschnitt hatte, damals etwas völlig Neues in Cambridge. Mit der Zeit wurden

Jims Haare immer länger, denn er wollte sich den Leuten hier bei uns angleichen, aber er ging nie so weit, die Haare so lang zu tragen, wie es in den sechziger Jahren bei Männern Mode wurde.

Jim und ich kamen auf Anhieb glänzend miteinander aus, teilweise, weil unsere Interessen sich erstaunlich ähnlich waren, teilweise, so vermute ich, weil wir beide von Natur aus jugendlich arrogant, skrupellos und ungeduldig waren; dazu kam bei beiden ein etwas schlampiges Denken. Jim war eindeutig direkter und offenherziger als ich, aber in unserem Denken waren wir einander ziemlich ähnlich. Verschieden war allerdings unser jeweiliges Hintergrundwissen. Ich wußte damals bereits ziemlich viel über Proteine und Röntgenbeugung. Jim wußte darüber weit weniger gut Bescheid, hatte aber viel mehr Erfahrung hinsichtlich der experimentellen Arbeit mit Phagen (Bakterienviren), vor allem was die Arbeit der »Phagen-Gruppe« betraf, an deren Spitze Max Delbrück, Salva Luria und Al Hershey standen. Zudem wußte Jim mehr über die Genetik der Bakterien. Unser Wissen in klassischer Genetik war vermutlich in etwa gleich.

Es überrascht wohl nicht, daß wir viel Zeit damit verbrachten, uns über die verschiedensten Probleme zu unterhalten. Das blieb nicht unbemerkt. Unsere Gruppe am Cavendish hatte sehr bescheiden angefangen – 1949 arbeiteten wir für kurze Zeit alle in einem einzigen Raum. Als Jim sich uns anschloß, hatten Max und John ein winziges Büro für sich. Zu diesem Zeitpunkt wurde der Gruppe ein zusätzlicher Raum angeboten. Zuerst war nicht klar, wer ihn bekommen sollte, bis eines Tages Max und John händereibend verkündeten, daß sie ihn Jim und mir überlassen wollten – »... damit ihr miteinander diskutieren könnt, ohne uns andere zu stören«, meinten sie. Eine glückliche Entscheidung, wie sich herausstellen sollte.

Als wir uns kennenlernten, hatte Jim bereits seinen Doktor, während ich, obwohl ungefähr zwölf Jahre älter, immer noch graduierter Student war. Maurice Wilkins hatte in London einen Großteil der anfänglichen Arbeit mit Röntgenbeugung erledigt; sie wurde dann von Rosalind Franklin übernommen und ausgebaut. Jim und ich hatten nie experimentell mit DNA gearbeitet, obwohl wir schier endlos über dieses Problem redeten. Entsprechend Paulings Beispiel waren wir überzeugt, der richtige Weg zur

Erklärung der Struktur sei es, Modelle zu bauen. Die Methode der Wissenschaftler in London war etwas gewissenhafter.

Unser erster Versuch mit einem Modell war ein Fiasko, da ich irrtümlicherweise glaubte, die Struktur enthalte sehr wenig Wasser. Dieser Fehler beruhte teilweise auf Unwissen meinerseits – ich hätte mir klarmachen müssen, daß ein Natriumion mit großer Wahrscheinlichkeit sehr hydrathaltig ist –, teilweise darauf, daß Jim einen technischen kristallographischen Begriff mißverstand, den Rosalind in einem Seminar verwendet hatte, das sie abhielt [er verwechselte »asymmetrische Einheit« und »Einheitszelle«].

Das war nicht unser einziger Fehler. Irregeführt durch den Begriff »tautomere Formen«, nahm ich an, bestimmte Wasserstoffatome an der Peripherie der Basen könnten eine von etlichen verschiedenen Positionen einnehmen. Schließlich erklärte uns Jerry Donohue, ein amerikanischer Kristallograph, der sich ein Büro mit uns teilte, daß einige der Formeln in den Lehrbüchern falsch seien und daß jede Base nahezu ausschließlich in einer bestimmten Form vorkommt. Von da an war alles viel einfacher.

Die Schlüsselentdeckung war Jims Bestimmung der genauen Natur der beiden Basenpaare (A mit T, G mit C). Dies gelang ihm nicht aufgrund logischer Überlegungen, sondern durch einen glücklichen Zufall. [Der logische Ansatz – nach dem wir mit Sicherheit vorgegangen wären, hätte es sich als notwendig erwiesen – hätte folgendermaßen ausgesehen: Zuerst einmal hätten wir angenommen, daß die Chargaffschen Regeln zutreffen und hätten folglich nur die Basenpaare in Betracht gezogen, die diese Regeln nahelegten, und dann hätten wir nach der dyadischen Symmetrie gesucht, die die C2-Symmetriegruppe vermuten ließ, die in den Fasermustern zu sehen war. Das hätte uns binnen kurzer Zeit auf die richtigen Basenpaare gebracht.] In gewissem Sinne war Jims Entdeckung Glück, aber schließlich ist bei allen Entdeckungen ein wenig Glück mit im Spiel. Wichtiger ist, daß Jim nach etwas Wichtigem suchte und *augenblicklich die Bedeutung der richtigen Basenpaare erkannte, als er sie per Zufall entdeckte* – »der Zufall hilft dem, der vorbereitet ist«. Diese Episode zeigt ebenfalls, daß in der Forschung das Spiel oft sehr wichtig ist.

Im Verlauf des Frühlings und Sommers 1953 verfaßten Jim Watson und ich vier Papers über Struktur und Funktion der DNA.

Das erste erschien am 25. April in *Nature*, zusammen mit zwei Abhandlungen, die am King's College in London ausgearbeitet worden waren; die erste war von Wilkins, Stokes und Wilson verfaßt worden, die zweite von Franklin und Gosling. Fünf Wochen später veröffentlichten wir einen zweiten Aufsatz in *Nature*, diesmal über die genetischen Implikationen der Struktur. (Die Reihenfolge der Verfassernamen entschieden wir, indem wir eine Münze warfen.) In diesem Band erschien zudem eine allgemeine Erörterung, die ein Ergebnis des Cold-Spring-Harbor-Symposiums war, dessen Thema Viren waren. Mitte 1954 veröffentlichten wir außerdem in irgendeiner obskuren Zeitschrift eine detaillierte technische Beschreibung der Struktur mit den ungefähren Koordinaten.

Die erste Abhandlung in *Nature* war kurz und bündig. Abgesehen von der Doppelhelix als solcher war der einzige Punkt in dem Aufsatz, zu dem Kommentare abgegeben wurden, der knappe Satz: »Es ist uns nicht entgangen, daß die spezifische Paarung, die wir postuliert haben, unmittelbar einen möglichen Kopiermechanismus für das genetische Material nahelegt.« Man hat dies als »bescheiden« bezeichnet, ein Attribut, das normalerweise wohl kaum jemand mit den beiden Autoren in Zusammenhang bringen würde, zumindest nicht hinsichtlich ihrer wissenschaftlichen Arbeit. In Wirklichkeit war dieser Satz Ausdruck eines Kompromisses und spiegelte eine Meinungsverschiedenheit wider. Mir war daran gelegen, in diesem Paper die genetischen Implikationen zur Sprache zu bringen. Jim war dagegen. Er litt periodisch unter der Angst, daß die Struktur falsch sein könnte und er sich selbst zum Narren gemacht habe. Ich gab ihm in diesem Punkt nach, bestand aber darauf, daß zumindest irgend etwas in dem Aufsatz stehen müsse, denn sonst würde mit Sicherheit jemand anderer etwas schreiben, um diese Schlußfolgerung nahezulegen, in der Annahme, wir selber seien zu kurzsichtig gewesen, um dies zu erkennen. Es war, kurz gesagt, ein Anspruch auf Priorität.

Aber warum haben wir dann unsere Meinung geändert und innerhalb weniger Wochen das viel spekulativere Paper vom 30. Mai geschrieben? Der Hauptgrund war, daß wir, als wir den ersten Entwurf unserer Abhandlung an das King's College schickten, die Papers nicht kannten, die die Wissenschaftler dort verfaßt hatten. Folglich hatten wir keine Ahnung, wie sehr ihre Röntgenbeugungsergebnisse unser Strukturmodell stützten. Jim hatte zwar das berühmte »helikale« Röntgenbild der B-Form gesehen, das Franklin und Gosling jetzt in ihrem Paper abgebildet hatten, aber offensichtlich erinnerte er sich nicht mehr genau genug daran, um die Beweisführung hinsichtlich der Bessel-Funktionen und -Abstände, die die Experimentalisten angaben, zu formulieren. Ich selber hatte zu diesem Zeitpunkt dieses Bild überhaupt noch nicht gesehen. Folglich waren wir einigermaßen überrascht, als wir entdeckten, daß sie so weit gekommen waren, und höchst erfreut zu sehen, wie sehr ihr experimentelles Material unsere Theorie stützte. Nach dieser Ermutigung war Jim ohne weiteres dazu zu überreden, ein zweites Paper zu schreiben.

Ich glaube, es muß hinsichtlich der Entdeckung der Doppelhelix betont werden, daß der Weg zu dieser Entdeckung, wissenschaftlich gesprochen, ziemlich alltäglich verlief. Wichtig war nicht, wie sie entdeckt wurde, sondern was entdeckt wurde – die Struktur der DNA als solche. Das wird Ihnen klarwerden, wenn Sie unsere Entdeckung mit irgendwelchen anderen wissenschaftlichen Entdeckungen vergleichen. Irreführende Daten, falsche Vorstellungen, Probleme der Zusammenarbeit gibt es bei einem Großteil, wenn nicht jeglicher wissenschaftlichen Arbeit. Denken Sie beispielsweise an die Entdeckung der Grundstruktur von Kollagen, dem wichtigsten Protein in Sehnen, Knorpeln und anderem Gewebe. Die Hauptfaser von Kollagen besteht aus *drei* langen Ketten, die umeinander gewunden sind. Die Art und Weise, wie dies entdeckt wurde, entsprach in allem der Entdeckung der Doppelhelix. Die beteiligten Wissenschaftler waren genauso lebhafte und verschiedenartige Menschen. Die Fakten waren genauso verwirrend und die falschen Lösungen genauso irreführend. Auch Konkurrenz beziehungsweise Freundschaft spielten eine Rolle bei dieser Geschichte. Und doch hat niemand auch nur ein einziges Buch über den Wettlauf um die Tripelhelix geschrieben. Der Grund dafür ist mit Sicherheit, daß, in einem sehr realen Sinne, Kollagen eben kein so wichtiges Molekül ist wie die DNA.

Natürlich hängt dies teilweise davon ab, was man für wichtig hält. Ehe Alex Rich und ich über Kollagen arbeiteten (was im übrigen mehr oder weniger ein Zufall war), sprachen wir ziemlich geringschätzig darüber. »Schließlich und endlich«, so sagten wir,

»enthalten Pflanzen kein Kollagen.« 1955, als wir uns bereits für dieses Molekül interessierten, erklärten wir plötzlich: »Ist Ihnen überhaupt klar, daß ein Drittel des gesamten Proteins in Ihrem Körper Kollagen ist?« Aber wie auch immer man es betrachtet, DNA *ist* nun einmal wichtiger als Kollagen; es spielt eine größere Rolle in der Biologie und ist von größerer Bedeutung für weitere Forschungen. Wie schon gesagt, dem Molekül gebührt der Ruhm, nicht den Wissenschaftlern.

Eine der Merkwürdigkeiten der ganzen Geschichte ist, daß weder Jim noch ich offiziell über die DNA arbeiteten. Ich versuchte, eine Doktorarbeit über die Röntgenbeugung von Polypeptiden und Proteinen zu schreiben, während Jim eigentlich nach Cambridge gekommen war, um John Kendrew zu helfen, Myoglobin zu kristallisieren. Als Freund von Maurice Wilkins hatte ich eine Menge über ihre Arbeit mit der DNA – die offiziell anerkannt *war* – erfahren, während Jim von dem Beugungsproblem fasziniert war, nachdem er einen Vortrag gehört hatte, den Maurice in Neapel gehalten hatte.

Die Leute fragen oft, wie lange Jim und ich an der DNA gearbeitet haben. Das hängt mehr oder weniger davon ab, was man unter Arbeit versteht. Während eines Zeitraums von fast zwei Jahren diskutierten wir oft das Problem, entweder im Laboratorium oder bei unserem täglichen Mittagsspaziergang durch die Backs (die Gärten des Colleges am Ufer des Flusses) oder aber zu Hause, da Jim gelegentlich zur Essenszeit vorbeischaute, mit einem hungrigen Ausdruck in den Augen. Manchmal, wenn das Sommerwetter besonders verführerisch war, nahmen wir uns nachmittags frei und ruderten nach Grantchester. Wir waren beide überzeugt, daß die DNA wichtig sei, aber ich glaube, uns war beiden nicht klar, als wie wichtig sie sich erweisen sollte. Ursprünglich war ich der Ansicht, das Problem des Röntgenbeugungsmusters sei die Angelegenheit von Maurice und Rosalind und ihren Kollegen am King's College in London, aber mit der Zeit wurden sowohl Jim als auch ich ungeduldig, weil sie bei ihrer Arbeit nur so langsam vorankamen und ihre Methoden so umständlich waren. Das kühle Verhältnis zwischen Rosalind und Maurice machte die ganze Sache auch nicht gerade besser.

Der Hauptunterschied, was den Ansatz betraf, war, daß Jim

und ich sehr genau darüber Bescheid wußten, wie die α-Helix entdeckt worden war. Uns war klar, welche Schwierigkeit die bekannten interatomaren Abstände und Winkel darstellten, und daß die Forderung, die Struktur müsse eine regelmäßige Helix sein, die Anzahl der freien Parameter drastisch einschränkte. Die Wissenschaftler am King's College standen einem solchen Ansatz eher ablehnend gegenüber. Vor allem Rosalind wollte so weit als möglich ihre experimentellen Daten ausnutzen. Ich vermute, sie war der Ansicht, ein Erraten der Struktur, indem man verschiedene Modelle ausprobierte und nur ein Minimum an experimentellen Daten heranzog, sei zu gewagt.

Es war gelegentlich die Rede davon, Rosalind habe unter zweierlei zu leiden gehabt, daß sie nämlich Wissenschaftlerin und daß sie eine Frau war. Zweifelsohne gab es einige irritierende Einschränkungen – sie durfte in keinem der für Männer reservierten Räume der Fakultät Kaffee trinken –, aber diese waren eher nebensächlicher Natur – zumindest schien mir das damals so. Soweit ich sehen konnte, behandelten ihre Kollegen männliche und weibliche Wissenschaftler gleich. Es gab auch noch andere Frauen in Randalls Gruppe – Pauline Cowan (jetzt Harrison) beispielsweise –, und darüber hinaus war ihre wissenschaftliche Beraterin Honor B. Fell, eine angesehene Expertin für Gewebekulturen. Der einzige Widerstand kam meines Wissens von seiten ihrer Familie. Sie stammte aus einer gutbürgerlichen Bankiersfamilie, nach deren Gefühl ein hübsches jüdisches Mädchen heiraten und Kinder haben sollte, anstatt sein Leben der wissenschaftlichen Forschung zu widmen; aber selbst sie setzten ihrer Berufswahl keinen wirklich ernstlichen Widerstand entgegen.

Ich glaube jedoch, daß es trotz der Möglichkeit, den Beruf ihrer Wahl zu ergreifen, andere, subtilere Handicaps für Rosalind gab. Ihr Verhältnis zu Maurice war nicht zuletzt deswegen problematisch, weil sie den Verdacht hegte, er wolle sie in Wirklichkeit lieber als Assistentin und nicht als unabhängige Forscherin. Rosalind hatte sich nicht von sich aus dafür entschieden, über die DNA zu arbeiten, etwa weil sie sie für biologisch wichtig hielt. Als John Randall ihr eine Stelle anbot, sah es so aus, als könne sie die Röntgenbeugung von Proteinen in Lösung untersuchen. Ihre vorausgegangene Arbeit über die Röntgenbeugung von Kohle war ein guter Einstieg in eine solche Untersuchung. Dann änderte Randall seine Meinung und schlug, da mittlerweile die Arbeit mit DNA-Fasern (für die bislang Maurice zuständig gewesen war) interessant geworden war, vor, daß es vielleicht besser wäre, wenn sie sich damit beschäftigte. Ich bezweifle, daß Rosalind viel über die DNA wußte, ehe Randall ihr nahelegte, daran zu arbeiten.

Feministinnen haben bisweilen versucht, aus Rosalind eine frühe Märtyrerin ihrer Sache zu machen, aber ich glaube nicht, daß die Fakten diese Interpretation stützen. Aaron Klug, der Rosalind gut kannte, machte in bezug auf das Buch einer Feministin mir gegenüber einmal die Bemerkung: »Rosalind hätte das bestimmt nicht gefallen.« Ich glaube nicht, daß Rosalind sich selbst als Kreuzzüglerin oder Pionierin verstand. Ich denke, sie wollte lediglich als ernsthafte Wissenschaftlerin behandelt werden.

Jedenfalls war Rosalinds experimentelle Arbeit erstklassig. Sie hätte wohl kaum besser sein können. Bei der detaillierten Interpretation der Röntgenphotos kannte sie sich jedoch nicht so gut aus. Alles, was sie tat, war durchaus vernünftig – fast zu vernünftig. Ihr fehlte Paulings Großzügigkeit. Und ein Grund dafür war meines Erachtens – abgesehen von dem völlig unterschiedlichen Temperament –, daß sie das Gefühl hatte, eine Frau müsse beweisen, daß sie wirklich professionell ist. Jim hatte keinerlei solche Skrupel hinsichtlich seiner Fähigkeiten. Er wollte einfach die Antwort, und ob er die nun mit Hilfe vernünftiger oder gewagter Methoden erhielt, kümmerte ihn kein bißchen. Alles, was er wollte, war, die Antwort *so schnell wie möglich* zu bekommen. Man hat die Vermutung geäußert, der Grund dafür sei unser übertriebenes Konkurrenzdenken gewesen, aber das entspricht nicht den Tatsachen. In unserer Begeisterung für den Ansatz mit den Modellen hielten wir nicht nur Maurice Vorträge darüber, wie man vorgehen müsse, wir liehen ihm auch unsere Einspannvorrichtungen, um die notwendigen Teile des Modells herzustellen. In gewisser Weise ist mir mittlerweile klar, daß wir uns unerträglich aufführten (sie haben unsere Einspannvorrichtungen nie verwendet), aber das lag nicht nur am Konkurrenzdenken. Der Grund war, daß wir uns leidenschaftlich wünschten, die Einzelheiten der Struktur herauszubekommen.

Das war ein großer Pluspunkt für uns. Ich glaube, daß es darüber hinaus noch mindestens zwei andere gab. Weder Jim noch ich verspürten irgendeinen äußeren Druck, mit dem Problem voranzukommen. Das bedeutete, daß wir uns eine Zeitlang intensiv damit beschäftigen und es dann eine Weile ruhen lassen konnten. Der andere Vorteil war, daß wir unausgesprochene, aber fruchtbare Methoden der Zusammenarbeit entwickelt hatten, etwas, das es in der Londoner Gruppe einfach nicht gab. Wenn einer von uns eine neue Idee vortrug, nahm der andere sie zwar ernst, versuchte aber, sie in einer freimütigen, jedoch nicht feindseligen Art zu widerlegen. Dies sollte sich als sehr wichtig erweisen.

Bei der Lösung von Problemen dieser Art ist es fast unmöglich, Irrtümer zu vermeiden. Einige meiner falschen Ideen habe ich bereits aufgezählt. Um die korrekte Lösung eines Problems zu finden, ist normalerweise – außer wenn es sich um ein sehr einfaches Problem handelt – eine ganze *Reihe* logischer Schritte erforderlich. Ist einer von ihnen falsch, dann bleibt die Antwort oft verborgen, da man durch den Irrtum in eine völlig falsche Richtung gewiesen wird. Es ist daher ungeheuer wichtig, sich nicht in diese irrigen Ideen zu verrennen. Der Vorteil einer intellektuellen Zusammenarbeit liegt darin, daß sie einem hilft, sich von falschen Annahmen freizumachen. Ein typisches Beispiel dafür war Jims ursprüngliches Beharren darauf, daß die Phosphate sich auf der Innenseite der Struktur befinden müßten. Er argumentierte, die langen basischen Aminosäuren der Histone und Protamine (Proteine, die mit der DNA zusammenhängen) könnten dann in die Struktur hineinreichen, um eine Verbindung mit den Phosphaten herzustellen. Ich argumentierte lang und breit, dies sei kaum ein überzeugender Grund, und wir sollten das ignorieren. Eines Abends sagte ich zu Jim: »Warum sollen wir nicht Modelle bauen, bei denen sich die Phosphate auf der Außenseite der Struktur befinden?« Er antwortete: »Weil das zu einfach wäre.« (Er wollte damit sagen, daß es zu viele Modelle gäbe, die er auf diese Weise konstruieren könnte.) »Warum versuchen wir es dann nicht einfach?« meinte ich, als Jim ging. Ich wollte damit zum Ausdruck bringen, daß es uns bislang nicht gelungen war, auch nur ein einziges zufriedenstellendes Modell zu konstruieren, so daß auch nur ein akzeptables Modell schon von Vorteil wäre, selbst wenn es sich herausstellen sollte, daß es nicht der Weisheit letzter Schluß war.

Diese Auseinandersetzung hatte das wichtige Ergebnis, daß dadurch unsere Aufmerksamkeit auf die Basen gelenkt wurde. Solange die Phosphate sich auf der Innenseite der Struktur befanden und die Basen auf der Außenseite, konnten wir es uns leisten, Form und Position der Basen zu vernachlässigen. Sobald wir sie auf die Innenseite verlagerten, waren wir gezwungen, sie uns genauer anzusehen. Als wir schließlich die Basen maßstabgetreu nachbauten, mußte ich lachen, als ich entdeckte, daß sie von ganz anderer Größe waren, als ich mir das eingangs vorgestellt hatte – sie waren beträchtlich größer –, obgleich ihre Form weitgehend dem Bild entsprach, das ich mir von ihnen gemacht hatte.

Es gibt also keine direkte Antwort auf die Frage, wie lange wir zu dem Ganzen brauchten. Ende 1951 gab es eine Phase, in der wir intensiv Modelle konstruierten, aber danach war es mir zeitweise nicht möglich, mich weiter damit zu beschäftigen, denn ich war nach wie vor graduierter Student. Im Sommer 1952 hatte ich ungefähr eine Woche lang experimentiert, um zu sehen, ob ich einen Beweis dafür erbringen könnte, daß sich die Basen in einer Lösung paaren, aber die Notwendigkeit, an meiner Doktorarbeit weiterzuarbeiten, zwang mich, diesen Ansatz allzu schnell wieder aufzugeben. Der Endspurt, bei dem wir auch die Koordinaten unseres Modells ausmaßen, dauerte nur wenige Wochen. Kaum einen Monat später erschienen unsere Aufsätze in *Nature*. Das scheint eine lächerlich kurze Zeit, aber ich finde, man müßte eigentlich all die Stunden des Lesens und Diskutierens, die zu dem endgültigen Modell führten, mit einbeziehen.

Schon bald gab es erste Anzeichen dafür, daß unser Modell im Detail nicht einmal korrekt war. Wir hatten lediglich zwei Wasserstoffbrücken in unserem G=C-Paar, obwohl uns klar war, daß es möglicherweise drei gab. In der Folge erbrachte Pauling den entscheidenden Beweis dafür, daß es sich um drei handelte, und er war ziemlich verärgert, als auf der Abbildung in meinem Artikel im *Scientific American* nur zwei zu sehen waren. Das war allerdings, wie es einmal so geht, eigentlich gar nicht meine Schuld, denn der Herausgeber hatte es (wie üblich) so eilig gehabt, daß ich die Fahnen der Diagramme gar nicht zu Gesicht bekam. Außerdem hatten wir die Basen in zu großer Entfernung von der Achse der Struktur angeordnet, aber diese Irrtümer änderten nichts an der Tatsache, daß unser Modell alle wesentlichen Merkmale der

Doppelhelix aufwies. Die zwei helicalen Ketten, die antiparallel zueinander verliefen, ein Merkmal, das ich aus Rosalinds Daten abgeleitet hatte; das Rückgrat auf der Außenseite und die Basen auf der Innenseite; und vor allem das hauptsächliche Merkmal der Struktur, die spezifische Paarung der Basen.

Man übersieht manchmal bestimmte Punkte. Es erfordert Mut (oder Tollkühnheit – das ist Ansichtssache) und ein gewisses Maß an technischer Erfahrung, um standhaft das schwierige Problem einer »Entschraubung« der Doppelhelix beiseite zu schieben und eine Struktur Seite an Seite abzulehnen. Ein derartiges Modell schlug der Kosmologe George Gamow vor, nicht lange nachdem wir unser Modell veröffentlicht hatten, und erst vor kurzem ist es von zwei anderen Gruppen von Autoren erneut zur Diskussion gestellt worden. Lassen Sie mich zeitlich vorgreifen, um diese beiden Modelle zu diskutieren. In beiden Fällen waren die zwei DNA-Ketten nicht umeinander gewunden wie bei unserem Modell, sondern lagen nebeneinander. Dies, so argumentierten sie, erleichtere die Trennung der beiden Ketten während der Replikation. Jede der beiden Ketten führte eine Art Shimmy (einen Jazztanz) auf, so daß auf den ersten Blick die vorgeschlagene Konfiguration der unseren nicht unähnlich war. Sie behaupteten, diese Modelle paßten mindestens genauso gut, wenn nicht sogar besser, zu den Röntgendaten wie unsere.

Ich glaubte kein Wort davon. Ich bezweifelte den Anspruch hinsichtlich der Beugungsmuster sehr, denn derartige Modelle hätten aller Voraussicht nach zumindest einige Punkte in den charakteristischen Leerräumen in den Röntgenaufnahmen der Fasern ergeben müssen, die eine echte Helix produziert. Darüber hinaus waren diese Modelle insofern häßlich, als die Form, die sie hatten, ihnen von den Modellbauern aufgezwungen worden war und nicht aus einem einleuchtenden strukturellen Grund zu existieren schien.

Solche Argumente sind jedoch nicht entscheidend und könnten leicht einem bloßen Vorurteil meinerseits entspringen. Die beiden Gruppen von Neuerern hatten das unabweisbare Gefühl, am Rand der wissenschaftlichen Welt zu stehen. Sie befürchteten, das Establishment würde ihnen kein Gehör schenken. Aber genau das Gegenteil war der Fall, denn alle, einschließlich des Herausgebers von *Nature*, gaben sich Mühe, ihnen gegenüber fair zu sein.

Ungefähr zu dieser Zeit trat Bill Pohl, ein reiner Mathematiker, auf den Plan. Völlig korrekt wies er darauf hin, daß – außer wenn etwas ganz Besonderes passierte – das wahrscheinlichste Ergebnis einer Replikation eines Stückes einer *zirkularen* DNA zwei *ineinandergreifende* Tochterkreise und nicht zwei separate Kreise wären. Daraus leitete er ab, daß die DNA-Ketten nicht ineinander verschlungen seien, wie wir dies behauptet hatten, sondern nebeneinander liegen müßten.

Ich korrespondierte eine Zeitlang mit ihm und sprach auch am Telephon mit ihm. Später besuchte er mich einmal. Er hatte sich mit der Zeit sehr gut über die experimentellen Details informiert und beharrte unnachgiebig auf seinem Standpunkt. In einem Brief erklärte ich ihm, wenn die Natur gelegentlich zwei miteinander verbundene Kreise produziere, dann hätte sich ein spezieller Mechanismus entwickelt, um sie voneinander zu lösen. Ich glaube, er hielt dies für ein schändliches Beispiel einer Selbstverteidigung und ließ sich nicht davon überzeugen. Einige Jahre später stellte sich heraus, daß genau das passiert. Nick Cozzarelli und seine Mitarbeiter zeigten, daß ein bestimmtes Enzym, genannt Topoisomerase II, beide Stränge eines Stückes DNA zerschneiden, ein anderes Stück DNA zwischen die beiden Enden einschieben und dann die abgebrochenen Enden wieder zusammenfügen kann. Auf diese Weise kann es zwei miteinander verbundene DNA-Kreise voneinander trennen und sogar, bei einer genügend hohen Konzentration von DNA, aus separaten Kreisen miteinander verbundene bilden.

Glücklicherweise bewies die brillante Arbeit von Walter Keller und Jim Wang über die »Verbindungszahl« zirkularer DNA-Modelle, daß alle Modelle, bei denen die Ketten Seite an Seite verlaufen, falsch sein müssen. Sie zeigten, daß sich die zwei DNA-Ketten umeinander winden, und zwar ungefähr so oft, wie unser Modell dies voraussagte. Ich hatte mich so lange mit diesem Problem beschäftigt, daß 1979 Jim Wang, Bill Bauer und ich gemeinsam einen Zeitschriftenartikel mit dem Titel »Ist die DNA wirklich eine Doppelhelix?« verfaßten, in dem wir alle wichtigen Argumente einigermaßen detailliert darlegten.

Ich bezweifle, daß allein das schon einen hartnäckigen Skeptiker überzeugen würde, obwohl Bill Pohl ungefähr zu diesem Zeitpunkt das Handtuch warf. Glücklicherweise trat jedoch eine neue Entwicklung ein. Der Grund dafür, daß man aus den vorliegenden Röntgendaten allein kein *entscheidendes* Argument ableiten konnte, war zum Teil, daß die Röntgenaufnahmen nicht genügend Informationen enthielten, und auch, daß man ein Versuchsmodell erst einmal *annehmen* und es dann anhand der spärlichen Daten überprüfen mußte.

Ende der siebziger Jahre hatten die Chemiker eine Möglichkeit gefunden, brauchbare Mengen kurzer Abschnitte von DNA mit jeder beliebigen Basensequenz zu synthetisieren. Wenn man Glück hatte, konnte man solch ein kurzes Stück kristallisieren. Dann konnte man mit Hilfe der Röntgenbeugung seine Struktur bestimmen, und zwar unter Verwendung so eindeutiger Methoden wie der der isomorphen Ersetzung, bei der man keinerlei Annahmen hinsichtlich des Ergebnisses zu machen brauchte. Darüber hinaus dehnten sich die Röntgenpunkte von solchen Kristallen zu einer weit höheren Zerlegung aus als die früheren Faserdiagramme (teilweise weil die Faser aus DNA gebildet wurde, bei der alle möglichen verschiedenen Sequenzen miteinander vermischt waren). Es war keine Überraschung, daß Fasern ein verschwommeneres Bild des Moleküls ergaben, denn was die Röntgenstrahlen sehen, ist die *durchschnittliche* Struktur aller Moleküle.

Das erste Ergebnis (um 1980) von Experimenten mit diesen kleinen Stücken DNA, das Alex Rich und seine Gruppe am M. I. T. wie auch Dick Dickerson und seine Kollegen am Cal Tech erzielten, brachte eine weitere Überraschung. Die Röntgenstrahlen zeigten eine linkshändige Struktur, die man noch nie gesehen hatte; sie hatte ein Zickzackmuster. Man taufte sie Z-DNA. Ihr Röntgenmuster war ganz anders als die klassischen DNA-Muster; es handelte sich also eindeutig um eine neue Form von DNA. Es stellt sich heraus, daß sich Z-DNA am einfachsten nur mit einer speziellen Form von Basensequenzen bildet (Purine wechseln mit Pyrimidinen). Wofür genau die Natur Z-DNA verwendet, ist nach wie vor Gegenstand der Forschung; es könnte durchaus sein, daß sie in Kontrollsequenzen eingesetzt wird.

Gewöhnlichere DNA-Sequenzen hat man schon sehr früh kristallisiert. In diesem Fall sahen die sich ergebenden Strukturen denen sehr ähnlich, die man anhand der mit Hilfe von Röntgenstrahlen bei Fasern gewonnenen Daten vorausgesagt hatte, obwohl es kleine Abweichungen gab und die Helix je nach der lokalen Abfolge der Basen etwas variierte. Auch dieses Problem beschäftigt die Wissenschaft nach wie vor.

Die Doppelhelixstruktur der DNA wurde also in den frühen achtziger Jahren endgültig bestätigt. Es hatte über fünfundzwanzig Jahre gedauert, bis unser Modell der DNA zuerst ziemlich plausibel, dann (als Ergebnis der detaillierten Arbeiten über DNA-Fasern) *sehr* plausibel und schließlich praktisch mit Sicherheit korrekt war. Selbst jetzt war es allerdings lediglich im großen und ganzen richtig, nicht in allen Details. Natürlich wurde die Tatsache, daß die Basensequenzen komplementär sind (das ist der Schlüssel für ihre Funktion) und daß die beiden Ketten in entgegengesetzter Richtung verlaufen, schon etwas früher mittels chemischer und biochemischer Untersuchungen von DNA-Sequenzen bestätigt.

Die Durchsetzung des Modells der Doppelhelix könnte als eine nützliche Fallgeschichte dienen, da sie ein Beispiel für die komplizierte Art und Weise darstellt, wie aus Theorien »Fakten« werden. Ich vermute, daß nach zwanzig oder fünfundzwanzig Jahren viele Menschen das Bedürfnis haben, die alte Lehre umzustoßen. Jede Generation will ihre neue Theorie. Im Fall der Doppelhelix machte der Druck der wissenschaftlichen Fakten die neuen Modelle inakzeptabel. In nichtwissenschaftlichen Bereichen ist es schwieriger, die Herausforderung zu bestehen, und oft treten neue Ideen hauptsächlich aufgrund ihrer Neuartigkeit an die Stelle der alten. Neuheit ist Trumpf. In beiden Fällen versucht man, in dem neuen Ansatz gewisse Aspekte der älteren Vorstellungen zu bewahren, denn Innovation ist dann am erfolgreichsten, wenn sie zumindest teilweise auf der existierenden Tradition aufbaut.

Was also ist das Verdienst von Jim Watson und mir? Wenn man uns überhaupt etwas als Verdienst anrechnen kann, dann unsere Beharrlichkeit und unsere Bereitschaft, von bestimmten Vorstellungen abzurücken, wenn sie sich als unhaltbar erwiesen. Ein Kritiker meinte, wir könnten nicht besonders klug gewesen sein, da wir es mit so vielen falschen Ansätzen versucht hätten, aber das ist die Art und Weise, wie normalerweise Entdeckungen gemacht werden. Die meisten Versuche schlagen nicht deswegen fehl, weil es einem an Verstand mangelt, sondern weil der Forscher in eine Sackgasse gerät oder zu schnell aufgibt. Man hat uns auch kritisiert, weil wir all die verschiedenen Wissensbereiche, die man brauchte, um auf die Doppelhelix zu kommen, nicht perfekt beherrschten, aber zumindest haben wir *versucht*, sie alle zu beherrschen, und das ist mehr, als man von einigen unserer Kritiker behaupten kann.

Doch meiner Ansicht nach ist dies alles noch nicht sehr viel. Ich glaube, das Hauptverdienst von Jim und mir – wenn man bedenkt, in welch frühem Stadium unserer Forscherlaufbahn wir uns damals noch befanden – ist, daß wir uns das richtige Problem aussuchten und dabei blieben. Es stimmt, daß wir beim Herumsuchen auf Gold stießen, aber es ist eine Tatsache, daß wir nach Gold suchten. Beide waren wir relativ unabhängig voneinander zu dem Schluß gekommen, daß das zentrale Problem der Molekularbiologie die Struktur der Gene war. Der Genetiker Hermann Muller hatte schon in den frühen zwanziger Jahren darauf hingewiesen, und seit damals haben auch viele andere das immer wieder betont. Jim und ich hatten das Gefühl, es gäbe eine Abkürzung auf dem Weg zu der Antwort, und daß die Dinge vielleicht nicht *ganz* so kompliziert wären, wie es den Anschein hatte. Sonderbarerweise glaubte ich dies zum Teil aufgrund meiner sehr detaillierten Kenntnis der Proteine. Wir hatten keine Ahnung, wie die Antwort lauten würde, aber wir hielten sie für so wichtig, daß wir entschlossen waren, lange und intensiv unter allen nur erdenklichen Gesichtspunkten darüber nachzudenken. Es gab sonst praktisch niemanden, der willens war, eine solche intellektuelle Anstrengung zu unternehmen, denn dies bedeutete nicht nur, daß man sich gründlich mit Genetik, Biochemie, Chemie und Physikochemie beschäftigen mußte (einschließlich Röntgenbeugung – und wer wollte das schon lernen?), sondern auch, das Gold, auf das es ankam, aus der Schlacke auszusondern. Derlei Diskussionen, die ja dazu tendieren, schier endlos zu sein, sind sehr anspruchsvoll und manchmal intellektuell ermüdend. Kein Mensch, der nicht ein überwältigendes Interesse an dem Problem hat, würde sie durchstehen.

Und dennoch sieht die Geschichte anderer theoretischer Entdeckungen oft genauso aus. Vom Standpunkt der exakten Wissenschaften her haben wir nicht sehr intensiv nachgedacht, aber wir haben viel intensiver nachgedacht als die meisten anderen Leute in diesem Spezialbereich der Biologie, denn damals hielt man – abgesehen von Genetikern und vielleicht noch den Leuten der Phagen-Gruppe – einen Großteil der Biologie nicht für sehr logisch strukturiert.

Dann ist da noch die Frage, was geschehen wäre, wenn Watson und ich nicht die DNA in den Vordergrund unseres Interesses gestellt hätten. Das ist »Was-wäre-wenn«-Geschichte, von der es heißt, daß sie bei den Historikern keinen besonders guten Ruf genießt; aber wenn ein Historiker auf derlei Fragen keine plausible Antwort geben kann, dann frage ich mich, wozu historische Analyse gut ist. Wenn Jim von einem Tennisball tödlich getroffen worden wäre, dann hätte ich, dessen bin ich mir ziemlich sicher, die Frage der Struktur nicht alleine geklärt – aber wer hätte es dann gemacht? Jim und ich waren immer überzeugt davon, daß Linus Pauling sich notwendigerweise erneut mit der Struktur der DNA auseinandersetzen müsse, wenn er erst einmal die Röntgendaten vom King's College gesehen hätte, aber er erklärte, daß ihm unser Modell zwar auf Anhieb gefallen habe, er aber doch eine Weile gebraucht habe, bis er sich endlich zu dem Schluß durchringen konnte, daß seine Theorie falsch war. Ohne unser Modell hätte er dies vielleicht nie getan. Rosalind Franklin war nur zwei Schritte von der Lösung entfernt. Sie hätte nur einsehen müssen, daß die beiden Ketten in entgegengesetzter Richtung verlaufen müssen und daß die Basen, in ihrer korrekten tautomeren Form, miteinander gepaart sind. Aber sie stand damals kurz davor, das King's College zu verlassen und die DNA aufzugeben und statt dessen zusammen mit Bernal den Tabakmosaikvirus zu untersuchen. (Sie starb fünf Jahre später im Alter von erst siebenunddreißig Jahren.) Maurice Wilkins hatte uns, kurz bevor er von unserer Theorie erfuhr, angekündigt, er wolle sich ab jetzt ausschließlich mit diesem Problem beschäftigen. Unser ständiges Werben für das Bauen von Modellen hatte ebenfalls Auswirkungen, und er hatte vor, es damit zu versuchen. Ich bezweifle, daß, wenn Jim und ich keinen Erfolg gehabt hätten, die Entdeckung der Doppelhelix länger als zwei oder drei Jahre hätte auf sich warten lassen.

Es gibt noch eine allgemeinere Behauptung, die Gunther Stent äußerte und die ein geistig so anspruchsvoller Denker wie Peter Medawar unterstützte. Sie lautet, daß, wenn Watson und ich die Struktur nicht entdeckt hätten, diese Entdeckung nicht auf einen Schlag, sondern nach und nach erfolgt wäre und auf diese Weise bei weitem keine so durchschlagende Wirkung gehabt hätte. Aus derlei Gründen hatte Stent argumentiert, eine wissenschaftliche Entdeckung habe mehr Ähnlichkeit mit einem Kunstwerk, als man allgemein zugebe. Die Form, so sagt er, ist genauso wichtig wie der Inhalt.

Dieses Argument überzeugt mich nicht völlig, zumindest nicht in diesem Fall. Ich würde nicht so sehr sagen, daß Watson und Crick die Struktur der DNA gemacht haben, sondern eher hervorheben, daß die Theorie Watson und Crick gemacht hat. Schließlich und endlich war ich damals nahezu unbekannt, und Watson hielt man in den meisten Kreisen für zu sorglos, um wirklich solide zu arbeiten. Aber meiner Ansicht nach wird bei derlei Argumenten eines übersehen: die wahre Schönheit der DNA-Doppelhelix. Es ist das Molekül, das »Form« hat, genausosehr wie die Wissenschaftler. Der genetische Code wurde nicht in einem Zug entschlüsselt, aber er zeitigte Wirkung, sobald er einmal zusammengesetzt war. Ich bezweifle, daß es von so großer Bedeutung war, daß Kolumbus Amerika entdeckte. Weit wichtiger war, daß Geld und Leute zur Verfügung standen, um die Entdeckung auszunützen, als sie einmal gemacht worden war. Dieser Aspekt der Geschichte der DNA-Struktur ist es, der meines Erachtens Aufmerksamkeit verdient, nicht so sehr die persönlichen Details des Prozesses der Entdeckung, so interessant sie auch als (guter oder schlechter) Anschauungsunterricht für andere Forscher sein mögen.

Es ist eigentlich Aufgabe des Wissenschaftshistorikers zu beurteilen, wie unsere Struktur aufgenommen wurde. Das ist keine leichte Frage, denn es gab natürlich ein breites Spektrum an Meinungen, die sich mit der Zeit änderten. Es besteht jedoch kein Zweifel, daß sie eine beträchtliche und unmittelbare Wirkung auf eine einflußreiche Gruppe tatkräftiger Wissenschaftler hatte. Hauptsächlich dank Max Delbrück wurden Kopien der ersten drei Papers an alle verteilt, die 1953 am Cold-Spring-Harbor-Symposium teilnahmen, und Watsons Vortrag wurde in das Programm aufgenommen. Kurz darauf hielt ich am Rockefeller Institute in New York einen Vortrag, der, wie man mir sagte, ziemlich großes Interesse weckte, meiner Ansicht nach zum Teil deswegen, weil ich eine begeisterte Darstellung unserer Ideen mit einer eher distanzierten Bewertung der experimentellen Beweise verband, in etwa auf der Linie des Artikels, der im Oktober 1954 im *Scientific American* erschien. Sydney Brenner, der gerade in Oxford bei Hinshelwood seinen Doktor gemacht hatte, ernannte sich selbst im Sommer 1954 zu unserem Sprecher in Cold Spring Harbor. Er gab sich ziemliche Mühe, unsere Vorstellungen Milislav Demerec zu vermitteln, der damals Direktor war. (Sydney kam 1957 aus Südafrika nach Cambridge. Er wurde der Kollege, mit dem ich am engsten zusammenarbeitete; fast zwanzig Jahre lang teilten wir ein Büro.) Aber nicht jedermann war überzeugt. Barry Commoner (jetzt Umweltforscher) vertrat mit einigem Nachdruck die Ansicht, daß Physiker die Biologie zu sehr vereinfachen, womit er nicht ganz unrecht hatte. Als ich im Winter 1953/1954 Chargaff besuchte, erklärte er mir (mit der ihm eigenen Klarsicht), unser erstes Paper in *Nature* sei zwar interessant gewesen, aber der zweite Aufsatz über die genetischen Implikationen tauge überhaupt nichts. Als ich mich 1959 mit Fritz Lipmann (dem angesehenen Biochemiker), der meine Vorlesungsreihe am Rockefeller Institute organisiert hatte, unterhielt, merkte ich zu meiner gelinden Überraschung, daß er unser Schema der DNA-Replikation nicht wirklich begriffen hatte. (Es stellte sich heraus, daß er mit Chargaff gesprochen hatte.) Am Ende der Vorlesungsreihe gab er jedoch in seiner Zusammenfassung einen erstaunlich klaren Überblick über unsere Ideen. Der Biochemiker Arthur Kornberg hat mir erzählt, er habe, als er sich mit der DNA-Replikation zu befassen begann, nicht an unseren Mechanismus geglaubt, aber seine eigenen, brillanten Experimente bekehrten ihn bald, obwohl er immer sehr vorsichtig und kritisch blieb. Seine Arbeit ergab den ersten guten experimentellen Beweis, daß die beiden Ketten in entgegengesetzter Richtung verlaufen. Alles in allem habe ich den Eindruck, daß man sich fair mit uns auseinandergesetzt hat, fairer als mit Avery und ganz bestimmt sehr viel fairer als mit Mendel.

Wie war das nun also, mit der Doppelhelix zu leben? Ich glaube, uns war fast augenblicklich klar, daß wir auf etwas Wichtiges gestoßen waren. Laut Jim ging ich in den Eagle, das Gasthaus auf der anderen Seite der Straße, in dem wir jeden Tag zu Mittag aßen, und erzählte allen, wir hätten das Geheimnis des Lebens entdeckt. Daran kann ich mich zwar nicht erinnern, aber ich weiß noch, daß ich nach Hause ging und Odile berichtete, wir hätten allem Anschein nach eine große Entdeckung gemacht. Jahre später gestand sie mir, daß sie kein Wort davon geglaubt hatte. »Du hast immer solche Sachen gesagt, wenn du nach Hause gekommen bist«, meinte sie, »also habe ich natürlich dem Ganzen keinerlei Bedeutung zugemessen.« Bragg hütete damals wegen einer Grippe das Bett, aber sobald er unser Modell sah, begriff er die zugrundeliegende Idee und war sofort begeistert. Alle früheren Differenzen waren vergessen und vergeben, und er wurde einer unserer überzeugtesten Anhänger und Förderer. Es kamen jetzt ständig Besucher, ein ganzes Kontingent aus Oxford, einschließlich Sydney Brenner, so daß Jim meine permanente Begeisterung bald leid wurde. In Wirklichkeit bekam er gelegentlich kalte Füße, weil er glaubte, das Ganze sei möglicherweise ein Hirngespinst, aber als wir schließlich die experimentellen Daten vom King's College sahen, stellten sie eine große Ermutigung dar. Im Sommer waren fast alle unsere Zweifel verschwunden, und wir konnten die Struktur ausführlich und in aller Gelassenheit betrachten und zwischen den zufälligen Merkmalen (die ein wenig ungenau waren) und den wirklich grundlegenden Eigenschaften unterscheiden, die sich im Lauf der Zeit als richtig erwiesen haben.

Ein paar Jahre lang blieb alles ziemlich ruhig. Ich nannte unser Haus am Portugal Place in Cambridge »The Golden Helix« (Die goldene Helix) und brachte schließlich eine einfache Messinghelix davor an; allerdings war es eine einfache Helix und keine doppelte. Sie sollte nicht die DNA symbolisieren, sondern das Prinzip einer Helix. Ich nannte sie »golden« etwa in dem Sinne, wie Apuleius seine Geschichte »Der goldene Esel« nannte; es bedeutet einfach schön. Man hat mich oft gefragt, ob ich vorhabe, sie zu vergolden, aber wir haben es nie weiter geschafft, als sie gelb anzustreichen.

Schließlich sollte man vielleicht die persönliche Frage stellen – bin ich froh, daß alles so kam, wie es gekommen ist? Ich kann dazu nur sagen, daß ich jeden Augenblick genossen habe, die Hochs wie auch die Tiefs. Das Ganze hat mir mit Sicherheit bei meinem sich anschließenden Plädoyer für den genetischen Code geholfen. Aber um meine Gefühle zu beschreiben, ist es am besten, aus einem brillanten und scharfsichtigen Vortrag zu zitieren, den vor Jahren der Maler John Minton hielt; er sagte darin hinsichtlich seiner eigenen künstlerischen Werke: »Ausschlaggebend ist es, dabeizusein, wenn das Bild gemalt wird.« Und das ist, so scheint mir, eine Sache teilweise des Glücks, teilweise des Urteilsvermögens, der Inspiration und einer ständigen Beschäftigung mit dem Gegenstand.

In den frühen fünfziger Jahren gab es in Cambridge einen kleinen, irgendwie exklusiven Club von Biophysikern; er hieß nach einem früheren Zoologen aus Cambridge, der Physikochemiker geworden war, »Hardy Club«. Die Liste der damaligen Mitglieder ist mittlerweile eine recht illustre geworden; es sind einige Nobelpreisträger und Mitglieder der Royal Society darunter, aber damals waren wir alle noch ziemlich jung, und die meisten von uns waren nicht sonderlich bekannt. Damals konnten wir uns nur eines Mitglieds der Royal Society – Alan Hodgkin – und eines Mitglieds des Oberhauses – Victor Rothschild – rühmen. Vor dieser erlesenen Gesellschaft sollte Jim einen Vortrag halten. Der jeweilige Redner wurde normalerweise vor seinem Vortrag zum Essen ins Peterhouse eingeladen. Das Essen dort war immer gut, aber andererseits wurde der Redner vor dem Essen mit Sherry, dann mit Wein und, wenn er so unvorsichtig war, sich darauf einzulassen, auch nach dem Essen mit Drinks traktiert. Ich habe mehr als einmal erlebt, daß ein Redner Mühe hatte, durch einen Nebel von Alkohol hindurch zu seinem Thema zu finden. Jim machte da keine Ausnahme. Trotzdem schaffte er es, eine einigermaßen angemessene Beschreibung der Hauptpunkte der Struktur und der experimentellen Beweise zu geben, die sie stützten, aber als er das Ganze abschließend zusammenfassen wollte, war er einfach überwältigt und suchte nach Worten. Er starrte das Modell an, sichtlich benebelt. Alles, was er herausbrachte, war: »Es ist so schön, verstehen Sie, so schön!« Aber schließlich und endlich war es das auch.

7 Bücher und Filme über die DNA

Im Laufe der Jahre hat die Entdeckung der Doppelhelix die Aufmerksamkeit der verschiedensten Leute auf sich gezogen, von Wissenschaftshistorikern bis hin zu Filmemachern aus Hollywood. Die bekannteste schriftliche Schilderung ist Jim Watsons *The Double Helix* (dt. *Die Doppel-Helix*). Als das Buch 1968 erschien, wurde es auf Anhieb ein Bestseller, und seitdem steht es ununterbrochen auf den Verkaufslisten. Es erhielt eine Menge interessanter Kritiken; die besten sind in der kritischen Ausgabe, die bei Norton erschien, zusammengestellt. Typischerweise verweigerte Chargaff die Erlaubnis zum Nachdruck seiner Besprechung. Gunther Stent hat eine hervorragende Kritik der Kritiken verfaßt, in der das Buch und die Besprechungen klar und deutlich in einen breiteren Zusammenhang gestellt werden.

Ich erinnere mich, wie Jim und ich, als er gerade das Buch verfaßte, in einem kleinen Restaurant in der Nähe des Harvard Square zusammen aßen und er mir ein Kapitel daraus vorlas. Es fiel mir schwer, diesen Rechenschaftsbericht ernst zu nehmen. »Wer«, so fragte ich mich, »wer, um alles in der Welt, möchte denn so ein Zeug lesen?« Hatte ich eine Ahnung! Die jahrelang konzentrierte Beschäftigung mit den faszinierenden Problemen der Molekularbiologie hatte in gewisser Weise dazu geführt, daß ich in einem Elfenbeinturm lebte. Da alle Leute, mit denen ich zu tun hatte, sich hauptsächlich für die intellektuellen Aspekte dieser Probleme interessierten, hatte ich wohl stillschweigend vorausgesetzt, daß jedermann so dachte. Inzwischen wurde ich eines Besseren belehrt. Ein durchschnittlicher Erwachsener kann sich normalerweise an etwas Bestimmtem nur freuen, wenn es irgendwie in Zusammenhang mit dem steht, was er bereits kennt; und was er über die Wissenschaft weiß, ist in vielen Fällen erbärmlich wenig. Hingegen sind fast jedermann persönliche Verhaltensweisen und Kaprizen vertraut. Die Leute können viel mehr mit Geschichten von Konkurrenz, Frustrationen und Feindseligkeiten – vor einem Hintergrund von Partys und Bootsfahrten den Fluß hinauf – anfangen als mit den wissenschaftlichen Details, um die es geht.

Mittlerweile weiß ich zu schätzen, wie geschickt Jim vorging; es gelang ihm nicht nur, daß das Buch sich wie ein Kriminalroman liest (einige Leute haben mir erzählt, sie hätten es einfach nicht aus der Hand legen können), sondern er schaffte es auch, erstaunlich viel von der Wissenschaft einzubeziehen, obwohl er natürlich die eher mathematischen Aspekte weglassen mußte. Die einzige überraschende Passage des Buches ist sein Verweis darauf, daß er tatsächlich mit dem Gedanken an den Nobelpreis spielte. Max Perutz, John Kendrew und ich hatten Jim nie so reden hören; wenn er also wirklich Stockholm im Auge hatte, dann hat er das ganz und gar für sich behalten. Uns erschien er in hohem Maße durch die wissenschaftliche Bedeutung des Problems motiviert. Ich selber kam erst 1956 auf die Idee, daß unsere Entdeckung einen Preis verdient haben könnte, und das nur, weil Frank Putnam mir gegenüber eine diesbezügliche Bemerkung fallenließ.

Glücklicherweise gibt es für diejenigen, die wirklich wissen wollen, um was es bei dem Ganzen ging, auch eher wissenschaftliche Werke. Robert Olby beschreibt in seinem Buch *The Path to the Double Helix* die ganze Geschichte, von der Entwicklung der Idee der Makromoleküle bis hin zu der Entdeckung selbst. Horace Freeland Judsons Darstellung mit dem Titel *The Eighth Day of Creation* (den ihm vermutlich der Verleger nahegelegt hat) ist in gewisser Hinsicht anschaulicher, da ausführlich Äußerungen der meisten Beteiligten zitiert werden. Er setzt zeitlich etwas später an, kurz vor der Entdeckung der Doppelhelix, und berichtet dann noch über die nächsten zehn, fünfzehn Jahre bis hin zur Entschlüsselung des genetischen Codes. In beiden Fällen handelt es sich um dicke Bücher, und es dauert vielleicht eine Weile, bis man sich eingelesen hat, aber sie bieten die bislang umfassendsten und ausgewogensten Darstellungen der Anfänge der klassischen Molekularbiologie.

Anfang der siebziger Jahre trat Ronnie Fouracre an mich heran; er wollte einen Dokumentarfilm über die Entdeckung drehen. Jim und Maurice willigten ein, mitzumachen. Die Dreharbeiten in Cambridge dauerten ungefähr drei Tage; einige Einstellungen wurden im Eagle aufgenommen. Anschließend gaben Odile und ich in der Goldenen Helix eine turbulente Party für das Filmteam – so turbulent, daß Ronnie es bedauerte, seine Kameras nicht mitgebracht zu haben, um noch ein paar Szenen für den Film aufzunehmen. Die Dreharbeiten selbst waren anstrengend, aber vergnüglich. Erst als alles vorbei war, merkte ich, daß ich in der Aufregung Odiles Geburtstag vergessen hatte – und das ist mir weder vorher noch nachher je passiert.

Ronnie schnitt zwei verschiedene Fassungen. Die eine, ein eher sachlicher Film, war für Schulen und Universitäten gedacht. Die andere war für ein Laienpublikum bestimmt. Er hatte einige Schwierigkeiten, den zweiten Film hinzukriegen, und stellte drei verschiedenen Versionen her, teilweise in Zusammenarbeit mit der BBC. Ich hielt die letzte, mit dem Kommentar von Isaac Asimov, für die beste. Die eine oder andere Fassung wurde in England im Verleih von Horizon und in den Vereinigten Staaten im Verleih der Nova gezeigt.

Im Lauf der Jahre machte man sich einen Spaß daraus, über mögliche andere Genres nachzudenken. Könnte man beispielsweise ein Musical daraus machen? Sydney Brenner hatte ein Drehbuch für die Geschichte als Western geschrieben. Jim sollte der einsame Cowboy sein, Max der Telegraphist und ich der Berufsspieler auf dem Flußdampfer! Die liebevoll ausgeschmückten Details erregten bei den Zuhörern große Heiterkeit.

Jim hatte andere Ambitionen. Er wollte einen abendfüllenden Spielfilm. Seit 1976 lebte ich in Südkalifornien und lernte gelegentlich Leute aus der Filmbranche kennen. Irgendwann einmal schien 20th Century Fox sich für unsere Geschichte zu interessieren, aber es passierte dann nichts mehr. Schließlich trat der bekannte amerikanische Filmproduzent Larry Bachmann an uns heran. Ich hatte große Bedenken, meine Einwilligung zu geben. Larry lud Odile und mich zusammen mit zwei Freunden ein, bei einem Teil der Dreharbeiten für seinen Film *Whose Life Is It, Anyway?* dabeizusein. Später forderte er uns auf, uns den »Rohschnitt«, die erste vollständige, wenn auch in gewisser Hinsicht noch nicht abgeschlossene Fassung, anzusehen.

Ehe ich nach Hollywood fuhr, hatte ich beschlossen, gegen jegliche Verfilmung unserer Entdeckung der Doppelhelix zu protestieren, und hatte zu diesem Zweck sogar schon einen Brief aufgesetzt, aber als ich diesen Film sah, den Larry gemacht hatte, änderte ich meine Meinung. Es war ihm gelungen, ein wichtiges

Thema ernsthaft abzuhandeln, aufgelockert durch viele humorvolle Einlagen. Binnen kurzem hatten Jim und ich einen Agenten sowie einen Rechtsanwalt in Hollywood. Wir suchten noch ein paar andere Produzenten auf, die sich interessiert gezeigt hatten, aber sie machten auf uns den Eindruck von Karikaturen des »typischen« Hollywood-Produzenten, denen es hauptsächlich darum ging, aus unserer Geschichte ein weiteres Schauerdrama zu machen. Andererseits zeigte Larry sich ernsthaft an unserer Entdeckung interessiert, auch wenn ihn vor allem die Dramatik der Geschichte und die Beteiligten interessierten. Und was für ein Ensemble das war! Der draufgängerische junge Mann aus dem Mittleren Westen, der Engländer, der zuviel redet (und folglich ein Genie sein muß, da Genies entweder ununterbrochen reden oder aber überhaupt nichts sagen), die ältere Generation, überhäuft mit Nobelpreisen, eine emanzipierte Frau, die anscheinend ungerecht behandelt wird. Darüber hinaus stritten einige der Personen wirklich, und in der Tat kam es fast zu einem Eklat. Dem Laien macht es Spaß zu sehen, daß letztendlich, obwohl die Wissenschaft so unglaublich schwer zu verstehen ist, auch Wissenschaftler menschlich sind, selbst wenn das Wort »menschlich« wohl eher auf das Verhalten von Säugetieren zutrifft als auf irgend etwas, das für unsere Spezies, etwa Mathematiker, charakteristisch ist.

Larry machte sich die Mühe, die verschiedenen Berichte über die Entdeckung zu lesen und sich mit vielen der Beteiligten zu unterhalten. Ehe er anfangen konnte, mußte ein langer Vertrag, der alle vorhersehbaren Eventualitäten regelte, ausgehandelt und unterzeichnet werden. Beispielsweise wurde detailliert festgelegt, welcher (wenn überhaupt) Gewinnanteil uns zustand, falls tatsächlich ein Musical gemacht wurde. Soweit ich mich erinnere, behielten wir uns außerdem die Rechte für irgendwelche Comics vor. Man machte uns diese Konzessionen, weil kein Regisseur mit den Dreharbeiten für einen Film anfangen will, der von einer noch lebenden Person handelt, wenn diese Person vorher nicht eine Genehmigung unterschreibt, daß ein Schauspieler sie darstellen darf. Ansonsten besteht nämlich die Gefahr, daß mitten in den Dreharbeiten ein Unterlassungsverfahren gegen den Regisseur eingeleitet wird, und das würde den finanziellen Ruin bedeuten, ganz gleich, was dabei herauskommt. Uns wurden nur wenige Vorbehalte zugestanden: Wir konnten sie verklagen, wenn uns kriminelle Handlungen oder sexuelle Perversitäten unterstellt wurden, aber wenn sie unseren Ruf als Wissenschaftler ruinierten, hatten wir kein Recht auf Schadenersatz. Uns wurde schnell klar, daß, wie so oft im Leben, derjenige den Ton angibt, der zahlt. Es kostet unter Umständen eine Viertelmillion Dollar, ein Drehbuch schreiben zu lassen, während für den ganzen Film wahrscheinlich eine Summe in einer Größenordnung von zehn Millionen Dollar einkalkuliert werden muß. Je mehr Geld im Spiel ist, desto weniger hat man zu sagen. Als wir zum ersten Mal unseren Agenten aufsuchten, sagte der zu uns: »Sie sind sich doch hoffentlich darüber im klaren, daß die alles bringen können, was sie wollen.« Als wir Larry darauf ansprachen, sagte er schlicht und einfach: »Sie müssen mir vertrauen.« Und bis zu einem gewissen Grad taten wir dies auch.

Allerdings sagte ich Larry, daß ich es für unmöglich hielte, aus der Geschichte einen abendfüllenden Spielfilm zu machen, da sie nicht genügend Sex und Gewalt enthalte. Über einige Jahre hinweg bemühten er und verschiedene Koautoren sich angestrengt um ein passendes Drehbuch, aber letztendlich behielt ich recht. Die endgültige Fassung wurde von den Finanziers abgelehnt, obwohl man ein wenig Sex and Crime eingebaut hatte, um die Geschichte etwas aufzulockern.

Es ist anscheinend eine allgemeingültige Regel – je anspruchsvoller eine Geschichte dargestellt wird, desto kleiner ist das Publikum, das sie ansprechen kann. Die Zuschauerzahlen, die notwendig sind, damit ein Film sich rentiert, wären viel zu groß für die DNA-Geschichte. Sie eignet sich eher für ein Theaterstück oder möglicherweise einen Studiofilm. Und das Problem wird durch die Tatsache nicht gerade leichter gemacht, daß die älteren Mitglieder eines Publikums zwar vielleicht von der DNA gehört haben, aber trotzdem kaum wissen, um was es dabei geht, während für viele jüngere Kinogänger die Struktur ein alter Hut ist, da sie in der Schule alles darüber erfahren haben.

Larry Bachmann wohnt jetzt auf einem bezaubernden Landsitz in einem Dorf in der Nähe von Oxford. Ihm wurde das Zugangsrecht zum Mittagstisch im Green College gewährt, und er gefiel den Leuten so gut, daß sie ihn zum Ehrenmitglied des College machten. Er beschäftigt sich damit, den Tennissport in Oxford neu zu organisieren (er ist begeisterter Tennisspieler), das lokale Theater zu unterstützen und sogar die Universität zu beraten, wie sie Geld auftreiben könnte. Wir treffen uns von Zeit zu Zeit, entweder in Oxford oder im Beverly Hills Tennis Club, um über den Lauf der Welt zu plaudern.

1984 trat die BBC an Jim und mich heran. Der BBC-Produzent Mick Jackson wollte ein »Docudrama« über die Entdeckung der DNA machen. (»Docudrama« ist ein Mittelding zwischen Dokumentar- und Spielfilm.) Es sollte sich enger an die Fakten halten als die üblichen Verfilmungen, aber trotzdem die Geschichte theatralisch ausgestalten. Jim und ich sowie die anderen Beteiligten sollten von Schauspielern dargestellt werden.

Mir gefiel die Vorstellung, daß die BBC etwas machen wollte, vor allem aufgrund ihres guten Rufes, sorgfältige und einigermaßen genaue Produktionen zu realisieren. Jim war zwar anfangs auch ganz angetan, widerrief dann aber seine Bereitschaft zur Zusammenarbeit; er erklärte mir, seiner Ansicht nach würde das BBC-Drehbuch zu langweilig werden. Was Jim sich aber genau unter einer aufregenden Version vorstellte, habe ich nie erfahren.

Sowohl Mick Jackson als auch der Drehbuchautor Nicholson verhandelten mit mir. Jane Callender stellte gründliche Nachforschungen an und wußte schließlich sehr genau Bescheid über die Beteiligten und die Einzelheiten der Geschichte. Der 106-Minuten-Film *Life Story* wurde am 17. April 1987 in England gesendet. Die amerikanische Version, *Double Helix*, wurde noch im gleichen Jahr über den Sender Arts and Entertainment ausgestrahlt. Jim wird von Jeff Goldblum gespielt, ich von Tim Pigott-Smith, Maurice von Alan Howard und Rosalind von Juliet Stevenson. Die meisten Kritiken waren positiv, ebenso die zahlreichen Zuschaueranrufe bei der BBC. Ich war einigermaßen überrascht über dieses positive Echo, aber Mick erklärte mir, ein beträchtlicher Teil des englischen Fernsehpublikums sei erstaunt, daß auch Wissenschaftler sich wie menschliche Wesen verhalten. Als ich einwandte, meiner Ansicht nach sei dies doch schon in Jims Buch deutlich geworden, wies Mick mich darauf hin, daß viele Fernsehzuschauer es wahrscheinlich nie gelesen hätten.

Der Film hält sich ziemlich genau an die Grundlinien der Geschichte. Er zeigt Rosalind in Paris, zusammen mit ihrem Freund

und wissenschaftlichen Berater, Vittorio Luzzati, ehe sie ans King's College in London ging, um in John Randalls Laboratorium über die DNA zu arbeiten. Er überbetont etwas, welch große Unterschiede Rosalind als Frau zwischen Paris und London feststellte. Daß es Rosalind und Maurice nicht gelang, zusammenzuarbeiten, kommt klar heraus. In Cambridge sehen wir, wie Jim von Max Perutz in die akademischen Kreise eingeführt wird und dann mich kennenlernt. Das Fiasko unseres ersten Versuchs, ein Modell zu bauen, und die Reaktionen der Wissenschaftler am King's College werden klar herausgearbeitet; allerdings stimmt es nicht, daß Bragg uns abkommandiert haben soll. Andere Szenen zeigen unter anderem unser Zusammentreffen mit Chargaff und unsere Diskussion mit John Griffith über Basenpaarung. Man sieht, wie der draufgängerische junge Peter Pauling, Linus' Sohn, in Cambridge eintrifft. Wenig später legt er eine Kopie der wissenschaftlichen Abhandlung seines Vaters mit dem falschen Drei-Ketten-Modell der DNA vor. Rosalind bekommt einen Wutanfall, als Jim nach London kommt, um ihr Linus' Paper zu zeigen. Aus Mitgefühl läßt Maurice Jim die äußerst aufschlußreiche Photographie der B-Form sehen; Rosalind hatte sie aufgenommen, aber beiseite gelegt und sich weiterhin mit den detaillierteren Aufnahmen der A-Form abgemüht. Man hatte die Zuschauer darauf vorbereitet, damit sie die Bedeutung dieser Photographie erkennen konnten, und zwar hatte ich Jim einen Vortrag über die Röntgenbeugung durch eine Helix gehalten. Ohne Zweifel hat die Tatsache, daß dieses dramatische Photo gezeigt wurde, die Handlung belebt, aber in Wirklichkeit wurden uns die Daten auf ganz andere Art und Weise zugänglich gemacht.

Schließlich sehen wir, wie Jerry Donohue uns erklärte, wir hätten die falschen Formeln [tautomere Formen] für die Basen, so daß Jim in der Lage war, die richtigen Basenpaare herauszufinden. Danach war das Modell fast unvermeidlich. Wir sehen eine sehr übertriebene Darstellung dieses Höhepunkts; anschließend kommen jede Menge Besucher, während das Modell sich zu Sphärenklängen zu drehen scheint. Der Film endet damit, daß Rosalind das Modell betrachtet und Jim auf einer Brücke über den Fluß Cam mit seiner Schwester plaudert.

Es ist schwierig für mich, ein Urteil über *Life Story* zu fällen, da ich ja den tatsächlichen Ereignissen so nahe war. Fast allen macht es Spaß mitzuverfolgen, wie sich die Geschichte auf dem Bildschirm entfaltet. Entgegen der Absicht, die Wissenschaft nicht allzusehr in den Vordergrund zu stellen, ist doch erstaunlich viel davon eingeflossen, auch wenn ich meine Zweifel daran habe, ob dem Großteil der Zuschauer klar wird, daß die DNA kein kurzes, dickes, sondern ein langes, dünnes Molekül ist. Wenn wir unserem Modell die charakteristische Länge gegeben hätten, wäre es möglicherweise an die Wolken gestoßen. Das Modell, das wir bauten, hatte nur einen Bruchteil der Art von Längenverhältnissen, wie sie in der Natur vorkommen.

Es wäre ganz offensichtlich unfair, der BBC vorzuwerfen, sich nicht ganz genau an die Tatsachen gehalten zu haben. Jeder, der sich dafür interessiert, wie es wirklich war, kann viel näher an die Wahrheit herankommen, wenn er eines der bereits erwähnten Bücher liest. *Life Story* versuchte, die Art der Entdeckung als solcher zu vermitteln und auf allgemeinverständliche Art und Weise zu beschreiben, wie es dazu kam und wie die Reaktionen darauf waren.

Die BBC bemühte sich zwar, sich an die Tatsachen zu halten, hatte aber andererseits keine Bedenken, die ganze Geschichte zu verkürzen und die Schauplätze zu verändern. Die Unterhaltung zwischen Maurice, Jim und mir, die im Film im Park des Colleges in der Nähe des Flusses gezeigt wird, hat in Wirklichkeit im Speisezimmer bei mir zu Hause stattgefunden. Schauplatz der Party, bei der die Männer sich als Geistliche verkleidet hatten, war in Wirklichkeit das Haus von Peter Mitchell; hingegen fand die Unterhaltung zwischen John Griffith und mir in einem kleinen, ruhigen Pub statt. Außerdem sind wir mit Chargaff nicht bei einem Essen im College zusammengetroffen. Aber meiner Ansicht nach sind diese Veränderungen der Schauplätze völlig akzeptabel, da sie die wichtigen Teile der Geschichte und auch die Atmosphäre vermitteln, in der sich dies alles abspielte, selbst wenn die dargestellten Kombinationen nicht der Wirklichkeit entsprachen.

Es gibt jedoch einige ernstzunehmendere Fehler. So überraschend das auch klingen mag, aber ich glaube nicht, daß Jim vor allem die Chargaffschen Regeln im Kopf hatte, als er zufällig die richtigen Basenpaare entdeckte. Ein noch größerer Irrtum sind die Worte, die Rosalind in den Mund gelegt werden. Sie sagt zu Maurice Wilkins: »Nun, Sie könnten die richtige Lösung erraten oder aber auch nicht. Das werden wir erst wissen, wenn wir die Arbeit gemacht haben. Und wenn wir die Arbeit gemacht haben, dann brauchen wir nicht zu raten, weil wir dann die Antwort wissen. Wozu [also] raten?«

Diese Aussage erscheint auf den ersten Blick ziemlich überzeugend, aber sie ist falsch. Wie ich schon an früherer Stelle erklärte, liefern Röntgenstrahlen nur die Hälfte der erforderlichen Daten. Aus diesem Grund ist ein gutes Modell Gold wert, vor allem wenn es, wie im Fall der DNA, nur wenig Röntgenreflexionen gibt. Es ist unwahrscheinlich, daß Rosalind etwas Derartiges gesagt hat. Wenn sie das getan hätte, so hätte dies bewiesen, daß sie das Problem, vor dem sie stand, nicht wirklich begriffen hatte.

Es wird impliziert, wenn auch nicht ausdrücklich gesagt, daß Rosalind und ihr Pariser Gefährte ein Verhältnis miteinander hatten. Es würde mich wundern, wenn das der Fall gewesen wäre. Vittorio, ein weit temperamentvollerer Mann, als dies im Film erkennbar wird, war in Wirklichkeit verheiratet. Rosalind war mit beiden Luzzatis befreundet, so wie später mit Aaron Klug und seiner Frau sowie mit Odile und mir. Ich glaube, Rosalind mochte solche Freundschaften, die es ihr ermöglichten, sich mit dem Ehemann wissenschaftlich zu unterhalten, während sie gleichzeitig die Gesellschaft beider genießen konnte. So konnte sie freundlich und umgänglich sein, ohne daß die Gefahr sexueller Komplikationen bestand. Vittorio war damals ihr vertrautester wissenschaftlicher Berater, aber er hatte kaum Erfahrung mit der Erklärung der Strukturen organischer Moleküle in Paulingscher Manier, so daß seine Ratschläge, wenn auch auf den ersten Blick vernünftig, in Wirklichkeit wohl etwas irreführend waren.

Das Drehbuch hat eine Reihe aufschlußreicher Schwächen. Der Drehbuchautor, Bill Nicholson, war entzückt, als er von dem Fiasko mit unserem ersten Modell hörte; er glaubte, dies passe gut zu dem durchschnittlichen theatralischen Genre. Wie er es umschrieb: »Junge trifft Mädchen; Junge verliert Mädchen; Junge kriegt Mädchen«, oder, wie er mir erklärte, ein Fehlschlag mitten im Handlungsablauf sichert den beiden »Helden« die Sympathie des Publikums. Ich konnte nicht anders, als mir zu überlegen, daß wir, als wir den Fehler mit dem Wassergehalt machten, wirklich nicht versuchten, unseren Anstrengungen einen dramatischen Anstrich zu geben. Wir hatten gehofft, die richtige Struktur gefunden zu haben.

Die rasche Aufeinanderfolge der Schnitte zwischen London und Cambridge, als die Handlung sich ihrem Höhepunkt nähert, entspricht zwar den Tatsachen, obwohl die Aufregung sehr in den Vordergrund geschoben wird, aber die ganze Atmosphäre des Schlusses ist verfälscht, um ihn zu einem theatralischen Höhepunkt zu machen. Wir waren zwar aufgeregt, als wir die Doppelhelix entdeckten, aber weder wir noch sonst jemand hielten das für einen überwältigenden Erfolg. Vielmehr machte Jim sich Sorgen, daß alles sich als Irrtum erweisen könnte und daß wir uns wieder einmal lächerlich gemacht hätten. Folglich sind all die Feiern und Glückwünsche der Vorstellungskraft des Drehbuchautors entsprungen. Die meisten Leute hätten die Struktur als »interessant« oder »sehr aufschlußreich« bezeichnet, aber zu diesem Zeitpunkt waren wohl nur wenige davon überzeugt, daß die Doppelhelix wirklich richtig war. Noch weniger entschuldbar ist der »literarische« Schlenker am Ende. Die Vorstellung, daß Jim durch die Tatsache ernüchtert wurde, daß er alle seine Ziele erreicht hatte (das kommt in dem fiktiven Gespräch mit seiner Schwester auf der Brücke zum Ausdruck), entspricht durchaus nicht den Tatsachen. Zudem wird auf diese Weise nicht das wahre »Ende« vermittelt – daß die Doppelhelix eben kein Ende war, sondern ein Anfang, aufgrund all der Perspektiven, die sie hinsichtlich Genreplikation, Proteinsynthese und so weiter eröffnete. Genau darüber machten wir uns in jenem Sommer und noch viele Jahre lang Gedanken. Von Preisen und Erfolg war erst viel später die Rede. Als ich im Spätsommer 1954 aus den Vereinigten Staaten nach Cambridge zurückkehrte, fühlte sich der Medical Research Council nicht verpflichtet, mir eine feste Anstellung zu geben, obwohl ich schon achtunddreißig war. Man bot mir einen Sieben-Jahres-Vertrag an; allerdings wurde er ungefähr ein Jahr später in einen Dauervertrag umgewandelt.

Was die Schauspieler betrifft, so finde ich, daß Jeff Goldblum als Jim zu manisch und viel zu interessiert an Mädchen ist. »Kein Mensch hat mir gesagt, daß Jim nicht Kaugummi kaut«, beschwerte Mick Jackson sich bei mir, aber wenn er genauer hingesehen hätte, wäre ihm aufgefallen, daß kaum ein Wissenschaftler Kaugummi kaut, nicht einmal ein draufgängerischer junger amerikanischer. Jim war seinem Wesen nach eher zurückhaltend. In der Szene mit der Kostümparty hat Goldblum das ziemlich gut getroffen, als er gefragt wird, ob er ein echter Vikar (ein anglikanischer Geistlicher) sei. Zufällig hatte Jim auf dieser Party erklärt, daß das stimme. Die junge amerikanische Dame, die ihm diese Frage gestellt hatte, nahm ihn daraufhin eine halbe Stunde lang ins Kreuzverhör bezüglich der geistlichen Erziehung ihrer Kinder und war ziemlich verärgert, als sie schließlich feststellen mußte, daß er überhaupt kein Geistlicher war.

Was die übrigen Schauspieler betrifft, so sind Max Perutz, Raymond Gosling, Maurice Wilkins, Peter Pauling und Elizabeth Watson auf den ersten Blick zu erkennen, aber am besten ist Juliet Stevenson als Rosalind. Sie ist nicht nur der eigentliche Mittelpunkt des Films – sie ist fast die einzige Person, die wirklich Wissenschaft zu *betreiben* scheint –, sondern wir gewinnen bei ihr auch einen viel tieferen Einblick in ihr Wesen als bei den meisten anderen. Ich glaube nicht, daß diese Interpretation von Rosalind ein Zufall war. Miss Stevensons Äußerungen, die in der *Radio Times* zitiert wurden, zeigen, daß sie sehr viel von Rosalinds Charakter und Fähigkeiten verstanden hatte. Zudem hat der Drehbuchautor die Art von Rosalinds irrtümlicher Einschätzung hinsichtlich der besten Methode zur Lösung des Problems richtig erfaßt.

Was soll man also von *Life Story* halten? Der Film vermittelt ganz sicherlich die offensichtliche Tatsache, daß wissenschaftliche Forschung von menschlichen Wesen mit all ihren Tugenden und Schwächen betrieben wird. Keine Spur von dem stereotypen gefühllosen Wissenschaftler, der alle Probleme mit Hilfe strenger Logik löst. Zumindest in Umrissen wird gezeigt, wie eine Art von Wissenschaft betrieben wird, obwohl Forschung meist viel mühsamer und weniger dramatisch ist, als dies bei der Entdeckung der Doppelhelix der Fall war. Auf grundsätzliche Weise vermittelt der Film sogar gewisse grundlegende wissenschaftliche Informationen. Ausschlaggebend ist aber, daß eine gute Geschichte in einem guten Tempo erzählt wird, so daß Menschen aus allen Lebensbereichen ihren Spaß daran haben und ganz nebenbei auch noch einiges lernen können. Alles in allem ist, trotz all seiner Grenzen, *Life Story* ein Erfolg. Hätte jemand anders den Film gemacht, wäre das Ergebnis wohl nicht annähernd so gut ausgefallen.

Mein Vater Harry Crick als junger Mann. (Sammlung des Autors)

Meine Mutter Anne Elizabeth Crick, 1938. (Sammlung des Autors)

Mein jüngerer Bruder Tony und ich. (Sammlung des Autors)

Mein Onkel Arthur Crick, der mich finanziell unterstützte. (Sammlung des Autors)

Odile während des Zweiten Weltkriegs, kurz bevor wir uns kennenlernten. (Sammlung des Autors)

Mein Sohn Michael, 1962 in Stockholm. (Sammlung des Autors)

Unsere beiden Töchter, Gabrielle (*links*) und Jacqueline, und ich um 1956. (Sammlung des Autors)

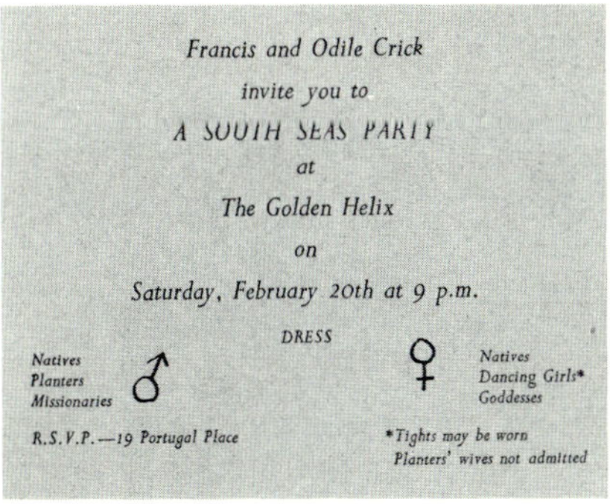

Francis and Odile Crick
invite you to
A SOUTH SEAS PARTY
at
The Golden Helix
on
Saturday, February 20th at 9 p.m.

DRESS

♂ Natives
Planters
Missionaries

♀ Natives
Dancing Girls*
Goddesses

R.S.V.P.—19 Portugal Place

*Tights may be worn
Planters' wives not admitted

Einladungskarte für eine unserer Parties, 1960. (Sammlung des Autors)

Unser Haus, »The Golden Helix«, 19–20 Portugal Place, Cambridge. (Sammlung des Autors)

Jim Watson (*links*) und ich vor unserem Demonstrationsmodell der DNA-Doppelhelix, Sommer 1953. (Aus: J. D. Watson, The Double Helix, Atheneum, New York 1968)

Ein Bild von mir aus dem Jahre 1956. Die merkwürdige Krawatte ist die des RNA-Krawatten-Clubs. (Mit freundlicher Genehmigung von Francis Di Gennaro & Son, Baltimore, Md.)

Jim Watson; diese Aufnahme wurde in der Augustausgabe 1954 der *Vogue* abgedruckt – »mit dem gedankenverlorenen Ausdruck eines englischen Dichters«. (Mit freundlicher Genehmigung von Diana Edkin)

Maurice Wilkins, um 1955. (Mit freundlicher Genehmigung von Maurice Wilkins)

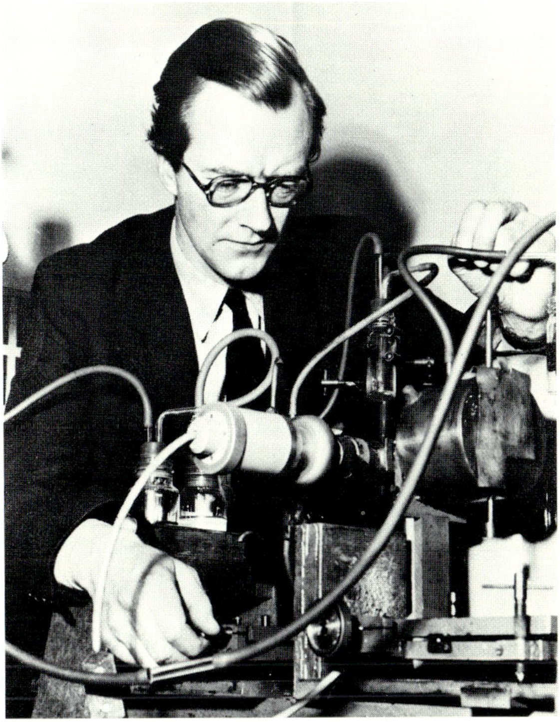

Eine Portraitaufnahme von Rosalind Franklin im Alter von etwa sechsundzwanzig Jahren. (Mit freundlicher Genehmigung von Jennifer Glynn, Cambridge)

J. D. Bernal, von seinen Freunden »Sage« (der »Weise«) genannt. (Mit freundlicher Genehmigung der Royal Society, London)

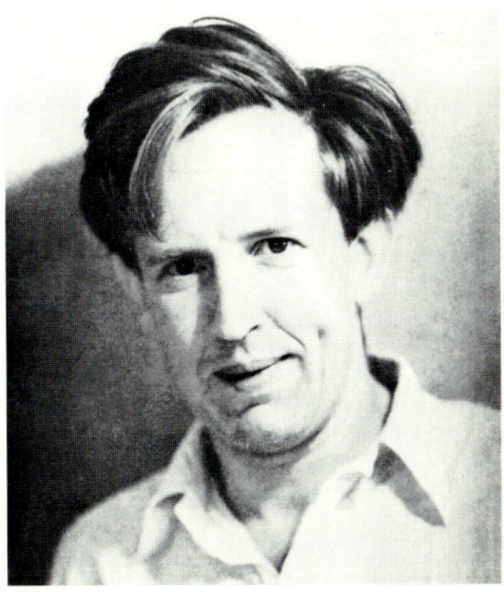

Max Delbrück im Gespräch, Juni 1959. (Mit freundlicher Genehmigung des Archivs des California Institute of Technology)

Linus Pauling, in den fünfziger Jahren, mit seinen Modellen von zwei Molekülen. (Mit freundlicher Genehmigung des Archivs des California Institute of Technology)

Sir Lawrence Bragg – von seinen Freunden Willie genannt. (Mit freundlicher Genehmigung der Royal Society, London)

Ein Treffen des RNA-Krawatten-Clubs (*von links nach rechts:* ich, Alex Rich, Leslie Orgel, Jim Watson). (Mit freundlicher Genehmigung von Alex Rich, Cambridge, Mass.)

Max Perutz (*rechts*), wie er 1979 Sydney Brenner das MRC-Laboratorium für Molekularbiologie übergibt. (Sammlung des Autors)

Maurice Wilkins, Max Perutz, ich, John Steinbeck, Jim Watson und John Kendrew bei der Nobelpreisverleihung 1962. (Mit freundlicher Genehmigung von Svenskt Pressfoto, Stockholm)

König Gustav Adolf VI. von Schweden mit Odile bei dem Bankett anläßlich der Verleihung des Nobelpreises, 1962. (Mit freundlicher Genehmigung von Svenskt Pressfoto, Stockholm)

Auf dem Galaabend anläßlich der Verleihung des Nobelpreises tanze ich mit meiner älteren Tochter Gabrielle. (Mit freundlicher Genehmigung des Internationalen Magazine Service, Stockholm)

8 Der genetische Code

Mit der Doppelhelix vor Augen bestand das nächste Problem darin, was sie eigentlich machte – wie sie die übrige Zelle beeinflußte. In Umrissen wußten wir die Antwort bereits. Die Gene legten die Aminosäurensequenz der Proteine fest. Da das Rückgrat der Nucleinsäurenstruktur so regelmäßig erschien, nahmen wir – ganz zu Recht – an, daß die Basensequenz diese Information trug. Da die DNA sich im Zellkern befand und die Proteinsynthese außerhalb des Zellkerns, im Cytoplasma, stattzufinden schien, stellten wir uns vor, daß eine Kopie eines jeden aktiven Gens in das Cytoplasma geschickt werden mußte. Da es hier jede Menge RNA, aber anscheinend keine DNA gab, nahmen wir an, die RNA sei dieser Bote. Man konnte sich ohne weiteres vorstellen, wie ein Stück DNA eine RNA-Kopie anfertigte – dazu bedarf es lediglich eines einfachen Paarungsmechanismus; weniger offensichtlich war hingegen, wie die so entstandene Messenger-RNA (wie wir sie jetzt nannten) die Proteinsynthese steuern konnte, vor allem weil man damals erst sehr wenig über diesen Prozeß wußte.

Darüber hinaus gab es noch ein Problem der Information. Wie wir wußten, existierten etwa zwei Dutzend verschiedener Arten von Aminosäuren – die kleinen Einheiten, aus denen die Proteinketten bestehen –, aber es gab lediglich *vier* verschiedene Arten von Basen in der DNA und der RNA. Eine Lösung wäre es gewesen, auf der Nucleinsäurensequenz je zwei Basen gleichzeitig abzulesen. Das ergäbe lediglich sechzehn (4 × 4) Möglichkeiten; das schien zuwenig zu sein. Eine Alternative war, *drei* gleichzeitig abzulesen. Dies würde vierundsechzig (4 × 4 × 4) mögliche Kombinationen der Basen A, T, G und C ergeben. Dies wiederum erschien zu viel.

Um das folgende zu verstehen, ist es vielleicht ganz hilfreich, wenn ich kurz unser derzeitiges Wissen über den genetischen Code skizziere. Unglücklicherweise wird der Begriff »genetischer Code« heutzutage auf zwei verschiedene Phänomene angewandt. Laien verstehen darunter oft die gesamte genetische Botschaft in einem Organismus. Molekularbiologen meinen damit das kleine

Wörterbuch, das zeigt, wie man die Vier-Buchstaben-Sprache der Nucleinsäuren mit der Zwanzig-Buchstaben-Sprache der Proteine in Beziehung zueinander setzen muß, gerade so, wie der Morse-Code die Sprache der Punkte und Striche mit den sechsundzwanzig Buchstaben des Alphabets in Beziehung setzt.

Ich werde den Begriff in dieser letzteren Bedeutung verwenden. Eine detaillierte Zusammenstellung finden Sie in Anhang B, in dem dieses kleine Wörterbuch in Form einer Tabelle dargestellt ist. Die Einzelheiten der Tabelle brauchen dem Leser kein Kopfzerbrechen zu bereiten. Alles, was Sie wissen müssen, ist, daß die genetische Botschaft in nicht-überlappenden Gruppen von je drei Basen gelesen wird (bei der RNA sind es die Basen A, U, G und C). Eine solche Gruppe wird als Codon bezeichnet, ein Begriff, den Sydney Brenner geprägt hat. Wie sich herausstellt, werden genau zwanzig Arten von Aminosäuren codiert. Im Standardcode haben zwei Aminosäuren nur je ein Codon, viele haben zwei, eine hat drei, einige haben vier und zwei haben sechs Codons. Zusätzlich gibt es drei Codons für den Befehl »end chain (beende die Kette)«, (»start chain (beginne die Kette)« ist ist ein wenig komplizierter). Daraus ergibt sich eine Summe von alles in allem vierundsechzig Codons. Kein Codon bleibt ungenutzt.

Der angemessene technische Begriff für eine solche Translations- (Übersetzungs-)Regel ist, genau genommen, nicht »Code«, sondern »Chiffrierung«. Entsprechend sollte auch der Morse-Code eigentlich besser Morse-Chiffrierung genannt werden. Mir war das damals nicht klar – glücklicherweise, denn »genetischer Code« klingt weit interessanter als »genetische Chiffrierung«.

Wichtig ist es zu sehen, daß der genetische Code zwar gewisse Regelmäßigkeiten aufweist – in mehreren Fällen codieren die ersten zwei Basen eine Aminosäure; um welche es sich bei der dritten handelt, ist irrelevant –, seine Struktur ansonsten aber keinen unmittelbar einleuchtenden Sinn ergibt. Es könnte durchaus sein, daß dies hauptsächlich das Ergebnis historischer Zufälle in der fernen Vergangenheit ist. Natürlich wußte man 1953, als die Doppelhelix entdeckt wurde, von alledem noch nichts.

Jim und ich hatten in jenem Sommer das Problem der Proteinsynthese mehr oder weniger planlos diskutiert, aber die DNA als solche machte uns so viele Sorgen – war die Struktur wirklich korrekt? Wie genau lief die Replikation ab? –, daß wir uns nicht wirklich ernsthaft damit auseinandersetzten.

Eines Tages kam ein Brief aus Amerika, in einer großen, gerundeten, uns unbekannten Handschrift. Wir stellten fest, daß wir von dem Absender, dem Physiker und Kosmologen George Gamow, schon gehört hatten, aber was er uns mitteilte, war ganz neu für uns. Gamow hatte mit großem Interesse unsere Artikel in *Nature* gelesen. (Wir hatten in der Tat manchmal das Gefühl, daß Physiker sich mehr dafür interessierten als Biologen.) Er kam zu dem kühnen Schluß, die DNA-Struktur als solche sei eine Schablone für die Proteinsynthese. Er bemerkte, daß die Struktur, wenn man sie auf bestimmte Weise betrachtete, zwanzig verschiedene Arten von Matrizenhohlräumen haben konnte, je nach der örtlichen Basensequenz. Da etwa zwanzig verschiedene Arten von Aminosäuren verwendet wurden, um die Proteinketten zu bilden, nahm er kühn an, es gäbe für jede Aminosäure nur einen Typ von Matrizenhohlraum.

Als wir im Eagle saßen und Gamows Brief studierten, wurde Jim und mir klar, daß wir eigentlich nie die genaue Anzahl der Aminosäuren bestimmt hatten, die in Proteinen vorkommen. Das war auch nicht ganz einfach, da es viele mögliche Aminosäuren gibt, von denen nur einige in Lebewesen vorkommen, und von diesen wiederum finden sich nicht alle in Proteinen. Chemiker, die sich mit Proteinen befassen, hatten etwas mehr als zwanzig Aminosäuren in dem einen oder anderen Protein entdeckt, aber einige von diesen, etwa Hydroxyprolin, wurden nur in ein oder zwei Proteinen, jedoch nicht in den gängigen Formen gefunden.

Gamow hatte uns seine Liste der magischen zwanzig geschickt, aber wir sahen sofort, daß einige von ihnen unwahrscheinlich waren und daß er andere ausgelassen hatte, die ganz offensichtlich in die Liste aufgenommen werden mußten, etwa Asparagin und Glutamin. Auf der Stelle schrieben wir unsere eigene Liste. Meines Wissens kannte Jim sich mit den Feinheiten nicht besonders gut aus, aber glücklicherweise hatte ich mir inzwischen ein detailliertes Wissen über viele Aspekte der Proteinstruktur angeeignet. Die Grundidee, von der wir ausgingen, war, die Aminosäuren, die angeblich in Proteinen enthalten waren, entweder als zu einem »Standard«-Satz gehörig oder aber als »Exoten« zu klassifizieren.

Jede Aminosäure, die bekanntermaßen in vielen verschiedenen Proteinen vorkam, etwa Alanin, wurde als zum Standardsatz gehörig aufgefaßt. Eine Aminosäure hingegen, die nur in einigen wenigen und seltenen Proteinen auftrat, etwa Bromotyrosin, klassifizierten wir als Exoten. Zudem schlossen wir jede Aminosäure aus, die zwar in einem Polymer in der Zelle vorkam, von der aber nicht gezeigt worden war, daß sie in einem echten Protein existierte. Diaminopimelsäure, die sich in den Zellwänden bestimmter Bakterien findet, gehörte in diese Klasse.

Wir bestanden nicht darauf, daß *jedes* Protein *alle* zum Standardsatz gehörigen Aminosäuren enthalten mußte, da in einem kleinen Protein eine der weniger gebräuchlichen zufällig fehlen konnte, weil seine Polypeptidkette ziemlich wenig Aminosäuren enthielt (ein Beispiel wäre das Fehlen von Tryptophan und Methionin bei Insulin). Zu unserer Überraschung kamen wir auf genau zwanzig. Bemerkenswerterweise hat sich herausgestellt, daß unsere Liste im wesentlichen korrekt war. Ohne daß wir davon wußten, hatte Dick Synge, einer der Erfinder der modernen Chromatographie, eine ähnliche Liste zusammengestellt; allerdings hatte er eine Aminosäure mehr – neben Cystein auch Cystin –, was aber ziemlich unwahrscheinlich war.

Es fällt auf, daß alle Verfasser von Lehrbüchern der Biochemie eine viel umfangreichere Liste hatten. Anfang des Jahrhunderts war die Entdeckung einer neuen Aminosäure, die in Proteinen vorkam, ein wichtiges Ereignis. Auch später noch hatte diese Suche etwas Glanzvolles an sich. Eine neue Aminosäure, deren Vorkommen in einem Protein experimentell bewiesen wurde, galt nach wie vor als wichtige Entdeckung, die als solche in die Lehrbücher aufgenommen wurde. Die Vorstellung, es könnte einen Standardsatz von Aminosäuren geben und alle anderen seien in gewissem Sinne Exoten, war zu den meisten Biochemikern nicht durchgedrungen, obwohl manche Chemiker, die sich mit Proteinen beschäftigten, so dachten (selbst wenn sie ihre Ideen nicht explizit formulierten). Mittlerweile weiß man, daß Proteine mittels eines sehr speziellen Mechanismus synthetisiert werden, der nur auf eine begrenzte Anzahl von Aminosäuren einwirken kann. Bei den anderen, den »Exoten«, handelt es sich im allgemeinen um Standardaminosäuren, die durch einen zusätzlichen Prozeß modifiziert wurden, nachdem die Polypeptidkette synthetisiert worden war.

Dies ist ein schönes Beispiel dafür, wie komplex die Natur aufgrund der natürlichen Auslese ist. Es zeigt, wie leicht man sich irren kann, wenn man ein biologisches Problem zu direkt und undifferenziert angeht. Natürlich hatten wir Glück, als wir schon beim ersten Versuch auf den korrekten Standardsatz stießen. Es war ein Glückstreffer, der durch viele zusätzliche Experimente bestätigt werden mußte. Während es Jahre dauerte, bis dies den Biochemikern gelang, stand die Richtigkeit unserer Liste nie ernstlich in Zweifel. Es gab zwar gelegentlich experimentelle Ergebnisse, die nicht dazu paßten, aber im Lauf der Zeit hat unsere Liste sich bewährt. Das einzige, was wir übersehen hatten, war die Verwendung von Formylmethionin für die Auslösung einer Kettenbildung bei Prokaryonten, aber dies war etwas, das wir unmöglich hätten vorhersehen können.

Ich weiß nicht mehr, ob Gamow schon in seinem ersten Brief ein Manuskript mitschickte (ich glaube, es kam erst etwas später an), aber als wir ein Exemplar erhielten – ich habe es immer noch irgendwo –, waren wir überrascht, als wir sahen, daß Gamow als Koautor Tomkins genannt hatte. Gamow war ziemlich bekannt für seine populärwissenschaftlichen Darstellungen; er befleißigte sich dabei eines etwas wunderlichen Stils. Mr. Tomkins, Gamows Jedermann, war eine Figur in mehreren seiner Bücher und tauchte meistens schon im Titel auf (*Mr. Tomkins Explores the Atom/Mr. Tomkins erforscht das Atom* beispielsweise). Leider vertrieb ein strenger Verleger den legendären Mr. Tomkins, ehe das Paper schließlich veröffentlicht wurde.

Gamows »Code« war in mehr als einer Hinsicht ungewöhnlich. Jede Aminosäure wurde durch ein Basentriplett codiert (eigentlich mehrere Tripletts, die sich zueinander symmetrisch verhielten), aber die Tripletts für aufeinanderfolgende Aminosäuren überlappten sich. Wenn beispielsweise ein kleiner Teil der Sequenz ...GGAC... war, dann stand GGA für die eine Aminosäure und GAC für die nächste. Natürlich erlegte dies der Aminosäurensequenz Einschränkungen auf. Bestimmte Sequenzen konnten nach Gamows Code nicht verschlüsselt werden. Die ganze Angelegenheit war nicht ganz unkompliziert, da Gamow nicht wußte, *welches* seiner Tripletts für *welche* Aminosäure stand. Dies ließ er offen, und man hätte es auf experimentellem Weg aufdecken müssen. Damals war zwar die *Zusammensetzung* vieler Proteine aus Aminosäuren bereits zumindest annähernd bestimmt worden, aber man kannte nur Fragmente der *Sequenz* (Fred Sanger hatte seine Arbeit über die vollständige Sequenz der beiden Ketten von Insulin noch nicht abgeschlossen); es standen also nicht gerade viele Daten zur Verfügung, um Gamows Theorie zu überprüfen.

Jim und ich hatten mehrere Einwände gegen Gamows Ideen. Wir hatten erhebliche Zweifel daran, ob die Matrizenhohlformen in der DNA tatsächlich so funktionieren konnten, wie er sich dies vorstellte. Auch über seine Annahmen hinsichtlich der Symmetrieverhältnisse machten wir uns Gedanken, und die Idee gefiel uns gar nicht, daß die DNA unmittelbar für Proteine codiere. Bei der RNA schien dies schon eher wahrscheinlich zu sein, aber vielleicht konnte sich die RNA zu einer Struktur falten, die die erforderlichen Hohlformen bilden konnte. Implizit hatte Gamow eine Einschränkung getroffen, die nur natürlich erschien. In einer Kette ist eine Aminosäure der folgenden sehr nahe – die Entfernung beträgt lediglich etwa 3,7 Å (der Abstand zwischen Atomen mit starken Bindungen liegt normalerweise zwischen 1 und 1 ½ Å). Im Gegensatz dazu erstreckt sich eine Gruppe von drei Basen über eine weit größere Strecke. Aus diesem Grund schien ein überlappender Code, der diese Distanz verringert, wahrscheinlicher, trotz der Einschränkungen hinsichtlich der möglichen Aminosäurensequenzen.

Gamow ist ein weiterer Beitrag zu verdanken. Wir stellten letztlich fest, daß man die Lösung des Codes als abstraktes Problem betrachten konnte, losgelöst von den tatsächlichen biochemischen Details. Vielleicht konnte man, wenn man die Einschränkungen untersuchte, denen die Aminosäuresequenzen unterlagen, sobald sie zur Verfügung standen, und indem man beobachtete, wie Mutanten eine bestimmte Sequenz beeinflußten, den Code knacken, ohne notwendigerweise all die dazwischengeschalteten biochemischen Schritte zu erkennen. Einem Physiker erscheint ein solcher Ansatz ganz selbstverständlich, wenn er mit der Komplexität von Chemie und Biochemie konfrontiert wird, obwohl man fairerweise Gamow zugestehen muß, daß seine Ideen ursprünglich von unserem Modell der Doppelhelix ausgingen, nicht nur von abstrakten Ideen.

In jenem Winter (1953/54), als ich am Brooklyn-Polytechnikum arbeitete – es war mein erster Aufenthalt in den Vereinigten Staaten –, gelang es mir, alle denkbaren Versionen von Gamows Code zu widerlegen; dabei arbeitete ich mit den wenigen vorhandenen Daten bezüglich Sequenzen und ging von der Annahme (einer reichlich ungesicherten Annahme) aus, daß der Code »universell« sei – das heißt, daß er in allen lebenden Organismen der gleiche ist.

Im nächsten Sommer verbrachten Jim und ich drei Wochen zusammen in Wood's Hole. Auch Gamow und seine Frau waren da; sie wohnten in Albert Szent-Györgyis Ferienhaus am Strand. (Szent-Györgyi, ein Ungar, hatte 1937 den Nobelpreis erhalten, in erster Linie für seine Entdeckung von Vitamin C.) Mittlerweile kannte Gamow einige Leute, die sich für das Codierungsproblem interessierten, vor allem Martynas Ycas und Alex Rich. Fast jeden Nachmittag spazierten Jim und ich zu dem Sommerhaus hinüber und setzten uns zusammen mit Gamow ans Ufer und diskutierten all die verschiedenen Aspekte des Codierungsproblems; oder aber wir plauderten oder sahen einfach zu, wie Gamow jedem hübschen Mädchen in Sichtweite seine Kartentricks vorführte. Das Leben eines Wissenschaftlers war in jenen Tagen noch nicht so hektisch wie heutzutage.

Inzwischen kannten wir Gamow schon so gut, daß wir ihn Joe nannten. Sein Vorname war eigentlich George, aber er unterzeichnete seine Briefe mit »Geo«. Er war der Ansicht, dies würde wie »Joe« ausgesprochen – also nannten seine Freunde ihn so. Wir waren mittlerweile mit seiner kindlichen Handschrift, seiner sehr russischen Angewohnheit, die Artikel (*der, die, das* und *einer, eine, ein*) wegzulassen, und mit seiner willkürlichen Orthographie vertraut. Wir nahmen an, letzteres sei darauf zurückzuführen, daß er in einer fremden Sprache schrieb, aber später erfuhren wir, daß seine Rechtschreibung in seiner Muttersprache Russisch genauso schlecht war. Zudem beeindruckte uns sein Automobil – eine große weiße Kabriolimousine mit roten Sitzen. Er erzählte mir, ein Drittel seines Einkommens stamme aus seinen akademischen Verpflichtungen, ein Drittel aus seiner schriftstellerischen Tätigkeit und ein Drittel aus seiner Beratertätigkeit; das erklärte teilweise, wie er sich einen solchen nicht gerade billigen Wagen leisten konnte. Es machte Spaß, mit ihm zusammenzusein; er war sehr entgegenkommend, obwohl er viel älter und erfahrener war als wir. Er war ein Verfechter der Urknalltheorie, was die Entstehung des Universums betraf – unter anderem sagte er das Vorhandensein einer Hintergrundstrahlung voraus, die erst noch entdeckt werden mußte. Die katholische Kirche gab seiner Theorie den Vorzug vor der mit ihr rivalisierenden eines nie beendeten, kontinuierlichen Schöpfungsprozesses, die Gold, Bondi und Hoyle vertraten. Dennoch war ich einigermaßen überrascht, als er mir erzählte, er habe mit dem Papst Reprints ausgetauscht, und zwar durch Vermittlung des Heiligen Offiziums.

Gamow war dem Whisky nicht abgeneigt. Obwohl es mir damals nicht auffiel, befand er sich wahrscheinlich bereits auf dem besten Wege zum Alkoholiker. Ich war alles andere als überrascht, als ich mit der Post eine in seiner charakteristischen Handschrift verfaßte Einladung zu einer »Whisky-twisty-RNA-Party« bekam, die in ein paar Tagen im Cottage stattfinden sollte. Als ich das nächste Mal dorthin kam, bedankte ich mich bei Joe für die Einladung, aber er wußte überhaupt nichts davon. Zu seiner Verwirrung kamen immer mehr Briefe mit Zusagen; Albert Szent-Györgyi brachte sie vom Haupthaus herunter. Natürlich vermutete Joe den Übeltäter in Szent-Györgyi, aber dieser stritt es ab. »Bei meiner Seele«, beteuerte er, »ich war es nicht.« Joe war ganz durcheinander, also kam ich zu dem Schluß, daß man da etwas unternehmen mußte. Es dauerte nicht lange, bis ich herausfand, daß unter anderem Jim hinter diesem Schabernack steckte. Er neigte eigentlich nicht zu solchen Streichen, aber sein Mentor, Max Delbrück, war dafür berüchtigt. Der andere Witzbold war, wie sich herausstellte, Szent-Györgyis Neffe, Andrew Szent-Györgyi. Ich handelte einen Vertrag aus. Jim und Csuli, wie er genannt wurde, sollten für das Bier sorgen, und Joe würde sich um den Whisky kümmern. Die Party wurde schließlich ein voller Erfolg, und fast alle Geladenen erschienen.

Mittlerweile hatte Joe, wie es so seine Art war, eine außergewöhnliche Organisation gegründet, den RNA-Krawatten-Club. Es war ein sehr erlauchter Club – Gamow entschied, wer aufgenommen wurde. Er sollte nur zwanzig Mitglieder haben, eines für jede Aminosäure, und jeder einzelne sollte nicht nur eine Krawatte erhalten, die nach Gamows Entwürfen bei einem Herrenausstatter in Los Angeles angefertigt wurde (Jim Watson und Leslie Orgel kümmerten sich darum), sondern auch eine Krawattennadel mit der Kurzformel seiner Aminosäure. Ich glaube, ich war Tyr (Tyrosin), aber ich bin mir nicht sicher, ob ich die Krawattennadel jemals bekommen habe. Der Club versammelte sich nie, verfügte aber über spezielles Briefpapier; im Briefkopf waren die Vorstandsmitglieder aufgeführt. Geo Gamow wurde als Synthetisierer betitelt, Jim Watson als der Optimist und ich als der Pessimist. Martynas Ycas wurde als Archivar bezeichnet und Axel Rich als der Lordsiegelbewahrer. Wie sich herausstellen sollte, fungierte der Club als Vermittlungsstelle, um theoretische Manuskripte an die wenigen zu verteilen, die sich dafür interessierten. Nachdem ich im Herbst 1956 nach England zurückgekehrt war, verfaßte ich ein Paper für den Club, in dem ich Gamows Ideen analysierte und verallgemeinerte; außerdem stellte ich darin eine Vorstellung zur Diskussion, die sich als wichtiger Ansatz erweisen sollte, die Adaptor-Hypothese.

Der Titel meiner Abhandlung lautete: »Über degenerierte Schablonen und die Adaptor-Hypothese«. Die Grundidee war, daß es sehr schwierig sei, überhaupt in Erwägung zu ziehen, wie DNA und RNA, in irgendeiner denkbaren Form, eine direkte Schablone für die Seitenketten der zwanzig Aminosäuren sein könnten. Was jede beliebige Struktur wahrscheinlich *wirklich* hatte, war ein spezifisches Strukturmuster von atomaren Gruppen, die Wasserstoffbrücken bilden konnten. Ich stellte daher eine Theorie zur Diskussion, nach der es zwanzig Adaptoren (einen für jede Aminosäure) sowie zwanzig spezielle Enzyme gab. Jedes Enzym sollte eine bestimmte Aminosäure mit einem eigenen, speziellen Adaptor verbinden. Diese Kombination würde dann in die RNA-Schablone eindringen. Ein Adaptormolekül würde nur in solchen Stellen auf der Nucleinsäureschablone passen, wo es die erforderlichen Wasserstoffverbindungen bilden konnte, um an Ort und Stelle gehalten zu werden. Von diesem Standort aus könnte es seine Aminosäure zu genau der Stelle bringen, wo sie gebraucht würde.

Diese Theorie hatte mehrere Implikationen. Vor allem eine möchte ich hier hervorheben: Sie bedeutete, daß der genetische Code fast *jede* beliebige Struktur haben konnte, da er im Detail davon bestimmt sein würde, welche Aminosäure mit welchem Adaptor zusammenhing. Dies war wahrscheinlich schon sehr früh im Verlauf der Evolution und möglicherweise durch Zufall entschieden worden. Aufgrund dieser pessimistischen Schlußfolgerung stellte ich an den Anfang des Papers ein Zitat eines anonymen persischen Dichters aus dem 11. Jahrhundert: »Ist denn irgendein Mensch so ungeheuer verloren wie jener, der einen Weg sucht, wo kein Weg ist?« und schloß mit der Bemerkung: »In der relativen Abgeschiedenheit von Cambridge gibt es, ich muß es gestehen, Zeiten, zu denen ich einfach keine Lust habe, mich mit dem Codierungsproblem zu befassen.«

Das Paper kursierte unter den Mitgliedern des RNA-Krawatten-Clubs, wurde jedoch nie in einer wissenschaftlichen Zeitschrift veröffentlicht. Es ist dasjenige von meinen unveröffentlichten Papers, das die größte Wirkung zeitigte. Schließlich veröffentlichte ich doch einen kurzen Hinweis, in dem ich die Idee umriß und versuchsweise vorschlug, daß es sich bei dem Adaptor um ein kleines Stück Nucleinsäure handeln könnte. Es stellte sich bald heraus, daß ein Biochemiker an der Harvard Medical School, Mahlon Hoagland, ganz unabhängig davon einige experimentelle Hinweise erzielt hatte, die meine Theorie stützten. Mittlerweile weiß jeder Molekularbiologe, daß diese Funktion von einer Familie von Molekülen erfüllt wird, die man heutzutage als Transfer-RNA (tRNA) bezeichnet. Ironischerweise erkannte ich nicht auf Anhieb, daß diese tRNA-Moleküle der vorhergesagte Adaptor waren, weil sie um einiges größer waren, als ich erwartet hatte, aber nach kurzer Zeit sah ich ein, daß es gar keinen Grund für meine Einwände gab. Wenig später kam Mahlon für ein Jahr nach Cambridge, und wir führten gemeinsam Experimente mit der tRNA durch. Wir arbeiteten in einem kleinen Raum im oberen Stockwerk des Molteno Institute, den der Direktor uns freundlicherweise zur Verfügung gestellt hatte, da er zeitweise leerstand.

Damals unternahm man große theoretische Anstrengungen, das Codierungsproblem zu lösen; dies galt insbesondere für Gamow, Ycas und Rich. Gamow und Ycas stellten einen »Kombinations-Code« zur Diskussion, bei dem nicht die *Anordnung* der Basen in einem Triplett eine Rolle spielte, sondern lediglich die Kombination von Basen. Dies war zwar vom Strukturellen her nicht plausibel, aber doch irgendwie ansprechend, da es zufällig genau zwanzig Kombinationen von vier Dingen zu je drei Dingen gibt. Wiederum gab es keinerlei Hinweis darauf, wie man jede einzelne Aminosäure ihrer Kombination zuordnen sollte.

Eine Zeitlang war man noch der Ansicht, der Code müsse ein überlappender sein, und daher ging die Suche nach den Einschränkungen, denen die Aminosäurensequenz unterlag, weiter. Als man neue Sequenzen entdeckte, fügte man sie denen hinzu, die man bereits kannte, aber obwohl nur so wenige Daten zur Verfügung standen, daß wir zuerst nicht sicher sein konnten, ob nicht einige Sequenzen fehlten, gab es kaum einen Hinweis auf irgendwelche Sequenzen, die verboten waren. Die Suche beschränkte sich hauptsächlich auf die angrenzenden Aminosäuren. Es gibt 400 (20 × 20) mögliche Aminosäurenpaare. *Ein jedes* überlappende Triplett konnte nur für 256 (64 mögliche Tripletts × 4) davon codieren, folglich mußte es gewisse Einschränkungen geben, falls der Code tatsächlich so beschaffen war. Sydney Brenner kam darauf, daß man dieses Argument noch präziser fassen konnte. Jedes einzelne Triplett konnte als Nachbarn auf der einen Seite nur vier andere Tripletts haben. Wenn es beispielsweise um das Triplett AAT ging, waren die einzigen Tripletts, die ihm vorausgehen konnten, *T*AA, *C*AA, *A*AA und *G*AA; folgen konnten ihm hingegen nur AT*T*, AT*C*, AT*A* und AT*G*, wie immer von der Annahme ausgehend, der Code sei überlappend. Wenn man also in den bekannten Sequenzen gezeigt hatte, daß eine bestimmte Aminosäure mindestens neun Nachbarn hatte, die ihr folgten, dann mußte man ihr mindestens drei Tripletts zuordnen, da zwei Tripletts nur acht Nachbarn haben konnten, die ihnen folgten. Sydney gelang es zu zeigen, daß die Anzahl der Tripletts, die erforderlich waren, vierundsechzig ohne weiteres überschreiten konnte und daß folglich *alle* Codes mit überlappenden Tripletts unmöglich waren. Dieser Beweis ging davon aus, daß der Code universell war – das heißt, daß er in allen Organismen, anhand deren man die experimentellen Daten gewonnen hatte, der gleiche war –, aber das war hinreichend plausibel, um uns fast sicher zu machen, daß die Vorstellung eines überlappenden Codes falsch war.

Blieb noch die Schwierigkeit hinsichtlich der Geometrie. Wie konnte eine Aminosäure im Prozeß der Proteinsynthese so nahe zu der nächsten gelangen, daß sie miteinander verbunden werden konnten, da ja ihre Tripletts sich in einiger Entfernung voneinander befinden mußten, wenn sie sich nicht überlappten? Sydney schlug vor, jeder der postulierten Adaptoren könnte doch einen kleinen, beweglichen Schwanz haben, mit dessen Ende die richtige Aminosäure verbunden wurde. Sydney und ich nahmen diese Vorstellung damals nicht sonderlich ernst und sprachen von einer »Keine-Sorge«-Theorie; das bedeutete, daß wir uns zumindest eine Möglichkeit vorstellen konnten, wie die Natur dieses Problem gelöst haben könnte; warum sollten wir uns also in diesem Stadium Sorgen darüber machen, wie die richtige Antwort wirklich lauten mußte, vor allem weil wir ja wichtigere Probleme hatten, mit denen wir uns auseinandersetzen mußten. In diesem Fall stellte sich heraus, daß Sydney recht gehabt hatte. In der Tat hat jede Transfer-RNA einen kleinen, beweglichen Schwanz, an dem die Aminosäure hängt.

Sozusagen in Klammern möchte ich hinzufügen, daß die englische Schule der Molekularbiologie normalerweise, wenn man ein neues Wort für ein neues Konzept braucht, einen gängigen englischen Ausdruck wie »Nonsense« (»Unsinn«) oder »overlapping« (»überlappend«) verwendet, während die Leute der Pariser Schule es vorziehen, ein Wort mit klassischer Wurzel zu bilden, beispielsweise »capsomere« (»Capsomere« = Untereinheiten der Virusproteine) oder »allosterie« (»Allosterie« = nicht sterisch). Ehemalige Physiker, etwa Seymour Benzer, erfinden gerne neue Wörter mit –on-Endungen, beispielsweise »muton« (»Muton«) oder »cistron« (»Cistron«). Diese neuen Wörter setzen sich oft sehr schnell allgemein durch. Ich habe mich einmal von dem Molekularbiologen François Jacob dazu überreden lassen, einen Vortrag im Physiologen-Club in Paris zu halten. Es war damals üblich, derlei Vorträge auf französisch zu halten. Da ich Französisch kaum beherrsche, gefiel mir dies ganz und gar nicht, aber François wies Odile (sie ist zweisprachig und spricht englisch und französisch) darauf hin, daß sie ja auch eine kleine Reise nach Paris machen könnte, wenn ich dort einen Vortrag hielte, also war mein

Widerstand schnell gebrochen. Ich entschloß mich, über das Problem des genetischen Code zu referieren, weil ich dachte – welch ein Irrtum! –, ich könnte mehr oder weniger alles an die Tafel schreiben. Es stellte sich jedoch bald heraus, daß ich zumindest ein wenig französisch reden mußte, um meine Ideen zu vermitteln, also diktierte ich den ganzen Vortrag einer Sekretärin (normalerweise spreche ich anhand von Notizen). Dann strich ich alle witzigen Anmerkungen, denn selbst wenn ich einer Sekretärin einen Vortrag hielt, flossen, so mußte ich feststellen, improvisierte Scherze ein, und ich hatte das Gefühl, derlei könnte ich nicht einfach ungerührt ablesen. Odile übersetzte dann den Vortrag ins Französische, und wir ließen ihn tippen, mit etlichen Akzentzeichen, um mir die Sache etwas leichter zu machen. Ein Problem stellte jedoch die Übersetzung von »overlapping« (»überlappend«) dar. Was könnte wohl das entsprechende französische Wort dafür sein? Schließlich fiel Odile ein passender Ausdruck ein, und wir fuhren nach Paris. Ich war ziemlich mißtrauisch diesem seltsamen Wort gegenüber, so daß ich gleich nach meiner Ankunft François fragte, welchen Begriff *sie* für »overlapping« verwandten. »Oh«, meinte er, »wir sagen einfach ›oh-ver-lap-pang‹.«

Ich möchte noch hinzufügen, daß der Vortrag ein Erfolg wurde. Ich begann ganz gut und las alles sorgfältig ab, aber als ich allmählich in Schwung kam, wurde meine Aussprache immer wilder. Die Diskussion, die vorwiegend auf französisch geführt wurde, war äußerst anstrengend für mich. Nach dem Vortrag fragte ich François, wie es denn gewesen sei. »Nicht *allzu* schlimm«, antwortete er taktvoll, »aber das warst nicht *du*.« Ich verstand, was er damit sagen wollte – ohne jegliche Spontaneität, ohne irgendwelche humorvollen Abschweifungen. Seit damals habe ich nie mehr versucht, einen Vortrag in einer anderen Sprache zu halten, obwohl mein Französisch im Lauf der Zeit besser geworden ist.

Es stand jetzt fest, daß der Code nicht überlappend war, aber dies schuf sofort wieder ein neues Problem. Wenn der Code als eine Sequenz *nicht*-überlappender Tripletts gelesen wurde, wie sollten wir dann wissen, wo die einzelnen Tripletts begannen? Anders gesagt: Wenn wir uns vorstellten, daß die richtigen Tripletts durch Kommas voneinander getrennt waren (beispielsweise ATC, CGA, TTC...), woher sollte die Zelle dann wissen, wo genau sie die Kommas setzten mußte? Das Naheliegendste, daß man nämlich mit dem Anfang (was auch immer das war) begann und dann jeweils um drei weiterging, schien zu einfach zu sein; ich dachte (im übrigen ganz falsch), daß es eine andere Lösung geben müßte. Ich kam auf die Idee zu versuchen, einen Code zu konstruieren, der folgende Eigenschaften hatte: Wenn man ihn in der richtigen Phase las, würden alle Tripletts »sinnvoll« sein (das heißt, für die eine oder andere Aminosäure stehen); hingegen würden alle phasenverschobenen Tripletts (diejenigen, welche die gedachten Kommas überbrückten) »Nonsense« sein – das heißt, es würde keinen Adaptor für sie geben, und folglich würden sie nicht für eine Aminosäure stehen. Ich erwähnte diese Idee Leslie Orgel gegenüber, der mich sofort darauf hinwies, daß bei einem derartigen Code die *maximale* Anzahl sinnvoller Tripletts zwanzig betrug. Ein Triplett wie etwa AAA mußte Nonsense sein, da man ansonsten die Sequenz AAA, AAA auch phasenverschoben lesen könnte. (Wir setzten mittlerweile stillschweigend voraus, daß jede Aminosäure auf jede Aminosäure folgen konnte.) Dies schloß vier der vierundsechzig Tripletts aus. Wenn das XYZ-Triplett sinnvoll war, dann müßten die zyklischen Umstellungen YZX und ZXY Nonsense sein; folglich ergab sich als maximale Anzahl sinnvoller Tripletts $60/3 = 20$. Das Problem war nur: Existierte ein Satz von zwanzig Tripletts, der diese Eigenschaften hatte? Ich lag mit einer scheußlichen Erkältung im Bett, kam aber trotzdem darauf, daß ich ohne weiteres bis zu siebzehn finden konnte. Leslie erwähnte das Problem John Griffith gegenüber; dieser fand schließlich einen Zwanzigersatz mit den richtigen Eigenschaften. Schon bald kamen wir auf andere Lösungen (plus zahlreiche Permutationen); es bestand also kein Zweifel mehr daran, daß es einen solchen Code geben könnte. Wir dachten uns sogar eine recht einleuchtende Argumentation aus, inwiefern er von Nutzen sein könnte.

Das Problem, eine Lösung mit zwanzig sinnvollen Tripletts zu finden, ist in Wirklichkeit gar nicht sonderlich schwierig. Kurz darauf buchte ich einen Nachtflug von den Vereinigten Staaten nach England. Während wir darauf warteten, an Bord gehen zu können, plauderte ich mit dem Kosmologen Fred Hoyle. Er fragte mich, womit ich mich gerade beschäftigte, und ich erklärte ihm meine Idee eines kommalosen Codes. Am nächsten Morgen, als das Flugzeug sich der englischen Küste näherte, kam er zu meinem Platz – mit einer Lösung, die er über Nacht ausgetüftelt hatte.

Natürlich waren Orgel, Griffith und ich ganz aufgeregt angesichts der Vorstellung eines kommalosen Codes. Er schien so schön, beinahe elegant. Man gab die magischen Zahlen 4 (die vier Basen) und 3 (das Triplett) ein, und heraus kam die magische Zahl 20, die Anzahl der Aminosäuren. Ohne weitere Umstände schrieben wir das Ganze für den RNA-Krawatten-Club nieder. Dennoch hatte ich Bedenken. Mir wurde klar, daß wir keinen *anderen* Beweis für den Code hatten als das verblüffende Auftauchen der Zahl zwanzig. Aber schließlich und endlich hätten wir, wenn sich eine andere Zahl ergeben hätte, die ganze Idee fallenlassen und nach einem anderen Code gesucht, der zu zwanzig Aminosäuren führte; also war die Zahl zwanzig als solche kein wirklicher Beweis.

Trotz meiner Bedenken erregte der neue Code einige Aufmerksamkeit. Nachdem vier Leute gefragt hatten, ob sie unser Paper zitieren dürften (eine RNA-Krawatten-Club-Notiz entsprach keineswegs einer Publikation), entschlossen wir uns, das Ganze für die *Proceedings of the U.S. National Academy of Science* niederzuschreiben; 1957 erschien unsere Abhandlung in dieser Zeitschrift. Ein Bericht darüber tauchte sogar in einem Buch für interessierte Laien auf; es handelte sich um *The Coil of Life* von Ruth Moore, das allerdings erst 1961 erschien; zu diesem Zeitpunkt glaubten wir schon nicht mehr an diese Idee.

Da in dem kommalosen Code jede Aminosäure nur ein Triplett hatte, wäre es – vorausgesetzt, man wußte, welche Aminosäure zu jedem Triplett gehörte – durchaus möglich gewesen, die Basenzusammensetzung der DNA – ausgehend von der Annahme, daß sie ausschließlich für Protein codierte – von der durchschnittlichen Zusammensetzung aller ihrer Proteine abzuleiten. Da diese in allen Organismen ziemlich ähnlich war (allerdings wußten wir, daß es kleine Abweichungen gab), hätte dies bedeutet, daß die DNA-Moleküle bei allen Spezies eine weitgehend gleiche Zusammensetzung hatten. Als noch mehr Messungen durchgeführt wurden, vor allem bei verschiedenen Typen von Bakterien, wurde klar, daß dies weit von der Wahrheit entfernt war. Natürlich entsprach in allen Fällen die Menge von A der Menge von T (A = T), da die Basenpaarung dies verlangte, aber die Struktur der DNA als solche brachte keinerlei Einschränkungen für das Verhältnis A + T und G + C mit sich, und es stellte sich heraus, daß dieses Verhältnis von Organismus zu Organismus unterschiedlich ist. Das machte es wahrscheinlich, daß der kommalose Code falsch war.

Das endgültige Aus kam aus zwei Richtungen. Unsere Arbeit mit phasenverschobenen Mutanten, die in Kapitel 12 beschrieben wird, ließ ihn als unwahrscheinlich erscheinen, aber den entscheidenden Schlag versetzte uns Marshall Nirenberg, als er zeigte, daß Poly-U (eine einfache Form der RNA) für Polyphenylalanin codiert (siehe Seite 177), während doch in einem kommalosen Code UUU ein Nonsense-Triplett hätte sein müssen. Schließlich hat der mittels so vieler Methoden bestätigte korrekte genetische Code endgültig bewiesen, daß diese ganze Vorstellung irrig war. Es ist jedoch durchaus denkbar, daß derlei irgendwann einmal, gleich nach der Entstehung von Leben, als der Code sich zu entwickeln begann, eine Rolle gespielt hat, aber das ist reine Spekulation.

Die Theorie eines kommalosen Code zog die Aufmerksamkeit der Kombinatoriker, vor allem von Sol Golomb, auf sich. Es war uns nicht gelungen, das Problem zu lösen, alle möglichen Vier-Buchstaben-Codes mit überlappenden Tripletts aufzuzählen, obwohl wir mehr als eine Lösung gefunden hatten. Diese Liste wurde nun von Golomb und Welch ausgearbeitet, die sich dabei einer sehr geschickten Argumentation (auf die wir eigentlich selber hätten kommen müssen) als Kernstück des Beweises bedienten. Auch der holländische Mathematiker H. Freudenthal löste dieses Problem, und zwar etwa zur gleichen Zeit.

Am Ende wurde der Code (siehe Anhang B) mittels experimenteller Methoden und nicht mit Hilfe einer Theorie geklärt. Das Hauptverdienst gebührt den Gruppen von Marshall Nirenberg und Gobind Khorana. Auch die Gruppe eines ehemaligen Nobelpreisträgers, Severo Ochoas, trug wesentlich dazu bei. Auch als man allmählich Klarheit über den Code gewann, bemühten sich manche noch, von dem Teil auf das Ganze zu schließen, aber diese Versuche blieben weitgehend erfolglos. In gewisser Weise stellt der Code den Kern der Molekularbiologie dar, so wie das Periodensystem das Wesen der Chemie verkörpert; allerdings gibt es einen tiefgreifenden Unterschied. Das Periodensystem gilt vermutlich überall im ganzen Universum, besonders dann, wenn es sich um Orte mit etwa gleichen Temperaturen und gleichen Druckverhältnissen handelt, wie sie auf der Erde herrschen. Wenn in anderen Welten Leben existiert, und selbst wenn dieses Leben auf Nucleinsäuren und Proteinen basiert – was alles andere als sicher ist –, scheint es doch sehr wahrscheinlich, daß der Code dort ganz anders aussehen würde. Es gibt ja sogar bei einigen Organismen hier auf unserer Erde kleinere Abweichungen. Der genetische Code ist, wie das Leben selbst, nicht ein Aspekt der ewigen Erscheinungsform der Dinge, sondern, zumindest teilweise, ein Produkt des Zufalls.

9 Die Fingerabdrücke der Proteine

Im vorigen Kapitel habe ich die verschiedenen theoretischen Versuche diskutiert, das Problem der Codierung zu lösen. Nun möchte ich einige experimentelle Ansätze beschreiben. Das Problem war im großen und ganzen dasselbe: Kontrollieren Gene (die DNA) die Proteinsynthese? Und wenn ja, wie?

Es scheint mittlerweile ziemlich offensichtlich, daß die Aminosäurensequenz eines Proteins genetisch festgelegt ist, und zwar insbesondere durch die Basensequenz eines bestimmten Abschnitts der DNA (oder RNA). Das war jedoch nicht immer so klar. Nach der Entdeckung der Doppelhelix schien so viel mehr für diese Vorstellung zu sprechen, daß Jim und ich es allmählich als Selbstverständlichkeit betrachteten. Der nächste Schritt bestand darin zu zeigen, daß das Gen und das Protein, das es codierte, co-linear waren. Damit will ich sagen, daß sich die Basensequenz in diesem Teilbereich der Nucleinsäure in Einklang befand mit den entsprechenden Aminosäurensequenzen in dem speziellen Protein, das sie codierte, so wie ein bestimmter Teil des Morse-Codes mit der entsprechenden sprachlichen Botschaft colinear ist.

Damals erschien es aussichtslos, die Sequenzen der DNA oder der RNA direkt zu bestimmen, aber wir dachten, unter günstigen Umständen könnte es möglich sein, die Anordnung eines Satzes von Mutanten innerhalb eines Gens mit Hilfe der gebräuchlichen genetischen Methoden zu bestimmen. Da die genetischen Abstände wahrscheinlich ziemlich klein waren, mußte man damit rechnen, daß die zur Debatte stehenden Rekombinationsraten viel niedriger sein würden als diejenigen, die die Genetiker im allgemeinen maßen. Das bedeutete, daß man viele Nachkommen untersuchen mußte, und es lag daher nahe, mit irgendeinem Mikroorganismus zu arbeiten, etwa einem Bakterium oder einem Virus.

Sobald einmal die Anordnung der Mutanten feststand, war der nächste Schritt, die Veränderung der Aminosäuren durch jede Mutante zu bestimmen. Obwohl die Sequenzbestimmung bei einer Proteinkette zu jener Zeit nach wie vor sehr mühsam war, hatte doch Fred Sanger gezeigt, daß sie möglich war, und wir erwarteten, daß sich bei einem kleinen Protein keine unüberwindbaren Schwierigkeiten ergeben würden.

Irgendwann im Sommer 1954 saß ich einmal auf der Wiese in Wood's Hole und erklärte dem polnischen Genetiker Boris Ephrussi diese Ideen. Er arbeitete damals in Paris und hatte sich besonders für Gene in Hefe interessiert, die sich außerhalb des Zellkerns zu befinden schienen. Mittlerweile weiß man, daß solche Cytoplasma-Gene in der DNA der Zellmitochondrien codiert werden, aber zum damaligen Zeitpunkt wußte man nur so viel, daß sie sich nicht wie die Gene im Zellkern verhielten. Boris war empört: »Woher wollen Sie denn wissen«, fragte er, »daß die Aminosäurensequenz nicht durch ein Cytoplasma-Gen bestimmt wird und daß die Gene im Zellkern nichts weiter tun, als das Protein richtig falten?«

Ich kann mir nicht vorstellen, daß Boris das wirklich glaubte (ich glaubte es ganz bestimmt nicht), aber seine Frage machte mir bewußt, daß wir zuerst einmal zeigen mußten, daß eine *einzelne* Mutante in einem Zellkerngen die Aminosäurensequenz des Proteins, für das es codierte, änderte, indem sie wahrscheinlich nur eine einzige Aminosäure veränderte. Bei meiner Rückkehr nach Cambridge beschloß ich, als nächsten wichtigen Schritt dieses Problem in Angriff zu nehmen.

Es war alles andere als klar, welchen Organismus ich verwenden oder welches Protein ich untersuchen sollte. Kurze Zeit später kam Vernon Ingram zu uns ans Cavendish. Seine Hauptaufgabe war es, schwere Atome in Haemoglobin oder Myoglobin einzubringen und bei den Untersuchungen mit Röntgenstrahlen zu helfen, aber er und ich beschlossen, es einmal mit dem genetischen Problem zu versuchen. Wir stellten fest, daß es für den ersten Schritt nicht notwendig war, das Gen detailliert darzustellen. Wir brauchten lediglich genügend genetische Informationen, um zeigen zu können, daß eine Mutante entsprechend den Mendelschen Gesetzen vererbt wurde und daher wahrscheinlich zu einem Gen im Zellkern gehörte. Wir brauchten auch nicht die genaue Position der veränderten Aminosäure in der Sequenz zu bestimmen. Es war lediglich notwendig zu zeigen, daß eine Veränderung der

Sequenz stattgefunden hatte, und zwar durch die Mutante. Wir dachten, dies würde uns die Sache erleichtern, da wir ja lediglich die Aminosäuren*zusammensetzung* der Proteine zu untersuchen brauchten. Wenn das Protein klein genug wäre, könnten wir vielleicht, mit etwas Glück, eine Veränderung feststellen, die so geringfügig wäre, daß sie nur eine einzige Aminosäure betraf.

Um mit einem Protein arbeiten zu können, das ohne weiteres zu beschaffen war, entschieden wir uns für das Protein Lysozym. Lysozym ist ein kleines, basisches (das heißt positiv geladenes) Enzym, das als erster Alexander Fleming, der Entdecker des Penicillin, beschrieben hat. Fleming hatte gezeigt, daß es in Tränen vorkam und daß auch Eiweiß viel davon enthielt. Das Enzym löst (bricht) eine bestimmte Klasse von Bakterien auf und bewirkt in beiden Fällen eine Gegenreaktion auf eine bakterielle Infektion. Ein spezielles Bakterium ist besonders empfindlich dagegen, und man kann es sozusagen als Prüfstein für das Enzym verwenden.

Unsere wichtigste Untersuchungssubstanz war Eiklar, aber wir versuchten es auch mit menschlichen Tränen. Jeden Morgen, wenn ich ins Labor kam, nahm meine Assistentin mir eine kleine Probe von Tränen ab. Da ich kein Schauspieler bin, fiel es mir schwer, auf Befehl zu weinen. Also hielt sie mir ein Stück rohe Zwiebel unter das eine Auge. Ich legte meinen Kopf auf die Seite, damit die Tränen nicht gleich wieder im Tränengang versickerten, und sie fing sie mit einer kleinen Pipette auf, wenn sie aus dem anderen Augenwinkel tröpfelten. Aber selbst so war es schwierig, mehr als ein oder zwei Tränen fließen zu lassen, obwohl ich feststellte, daß es half, wenn ich dabei an etwas Trauriges dachte. Merkwürdigerweise weine ich bei traurigen oder tragischen Anlässen nie spontan, aber wenn etwas ein gutes Ende nimmt, muß ich unkontrolliert weinen. Es genügt, daß die Braut zu guter Letzt triumphierend durch den Mittelgang der Kirche schreitet und die Orgel jubilierend ertönt, und schon rinnen mir die Tränen in Strömen über das Gesicht, obwohl mich das fürchterlich ärgert und irritiert.

Die Wirkung einer einzigen Träne kann dramatisch sein. Eine schwache Aufschwemmung der Bakterien, die wir verwendeten, sieht ziemlich trüb aus, wenn auch nicht in dem Maße wie Milch. Fügt man nur eine einzige Träne hinzu und verwirbelt die Flüssigkeit in einem Teströhrchen, dann wird die Suspension augenblicklich völlig klar. Alle Bakterien sind lysiert (aufgebrochen) worden, so daß die Streuung des Lichts, die die Trübung bewirkt hatte, reduziert wurde. Natürlich arbeiteten wir mit einer strenger quantitativen Methode, aber das Phänomen war im Grunde dasselbe.

Es wäre schön, wenn ich jetzt berichten könnte, daß wir eine Mutante fanden, aber in Wirklichkeit war uns überhaupt kein Erfolg beschieden. Wir untersuchten das Lysozym ziemlich oberflächlich, und zwar bestimmten wir im Endeffekt nur seine Ladung sowie die Art und Weise, wie es ultraviolettes Licht absorbierte, aber wir konnten ohne weiteres zeigen, daß Hühnerlysozym sich von Perlhuhnlysozym unterschied und beide wiederum ganz anders waren als das Lysozym in meinen Tränen. Obwohl wir ein Dutzend Hühnerrassen untersuchten, die uns unser Hühnergenetiker freundlicherweise zur Verfügung stellte, und dabei annähernd hundert Eier testeten, entdeckten wir kein einziges Mal irgendeinen Unterschied. Wir versuchten es mit den Tränen von einem halben Dutzend Leuten im Labor, aber auch diese schienen einander alle sehr ähnlich zu sein. Ich wollte auch die Tränen meiner jüngeren Tochter Jacqueline untersuchen, die damals erst zwei Jahre alt war, aber davon wollte Odile nichts wissen. Was! Ihr kostbares Baby für ein Experiment mißbrauchen! Es wurde mir strengstens verboten, derlei auch nur zu versuchen.

Ich vermute, wir hätten einfach so weitergemacht, aber an diesem Punkt trat eine dramatische Entwicklung ein. Max Perutz arbeitete über Haemoglobine, einschließlich menschlichen Haemoglobins. Ein paar Jahre zuvor hatten Harvey Itano und Linus Pauling gezeigt, daß sich das Haemoglobin eines Patienten mit Sichelzellenanaemie elektrophoretisch von normalem Haemoglobin unterscheidet. Völlig korrekt hatte Pauling sie als eine genetische Krankheit definiert. Einer seiner Kollegen am Cal Tech, wo er arbeitete, analysierte die Aminosäurenzusammensetzung und berichtete, daß es in dieser Hinsicht keinen Unterschied zwischen normalem und Sichelzellenhaemoglobin gab. Diese Schlußfolgerung war allerdings mißverständlich formuliert. Eigentlich wollte er damit sagen, daß er zwar hinsichtlich der Zusammensetzung nicht mit Sicherheit einen Unterschied entdecken konnte, es aber, da Haemoglobin ein vergleichsweise großes Protein ist, durchaus passieren kann, daß man bei diesen etwas oberflächlichen Meßmethoden die Veränderung einer einzigen Aminosäure übersieht.

Sanger hatte eine Methode entwickelt, die er als das Abnehmen der Fingerabdrücke der Proteine bezeichnete. Er löste das Protein mit Hilfe eines Enzyms (Trypsin) auf, das die Polypeptidkette nur an bestimmten Stellen durchschnitt. Die begrenzte Anzahl der auf diese Weise entstandenen Peptidfragmente wurde dann auf ein zweidimensionales chromatographisches System aus Papier aufgetragen, um sie zu sortieren; dabei verteilte man die Peptide über das Papier. Vernon wurde klar, daß dies genau die Methode war, die er brauchte, um kleine Veränderungen in einem Protein aufspüren zu können. Glücklicherweise hatte jemand Max etwas Sichelzellenhaemoglobin geschickt, und er gab Vernon einen Teil davon zur Untersuchung. Zu seinem Entzücken unterschieden sich die Fingerabdrücke des Sichelzellenhaemoglobins und die von normalem Haemoglobin hinsichtlich der Position eines einzigen Peptids.

Es gelang Vernon, das veränderte Peptid zu isolieren, seine Sequenz zu bestimmen und zu zeigen, daß in der Tat dieser Unterschied auf die Veränderung einer einzigen Aminosäure zurückzuführen war. Valin war anstelle von Glutamat eingefügt worden. Ich erinnere mich, wie Vernon kurzfristig der Ansicht zuneigte, daß möglicherweise zwei Aminosäuren verändert worden seien. Jim und ich waren da etwas unbefangener, und wir weigerten uns, dies zu glauben. »Versuch es noch einmal, Vernon«, ermutigten wir ihn, »du wirst sehen, daß nur eine einzige sich verändert hat.« Und so war es dann auch.

Dieses Ergebnis war in zweierlei Hinsicht überraschend. Sichelzellenanaemie ist eine Krankheit, bei der das veränderte Haemoglobin innerhalb der »roten« Blutkörperchen eine Art von Kristall bildet, wenn es in den Venen seinen Sauerstoff abgibt. Oft wird dabei das rote Blutkörperchen aufgebrochen, so daß die Patienten unter chronischem Mangel an Haemoglobin leiden und in vielen Fällen in einem Alter zwischen zehn und zwanzig Jahren sterben. Und doch ist diese tödliche Wirkung die Folge einer nur winzigen Veränderung in einem einzigen der vielen Gene des Organismus. (Mittlerweile weiß man, daß sie auf eine einzige Basenveränderung zurückzuführen ist.) Im wesentlichen sind lediglich zwei Moleküle defekt; das eine hat man vom Vater, das andere von der Mutter geerbt. Wie kann solch eine winzige Veränderung jemanden umbringen? Der Grund dafür ist der ungeheure Vervielfältigungseffekt. Jedes defekte Gen wird viele, viele Male kopiert, da jede Zelle im Körper eine Kopie haben muß. Dann wird in der Vorform eines jeden roten Blutkörperchens jedes Gen viele Male auf die Boten-RNA kopiert, und jede Boten-RNA steuert die Synthese vieler defekter Proteinmoleküle. Der winzige Defekt des Atoms breitet sich immer stärker aus, bis im Körper des Patienten eine beträchtliche Menge des defekten Proteins vorhanden ist, genug, um ihn zu töten, wenn die Bedingungen ungünstig sind.

Der andere überraschende Aspekt betraf die Wissenschaft als solche. Bis zu jenem Zeitpunkt hatten, so seltsam dies auch klingen mag, die meisten Genetiker und Proteinspezialisten die Möglichkeit eines Zusammenhangs zwischen ihren jeweiligen Fachgebieten nicht ernsthaft in Betracht gezogen. Natürlich waren sich einige weitsichtige Einzelpersonen wie Hermann Muller und J. B. S. Haldane der Wahrscheinlichkeit eines Zusammenhangs bewußt, aber jedes Spezialgebiet verfolgte seine Ziele und dachte dabei kaum an das andere. Ingrams Ergebnisse bewirkten einen dramatischen Wandel der Einstellung. Etwa zu dieser Zeit lief ich Fred Sanger über den Weg; ich glaube, es war in einem Zug nach London. Er sagte mir, er und seine kleine Gruppe hätten sich überlegt, daß sie sich sinnvollerweise wohl ein wenig mit Genetik befassen sollten, einem Fachgebiet, von dem sie bis dahin kaum mehr wußten, als daß es existierte.

Ich arrangierte wöchentliche Abendmeetings in meinem Wohnzimmer in der Goldenen Helix. Sydney Brenner und Seymour Benzer erklärten sich bereit, diese »Kurse« zu leiten. Den ersten habe ich noch sehr lebhaft in Erinnerung. Sydney kam ein bißchen früher als die anderen. Ich fragte ihn, was er zu sagen beabsichtigte. Er meinte, er würde mit Mendel und seinen Erbsen anfangen. Ich wandte ein, daß dies doch wohl mittlerweile etwas veraltet sei. Warum nicht mit haploiden Organismen beginnen (die nur eine Kopie des genetischen Materials haben) – etwa Bakterien –, statt mit Erbsen, Mäusen oder Menschen, die diploid (das heißt, sie haben zwei Kopien in jeder Zelle) und folglich viel komplizierter sind? Sydney stimmte zu. Er hielt dann einen brillanten Vortrag, der hauptsächlich von dem Unterschied zwischen Genotyp und Phänotyp handelte und den er mit Beispielen von Bakterien und Bakterienviren veranschaulichte. Das war um so beeindrukkender, da er ja, wie ich wußte, während des Sprechens improvisierte.

Ich glaube, dies ist eine gute Lektion für diejenigen, die eine Brücke zwischen zwei Disziplinen schlagen wollen, die zwar durchaus eigenständig, aber offensichtlich doch aufeinander bezogen sind. (Ein mögliches Beispiel in unserer Zeit wären Sinnesphysiologie und Neurobiologie.) Ich bin mir nicht sicher, ob Vernunftgründe, so einleuchtend sie auch sein mögen, viel nutzen. Sie rufen vielleicht ein Bewußtsein für eine mögliche Verbindung hervor, aber das ist auch schon alles. Beispielsweise war es bei den meisten Genetikern alles andere als leicht, sie zu überreden, die Chemie der Proteine zu studieren, nur weil ein paar kluge Leute der Ansicht waren, dies sei die Richtung, in die sich die Genetik entwickeln sollte. Sie dachten (wie heutzutage die Funktionalisten), die Logik ihres Faches hinge nicht davon ab, über alle biochemischen Details Bescheid zu wissen. Der Genetiker R. A. Fisher sagte mir einmal, was wir erklären müßten, sei die Tatsache, daß die Gene wie Perlen auf einer Schnur angeordnet seien. Ich glaube, es kam ihm nie in den Sinn, daß es die Gene sein könnten, die diese Schnur bilden!

Die Leute schätzen die Verbindung von zwei Spezialgebieten vor allem dann, wenn es irgendwelche neuen und beeindruckenden Ergebnisse gibt, die ganz offensichtlich und unter dramatischen Umständen einen solchen Zusammenhang herstellen. Ein gutes Beispiel ist mehr wert als ein ganzer Sack voll theoretischer Argumente. Wenn ein solches existiert, bevölkert sich die Brücke zwischen den beiden Spezialgebieten schnell mit Wissenschaftlern, die begierig darauf sind, ebenfalls den neuen Ansatz zu verfolgen.

10 Der Stellenwert der Theorie in der Molekularbiologie

Wie wir gesehen haben, war der genetische Code ein Problem, das sich mit rein theoretischen Ansätzen nicht lösen ließ. Das bedeutet jedoch nicht, daß ein allgemeiner theoretischer Rahmen nicht von Vorteil sein kann, und sei es auch nur, um die Richtungen anzugeben, in die sich die Experimente entwickeln könnten. Es war die Art der Struktur der DNA, die derlei Spekulationen belebte. Ansonsten wären sie zu vage geblieben, um irgendwie von Nutzen zu sein. 1957 wurde ich aufgefordert, ein Paper für das Symposium der Society for Experimental Biology in London vorzulegen. Das gab mir Gelegenheit, meine Ideen zu sichten und niederzuschreiben, die ich zum Großteil schon früher ausformuliert hatte.

Die Struktur der DNA ließ darauf schließen, daß die Basensequenz in der DNA für die Aminosäurensequenz in dem entsprechenden Protein codierte. In meinem Paper bezeichnete ich dies als die Sequenzhypothese. Wenn ich es jetzt noch einmal lese, wird mir klar, daß ich mich damals nicht sehr präzise ausgedrückt habe, denn ich sagte: »...sie nimmt an, daß die Besonderheit eines Stücks Nucleinsäure einzig und allein durch die Basensequenz ausgedrückt wird und daß diese Sequenz ein (einfacher) Code für die Aminosäurensequenz eines bestimmten Proteins ist.« Dies impliziert mehr oder weniger, daß *alle* Nucleinsäurensequenzen für Protein codieren müssen, und das wollte ich damit ganz bestimmt nicht sagen. Ich hätte es so ausdrücken sollen, daß die einzige Möglichkeit, wie ein Gen für eine Aminosäurensequenz eines Proteins codieren kann, die ist, daß sie dies mittels ihrer Basensequenz tut. Das läßt die Möglichkeit offen, daß Teile der Basensequenz auch für andere Zwecke eingesetzt werden können, etwa für Kontrollmechanismen (um zu bestimmen, ob dieses Gen zur Wirkung kommen soll und mit welcher Rate) oder um RNA für andere als Codierungszwecke zu produzieren. Ich glaube allerdings nicht, daß irgend jemand mein Versehen aufgefallen ist; es ist also nichts weiter passiert.

Die andere theoretische Vorstellung, die ich zur Diskussion

stellte, was ganz anderer Art. Ich schlug vor, daß »›Information‹, sobald sie einmal in das Protein gelangt ist, *nicht mehr heraus kann*«, und fügte hinzu, daß »Information in diesem Zusammenhang die präzise Festlegung der Sequenz bedeutet, sei es der Basen in der Nucleinsäure, sei es der Aminosäurenresiduen im Protein« (siehe Anhang A).

Ich bezeichnete diese Auffassung als das zentrale Dogma, und zwar vermutlich aus zwei Gründen. Den naheliegenden Begriff »Hypothese« hatte ich schon bei der Sequenzhypothese verwandt, und darüber hinaus wollte ich zum Ausdruck bringen, daß diese neue Annahme von zentralerer Bedeutung und größerer Aussagekraft war. Ich bemerkte sehr wohl, daß die spekulative Natur beider Annahmen durch diese Bezeichnungen unterstrichen wurde.

Wie sich herausstellte, brachte die Verwendung des Wortes »Dogma« fast mehr Probleme mit sich, als es das Ganze wert war. Viele Jahre später wies Jacques Monod mich darauf hin, ich wüßte offensichtlich nicht, wie man den Begriff »Dogma« richtig verwendet, der einen Glaubenssatz bezeichnet, *der nicht angezweifelt werden kann*. In gewisser Weise hatte ich das durchaus begriffen. Da ich jedoch der Auffassung war, daß *alle* religiösen Glaubenssätze einer ernstzunehmenden Grundlage entbehrten, benutzte ich das Wort in dem Sinn, wie ich es verstand, und nicht so, wie der überwiegende Rest der Welt es auffaßte. Ich bezeichnete damit ganz schlicht und einfach eine große Hypothese, die – so plausibel sie auch war – experimentell kaum abgesichert war.

Was ist nun der Nutzen solch allgemeiner Ideen? Sie sind ganz offensichtlich spekulativer Natur und können sich daher als falsch erweisen. Dennoch helfen sie, positivere und explizitere Hypothesen aufzustellen. Wenn man sie gut formuliert, können sie als Richtschnur durch einen wirren Dschungel von Theorien fungieren. Ohne sie erscheint jede beliebige Theorie möglich. Hat man jedoch eine solche Richtschnur, dann fallen viele Hypothesen weg, und man sieht nun deutlicher, auf welche man sich konzentrieren sollte. Wenn man sich dann trotz eines solchen Ansatzes im Dschungel verirrt, dann versucht man es eben noch einmal, mit einem neuen Dogma, um zu sehen, ob es so besser geht. Glücklicherweise erwies sich in der Molekularbiologie das Dogma, das ich als erstes auswählte, als richtig.

Ich glaube, dies ist eine der nützlichsten Funktionen, die ein Theoretiker in der Biologie ausüben kann. In fast allen Fällen ist es einem Theoretiker praktisch unmöglich, durch Denken allein die richtige Lösung für einen bestimmten Komplex von biologischen Problemen zu finden. Die in Frage stehenden Mechanismen sind, da sie sich durch natürliche Auslese entwickelt haben, normalerweise zu zufällig und zu ausgeklügelt. Das beste, was ein Theoretiker sich erhoffen kann, ist es, einen Experimentalisten in die richtige Richtung zu weisen, und das gelingt oft dadurch am wirkungsvollsten, daß man ihm die Richtungen benennt, die er nicht einschlagen sollte. Wenn wenig Aussicht besteht, ohne Hilfe die richtige Theorie zu finden, ist es sinnvoller vorzuschlagen, bei welcher Klasse von Theorien die Richtigkeit *un*wahrscheinlich ist, indem man sich nämlich einer allgemeinen Behauptung bezüglich dessen bedient, was man über die Natur des Systems weiß.

Rückblickend kann ich beurteilen, daß »On Protein Synthesis« eine Mischung aus guten und schlechten Ideen ist, aus Einsichten und Unsinn. Diejenigen Einsichten, die sich als richtig erwiesen haben, basieren hauptsächlich auf allgemeinen Behauptungen, für die ich auf die Daten zurückgegriffen hatte, die seit einiger Zeit unbestritten gültig waren. Die falschen Vorstellungen erwuchsen in erster Linie aus neueren experimentellen Ergebnissen, die sich in den meisten Fällen als unvollständig oder irreführend oder sogar als völlig falsch erwiesen haben.

Selbst in diesem Stadium hatten sich Fehler eingeschlichen. Es ist klar, daß ich mir die RNA im Cytoplasma – in den Mikrosomen, wie man sie damals nannte (der Begriff Ribosom hatte sich noch nicht allgemein durchgesetzt) – als »Schablone« vorstellte; das heißt, ich dachte, sie habe eine ziemlich feste Struktur, vergleichbar der Doppelhelix der DNA, obwohl zu vermuten war, daß sie nur eine Kette hatte. Erst später wurde mir klar, daß ich dies zu eng gesehen hatte und daß »Streifenform« der Wahrheit wohl näher kam. Genau wie ein Telegraphenpapierstreifen keine starre Struktur hat, außer in dem Augenblick, in dem er den Telegraphenschreiber durchläuft, braucht, wie ich schließlich erkannte, auch die RNA, die die Synthese eines Proteins steuert, nicht starr zu sein. Sie kann vielmehr durchaus flexibel sein, außer in dem Abschnitt, der die nächste einzuordnende Aminosäure codiert.

Eine weitere Schlußfolgerung aus dieser Vorstellung bezog sich darauf, daß die wachsende Proteinkette nicht auf der Schablone bleiben mußte, sondern bereits mit der Faltung beginnen konnte, während die Synthese weiterging; dies hatte man schon früher angenommen.

Es gab noch einen ernster zu nehmenden Fehler in meinem damaligen Denkprozeß. Ich möchte jetzt nicht alle Details ausbreiten (sie können in dem Paper nachgelesen werden), aber im Endeffekt machte ich deshalb Fehler, weil ich den Mechanismus als solchen (die Proteinsynthese) mit völlig separaten Mechanismen verwechselte, die ihn kontrollierten. Da einige Experimente den Schluß nahelegten, daß für die RNA-Synthese freies Leucin (eine der Aminosäuren) erforderlich sei, zog ich den Schluß, daß es wahrscheinlich gemeinsame Vermittlungsmechanismen für die Protein- und die RNA-Synthese gäbe, die für die Synthese des einen oder aber der anderen verwendet werden könnten, je nach Bedarf. In Wirklichkeit ist es der *Kontroll*-Mechanismus, der freies Leucin braucht, wenn die RNA-Synthese weitergehen soll, vermutlich weil keine neue RNA gebraucht wird, wenn die Zelle so ausgehungert ist, daß kein freies Leucin mehr zur Verfügung steht. Bei dem Versuch, ein komplexes biologisches System zu entschlüsseln, kann einem meiner Ansicht nach leicht der Fehler unterlaufen, die auf das Wesen eines Mechanismus als solchen zurückzuführenden Wirkungen mit den Auswirkungen zu verwechseln, die Ergebnis der Kontrollmechanismen sind.

Ein weiterer Fehler in dieser allgemeinen Kategorie verdient ebenfalls erwähnt zu werden. Es handelt sich darum, daß man einen weniger wichtigen Vorgang, der sich entwickelt hat, um den Ablauf des bedeutsameren Prozesses zu verbessern, mit diesem umfassenderen Prozeß als solchem verwechselt und daher falsche Schlüsse hinsichtlich des letzteren zieht. Oder aber man weiß nichts von diesem weniger wichtigen Prozeß und kommt daher zu dem Schluß, daß ein bestimmter postulierter Mechanismus bei dem wichtigeren Prozeß nicht funktionieren konnte.

Betrachten Sie beispielsweise die Fehlerrate bei der Replikation der DNA. Es leuchtet ein, daß, wenn ein Organismus über eine Million wichtiger Basenpaare verfügt, die Fehlerrate pro Replikationsschritt nicht größer als eins zu einer Million sein sollte.

(Die exakte Formulierung hat, auf recht elegante Weise, Manfred Eigen entwickelt.) Die menschliche DNA hat etwa drei Milliarden Basenpaare (pro haploidem Satz), und wiewohl wir mittlerweile wissen, daß nur ein Bruchteil davon exakt repliziert werden muß, darf die Fehlerrate nicht größer sein als etwa (grob geschätzt) eins zu hundert Millionen, oder aber der Organismus würde im Laufe der Evolution durch seine eigenen Irrtümer zerstört. Es gibt jedoch eine natürliche Rate für Replikationsfehler [die auf die tautomere Natur der Basen zurückzuführen ist], die auf unter etwa eins zu zehntausend zu drücken schwierig wäre. Damit stünde nun mit Sicherheit fest, daß die DNA nicht das genetische Material sein kann, da ihre Replikation zu viele Fehler hervorbringen würde.

Glücklicherweise haben wir dieses Argument nie sehr ernst genommen. Als naheliegender Ausweg ist anzunehmen, daß die Zelle Mechanismen der Fehlerkorrektur entwickelt hat. Da die Doppelhelix zwei (komplementäre) Kopien der Sequenzinformation trägt, leuchtet ohne weiteres ein, wie dies vor sich gehen könnte. Die *beobachtete* Fehlerrate (die Mutationsrate) wäre dann auf Fehler in den Mechanismen der Fehlerkorrektur zurückzuführen und ließe sich daher auf einen sehr niedrigen Wert reduzieren. Leslie und ich haben sogar einen persönlichen Brief an Arthur Kornberg geschrieben, in dem wir darauf hinwiesen und vorhersagten, daß das Enzym, das er gerade untersuchte und das die DNA im Reagenzglas replizierte (das sogenannte Kornberg-Enzym), einen Korrekturmechanismus beinhalten müßte – wie es auch tatsächlich der Fall ist. DNA ist in der Tat so kostbar und verletzlich, daß die Zelle eine ganze Reihe von Reparaturmechanismen entwickelt hat, um ihre DNA vor Strahlung, Chemikalien und anderen Gefahren zu schützen. Und genau das würde man von der natürlichen Auslese des Evolutionsprozesses auch erwarten.

Es gibt vielleicht noch eine andere Art von Fehler, die man erwähnen sollte. Man sollte nicht zu klug sein wollen. Oder, genauer gesagt, es ist wichtig, nicht allzu fest an seine eigenen Behauptungen zu glauben. Dies gilt vor allem für *negative* Behauptungen, Behauptungen also, die den Schluß nahelegen, daß man es mit einem bestimmten Ansatz unter keinen Umständen versuchen sollte, da dies notwenigerweise fehlschlagen müsse.

Betrachten Sie einmal folgendes Beispiel. Soweit ich weiß, ist diese Behauptung nie aufgestellt worden, aber im Jahre, sagen wir einmal, 1950 wäre sie durchaus denkbar gewesen. Rosalind Franklin hatte gezeigt, daß DNA-Fasern, vor allem wenn man sie sorgfältig zieht und unter Bedingungen ins Mikroskop einbringt, unter denen die Feuchtigkeit kontrolliert wird, ein Röntgenbeugungsmuster der sogenannten A-Form ergeben konnten, das viele einigermaßen klar umrissene Punkte aufweist. Wenn man die Theorie der Fourier-Transformation anwendet, sieht man sofort, daß diese Punkte auf die Existenz einer Struktur mit regelmäßiger Wiederholung hinweisen. Wenn nun DNA das genetische Material wäre, könnte sie kaum eine regelmäßige Wiederholung haben, da sie keine Information tragen könnte. Also kann die DNA nicht das genetische Material sein.

Es gibt jedoch hierfür ein Gegenargument. Die Röntgenpunkte reichen nicht bis in sehr kleine Zwischenräume. Warum fallen hier die Punkte weg? Es könnte sein, daß die Struktur entweder sehr regelmäßig, aber auf irgendeine zufällige Weise innerhalb der Faser verdreht ist, oder aber ein Teil der Struktur ist regelmäßig, ein anderer Teil unregelmäßig. Wenn das so ist, warum sollte dann nicht der unregelmäßige Teil die genetische Information tragen? Wenn dies der Fall ist, dann wird uns eine Aufschlüsselung des regelmäßigen Teils des Röntgenstrukturmusters anhand der Punkte, die vorhanden sind, nie Aufschluß darüber geben, was wir wissen wollen – über die Natur der *genetischen* Information. Warum sollte man sich also die Mühe machen?

Da wir die Antwort kennen, ist es leicht, den Trugschluß in dieser negativen Argumentation zu erkennen. Es ist in der Tat wahr, daß die Röntgendaten uns nie etwas über die kleinsten Details der Basensequenz sagen können. Die Daten führten jedoch zu dem Modell der Doppelhelix, deren Hauptmerkmal die Basenpaarung war. Bei der geringen Auflösung, die diese Punkte mit sich bringen, sieht ein Basenpaar fast genauso aus wie jedes der anderen drei, aber was das Modell uns zum ersten Mal zeigte, war die Existenz von Basenpaaren, und das, so stellte sich heraus, war von ausschlaggebender Bedeutung für die schnelle Entwicklung dieses Forschungsbereichs.

Welches war dann also das angemessene Argument, das man hätte vorbringen sollen? Sicherlich das, daß die chemische Beschaffenheit der Gene ein Thema von überwältigender Bedeutung ist. Man wußte, daß die Gene in Chromosomen vorkommen, und genau da fand man DNA. Man sollte also alles, was irgend etwas mit der DNA zu tun hat, soweit als möglich untersuchen, da man nie im voraus wissen kann, was sich ergeben wird. Natürlich sollte man versuchen zu überlegen, welchen Denkrichtungen nachzugehen sich lohnt und welchen nicht, aber es ist weise, mit seinen Behauptungen sehr vorsichtig zu sein, vor allem wenn es sich um ein wichtiges Thema handelt; denn der Preis dafür, einen nützlichen Ansatz nicht zu verfolgen, ist hoch.

Das Beispiel mit der DNA, das ich eben angeführt habe, war hypothetisch, aber ich bin mehr als einmal in eine solche Falle geraten. Experimente hatten gezeigt, daß Transfer-RNA-Moleküle (tRNA-Moleküle) existierten, daß Aminosäuren mit ihnen verbunden waren und daß es wahrscheinlich viele Typen von tRNA-Molekülen gab, von denen ein jeder seine ganz spezielle Aminosäure hatte. Der nächste Schritt bestand ganz offensichtlich darin, zumindest einen Typus von tRNA von all den anderen zu isolieren, um mehr über ihn herauszufinden, da es ganz eindeutig besser war, wenn möglich mit einer reinen Spezies und nicht mit einem Gemisch zu arbeiten.

Das Problem war, wie man ein solches Gemisch fraktionieren sollte. Ich argumentierte mir selbst gegenüber, daß alle tRNA-Moleküle, da sie ja eine ähnliche Funktion zu erfüllen hatten und an die gleiche Stelle oder Stellen auf dem Ribosom passen mußten, einander wohl sehr ähnlich und daher schwer voneinander zu trennen sein würden. Die einzige Möglichkeit, sie zu isolieren, war – das spürte ich –, sich irgendeiner Methode zu bedienen, mit der man versuchte, der mit der RNA verbundenen Aminosäure habhaft zu werden, indem man sich auf die spezielle Seitengruppe dieser Aminosäure konzentrierte und eine, etwa Cystein, aussuchte, die chemisch sowohl aktiv als auch unverwechselbar war. Ich versuchte sogar, dies experimentell durchzuführen.

Diese Überlegung war nicht völlig unsinnig, aber es stellte sich heraus, daß sie falsch war. Zwar konnte ich das zu diesem Zeitpunkt nicht wissen, aber es ist so, daß die meisten tRNA-Moleküle viele modifizierte Basen haben. Diese Modifikationen verändern ihr chromatographisches Verhalten und machen es daher möglich, sie mit Hilfe viel einfacherer Fraktionierungsmethoden voneinander zu trennen, da man zuerst einmal nur eine von ihnen braucht. Es ist nicht notwendig, im voraus festzulegen, welche tRNA man untersuchen will, vielmehr experimentiert man einfach mit derjenigen, an die man am leichtesten herankommt. Wie der Molekularbiologe Bob Holley herausgefunden hat, war dies die tRNA für Alanin, da sie sich in einer chromatographischen Kategorie ganz anders verhielt als die übrigen. Wiederum lautet die Botschaft für Experimentatoren: Seien Sie aufgeschlossen, aber lassen Sie sich nicht zu sehr von negativen Argumenten beeindrucken. Wenn es überhaupt möglich ist, dann versuchen Sie es und schauen Sie, was dabei herauskommt. Theoretiker haben übrigens normalerweise nicht viel übrig für diese Vorgehensweise.

Auf dem Weg zum Erfolg lauern in der theoretischen Biologie überall Gefahren. Es ist nur zu leicht, von einigen plausiblen, vereinfachenden Annahmen auszugehen, einige raffinierte mathematische Berechnungen anzustellen, die annähernd zu zumindest einigen experimentellen Daten zu passen scheinen, und nun zu glauben, etwas erreicht zu haben. Die Chancen, daß bei einem solchen Vorgehen irgend etwas Nützliches herauskommt – außer ein paar Streicheleinheiten für das Ego des Theoretikers –, sind ziemlich gering; dies gilt ganz besonders in der Biologie. Darüber hinaus habe ich, zu meiner Überraschung, festgestellt, daß die meisten Theoretiker den Unterschied zwischen einem Modell und einer Demonstration nicht wirklich kennen und oft beides miteinander verwechseln.

In meiner Terminologie bedeutet »Demonstration« eine »Keine-Sorge«-Theorie (vergleiche S. 136). Das heißt, sie erhebt gar nicht den Anspruch, eine zumindest annähernd richtige Antwort zu geben, aber sie zeigt wenigstens, daß eine Theorie dieser allgemeinen Art aufgestellt werden kann. In gewissem Sinne ist sie nichts weiter als ein Existenzbeweis. Überraschenderweise gibt es in der Fachliteratur ein Beispiel für eine solche Demonstration bezüglich der Gene und der DNA.

Lionel Penrose, der 1972 starb, war ein angesehener Genetiker, der in seinen späten Jahren den bedeutenden Galton-Lehrstuhl am University College in London innehatte. Er interessierte sich für die mögliche Struktur der Gene (was damals nicht bei allen

Genetikern der Fall war). Zudem liebte er es, »Gitterwerk« anzufertigen: Mit einer feinen Laubsäge schnitt er Objekte aus Sperrholz oder Funierholz zurecht. Er konstruierte eine ganze Reihe solcher Modelle, um zu demonstrieren, wie die Replikation bei Genen möglicherweise ablaufen könnte. Die hölzernen Einzelteile hatten eine kunstvolle Form, mit Haken und anderen Vorrichtungen; wenn man sie schüttelte, fielen sie auseinander und fügten sich dann auf recht amüsante Weise wieder zusammen. Er veröffentlichte ein wissenschaftliches Paper, in dem er sie beschrieb, und außerdem einen eher populärwissenschaftlichen Artikel im *Scientific American*. Ein Bericht seines Sohnes, des bekannten theoretischen Physikers und Mathematikers Roger Penrose, wird in dem Nachruf für seinen Vater, der für die Royal Society verfaßt wird, erscheinen.

Der Zoologe Murdoch Mitchison nahm mich einmal mit, um Lionel Penrose und seine Modelle kennenzulernen. Ich versuchte, ein höfliches Interesse an den Tag zu legen, hatte aber einige Schwierigkeiten, das alles ernst zu nehmen. Mir kam es einfach grotesk vor, daß dies sich Mitte der fünfziger Jahre abspielte, *nach* der Veröffentlichung der Doppelhelix. Ich versuchte, Penrose auf unser Modell aufmerksam zu machen, aber er war weit mehr an seinen eigenen »Modellen« interessiert. Er glaubte, sie könnten möglicherweise von einiger Bedeutung für einen Abschnitt in der Geschichte des Ursprungs des Lebens sein, der vor der DNA anzusetzen war.

Die hölzernen Teile hatten, soweit ich sehen konnte, keinerlei offensichtlichen Bezug zu bekannten (oder unbekannten) chemischen Zusammensetzungen. Ich kann mir nicht vorstellen, daß er tatsächlich glaubte, Gene bestünden aus Holzteilchen, aber für organische chemische Substanzen als solche schien er sich ganz und gar nicht zu interessieren. Warum also brachte sein Ansatz so wenig? Der Grund dafür war, daß sein Modell der tatsächlichen Struktur nicht nahe genug kam. Natürlich ist jedes Modell notwendigerweise eine Vereinfachung irgendeiner Art. Unser DNA-Modell bestand aus Metall, aber es stellte relativ genau die Abstände zwischen chemischen Atomen dar und trug, bei den Wasserstoffbindungen, der unterschiedlichen Stärke der chemischen Bindungen Rechnung. Das Modell als solches gehorchte nicht den

Gesetzen der Quantenmechanik, aber es veranschaulichte sie bis zu einem gewissen Grad. Es vibrierte nicht aufgrund einer thermischen Bewegung, aber wir konnten solche Vibrationen in Betracht ziehen. Der wesentliche Unterschied zwischen unserem Modell und dem von Penrose war, daß unseres zu detaillierten Voraussagen über Dinge führte, die nicht ausdrücklich in das Modell einbezogen worden waren. Es gibt vermutlich keine scharfe Trennungslinie zwischen einer Demonstration und einem Modell, aber in diesem Fall ist der Unterschied ganz klar und deutlich zu sehen. Die Doppelhelix war, da sie detaillierte chemische Eigenschaften verkörperte, ein echtes Modell, während das von Penrose nicht mehr war als eine Demonstration, eine »Keine-Sorge«-Theorie.

Noch seltsamer war, daß sein »Modell« eine ganze Weile nach unserem konstruiert wurde. Was faszinierte ihn daran so sehr? Ich glaube im Grunde, daß er *gerne* Laubsägearbeiten machte und entzückt war, daß sein Lieblingshobby dazu dienen konnte, eines der Hauptprobleme seines beruflichen Lebens zu veranschaulichen – die Beschaffenheit des Gens. Ich vermute, daß er andererseits Chemie verabscheute und nicht damit behelligt werden wollte.

Ich kann einfach nicht anders – ich habe das Gefühl, daß viele »Modelle« des Gehirns, die man uns vor die Nase setzt, hauptsächlich deswegen zusammengebastelt werden, weil ihre Urheber gerne mit Computern spielen und Computerprogramme schreiben, und daß sie sich einfach mitreißen lassen, wenn ein Programm ein hübsches Ergebnis produziert. Es scheint sie wenig zu kümmern, ob das Gehirn tatsächlich mit Hilfe der Vorrichtungen arbeitet, die sie in ihre »Modelle« einbauen.

In der Biologie sollte ein gutes Modell also nicht nur das in Frage stehende Problem ansprechen, sondern möglichst auch dazu dienen, die Ergebnisse unterschiedlicher Ansätze zu vereinen, so daß man mit ihm eine ganze Reihe von Versuchen durchführen kann. Unter Umständen ist dies nicht immer auf direktem Weg möglich – die Theorie der natürlichen Auslese konnte nicht unmittelbar auf der Ebene der Zellen und Moleküle getestet werden –, aber eine Theorie wird immer dann mehr Aufmerksamkeit auf sich ziehen, wenn sie durch unerwartete Beweise gestützt wird, vor allem durch Beweise anderer *Art*.

11 Der fehlende Bote

Die nächste Episode, auf die ich eingehen möchte, betrifft das, was wir mittlerweile als Messenger-RNA (Boten-RNA) bezeichnen. Die Doppelhelix-Struktur der DNA hatte uns einen theoretischen Rahmen geliefert, der als Richtschnur für die Forschung von unschätzbarem Wert war, da er nicht nur verschiedene Ansätze miteinander verknüpfte, zwischen denen auf den ersten Blick keinerlei Zusammenhang zu bestehen schien, sondern auch radikal neue Experimente nahelegte, die man sich ohne das DNA-Modell als Leitlinie gar nicht hätte ausdenken können. Unglücklicherweise hatte sich ein grundlegender Fehler in unsere Vorstellung eingeschlichen. Damals war es noch ungewiß, ob im Zellkern (wo sich der Großteil der DNA befand) überhaupt eine Proteinsynthese ablief; vielmehr wies alles darauf hin, daß die Proteinsynthese zum großen Teil im Cytoplasma stattfand. Irgendwie mußte die Sequenzinformation in der Zellkern-DNA außerhalb des Zellkerns, im Cytoplasma, zugänglich gemacht werden. Die naheliegendste Vorstellung, die dem DNA-Modell zeitlich voranging, bestand in der Annahme, daß die RNA dieser Bote war. Dies war der Ausgangspunkt für den Slogan, den Jim Watson prägte: »DNA macht RNA macht Protein.«

Man wußte, daß Zellen, die bei der Proteinsynthese sehr aktiv waren, in ihrem Cytoplasma mehr RNA enthielten als Zellen, die weniger aktiv waren. Ende der fünfziger Jahre hatte man bereits gezeigt, daß der Großteil ihrer RNA in kleinen Partikeln, genannt Ribosomen, vorkam, die aus RNA-Molekülen und einer Mischung von Proteinen bestand. Was lag näher, als nun anzunehmen, daß jedes Ribosom lediglich ein Protein synthetisierte und daß seine RNA die postulierte Messenger-RNA war? Wir gingen davon aus, daß jedes aktive Gen eine (einsträngige) RNA-Kopie von sich selbst herstellte, daß diese in den Zellkern gepackt wurde, zusammen mit einem Satz von Proteinen, die bei der Erfüllung ihrer Aufgabe helfen sollten, und daß sie dann in das Cytoplasma transportiert wurde, wo sie die Synthese der speziellen Polypeptidkette steuerte, die durch diese RNA codiert wurde.

Jedes Ribosom, das in Übereinstimmung mit den Transfer-RNA-Molekülen arbeitete (siehe Anhang A), würde auf irgendeine Weise die Details des genetischen Codes (den man vermutete, aber noch nicht entdeckt hatte) verkörpern, so daß die Vier-Buchstaben-Sprache in die Zwanzig-Buchstaben-Sprache der Proteine übersetzt werden konnte.

Ungefähr zu dieser Zeit diskutierten Sydney Brenner und ich ziemlich ausführlich darüber, wie wir diese Idee beweisen könnten, indem wir ein einzelnes Ribosom isolierten, es mit allen notwendigen Bausteinen ausstatteten und dann zeigten, daß es nur eine einzige Art von Protein produzierte. Glücklicherweise schien es aussichtslos, dieses Problem zu lösen, da die Verfahren, die damals zur Verfügung standen, nicht genau genug waren. Wir hätten sonst unter Umständen viel Zeit und Energie für schwierige Experimente vergeudet, die notwendigerweise fehlgeschlagen wären.

Da es sich bei den Ribosomen ganz offensichtlich um wichtige Strukturen handelte, wurde viel damit experimentiert. Die dabei angewandten Techniken waren oft ganz neu und folglich nicht abgesichert, und die Ergebnisse waren selten eindeutig. Dennoch gab es mit der Zeit immer mehr lästige »Fakten«, die einen zwangen, sich mit ihnen auseinanderzusetzen. Die Ribosomen-RNA in einer wachsenden Bakterienzelle schien sich kaum umzusetzen und wurde daher als »ein träges Stoffwechselprodukt« beschrieben. Man hätte annehmen können, daß die RNA-Moleküle in den Ribosomen hinsichtlich ihrer Länge variierten, da die Proteine oft von sehr unterschiedlicher Länge sind. Experimente ließen jedoch darauf schließen, daß die Ribosomen-RNA nur in zwei ganz bestimmten Längen existierte. Die Basenzusammensetzung der DNA in verschiedenen Spezies von Bakterien variierte sehr. Man hätte erwarten können, daß die Messenger-RNA auf die gleiche Weise variiert, aber die Zusammensetzung des postulierten Boten, der Ribosomen-RNA, variierte bei diesen sehr verschiedenen Spezies nur geringfügig. Wir konnten ad hoc Gründe erfinden, um all diese Schwachpunkte wegzuerklären, aber wir fühlten uns dabei alles andere als wohl. Sydney und ich verbrachten Stunden mit der Durchsicht der Daten und dem Versuch herauszufinden, wo der Fehler steckte.

Wie sich schließlich herausstellen sollte, kam eine Klärung von ganz anderer Seite. Die Gruppe von Wissenschaftlern im Institut Pasteur in Paris hatte ein Experiment durchgeführt, das unter der Bezeichnung PaJaMo-Experiment bekannt wurde, da es sich bei den Beteiligten um Arthur Pardee (einen Amerikaner, der zu Gast war), Jacob und Monod handelte. Monod interessierte sich vor allem für die Bildung von induzierten Enzymen, und zwar vor allem für das Enzym β-Galaktosidase. Die Zelle begann mit der Synthese dieses Enzyms, sobald sie Zuckergalaktose erhielt und nicht die gebräuchlichere Glukose. Jacob war vor allem daran gelegen herauszufinden, wie genetische Information zwischen den Zellen weitergegeben wurde, wenn sie sich paarten. Er und Eli Wollman hatten das berühmte Kreuzungsexperiment mit Bakterien durchgeführt, bei dem die »männlichen« und »weiblichen« Zellen sich miteinander verbinden durften, aber dann, nach einer bestimmten, festgelegten Zeit, getrennt wurden, indem man sie in einen Waring-Verschmelzer einführte, ein Beispiel für einen molekularen Coitus interruptus. Glücklicherweise dauert der Prozeß der Paarung ziemlich lange (unter Umständen bis zu zwei Stunden; das entspricht mehreren normalen Lebensaltern bei einer schnellwachsenden Zelle), so daß er sich relativ leicht untersuchen läßt. Sie hatten gezeigt, daß die Gene in dieser Zeitspanne linear übertragen werden, und zwar in einer festgelegten Reihenfolge, so daß eine Unterbrechung des Prozesses kaum einen Einfluß auf die Gene an einer früheren Stelle hatten, aber einen Transfer der nachfolgenden Gene verhinderte. Es stellte sich heraus, daß dies die Schlüsselentdeckung im Bereich der Bakteriengenetik war; sie klärte eine ganze Reihe von Komplikationen und Schwierigkeiten auf, die sich im Laufe der Jahre aufgetürmt hatten.

Von unserem Standpunkt aus war der eigentlich bedeutsame Aspekt dieses Prozesses, daß ein bestimmtes Gen, beispielsweise das Gen für β-Galaktosidase, zu einem bekannten Zeitpunkt in die Zelle eingebracht wird. Es war nun möglich zu sehen, wie sich die Synthese dieses neuen Proteins mit der Zeit veränderte, nachdem das Gen in die Zelle eingebracht worden war.

Das Ergebnis war überraschend. Wir hätten eigentlich damit gerechnet, daß das neue Gen ziemlich schnell beginnen würde, seine eigenen Ribosomen herzustellen, daß diese sich langsam ansammeln würden und daß, wenn immer mehr Ribosomen aktiv würden, sich die Synthese stetig beschleunigen würde. Das PaJaMo-Experiment führte zu einem ganz anderen Resultat. Kurz nachdem das Gen eingeführt worden war, setzte die Synthese von β-Galaktosidase mit einer ziemlich hohen Geschwindigkeit ein und behielt diese bei.

Natürlich zögerten wir, diesem Experiment Glauben zu schenken. Jacques Monod hatte uns zum ersten Mal davon erzählt, als er als Gast nach Cambridge kam, aber zu diesem Zeitpunkt waren die Ergebnisse noch vorläufig. Sydney und ich machten uns die folgenden Monate Gedanken darüber. Ich versuchte, mir einen Ausweg auszudenken, aber meine Versuche wirkten sehr gezwungen.

Kurz darauf kam François Jacob nach Cambridge, und am Karfreitag 1960, als das Labor geschlossen war, versammelten sich ein paar von uns im Riggs Building des King's College; Sydney war dort Fellow. Horace Judson hat von dieser Episode sehr ausführlich berichtet, und ich möchte an dieser Stelle nur auf die wichtigsten Punkte eingehen.

Ich begann damit, daß ich François über das PaJaMo-Experiment ins Kreuzverhör nahm, da das ursprüngliche Paper einige Lücken aufwies. François erklärte uns im einzelnen, wie sie die Experimente verbessert hatten. Darüber hinaus berichtete er von einem neuen Experiment, das Pardee und Monica Riley in Berkeley durchgeführt hatten. Allmählich wurde uns klar, daß uns nichts anderes übrigbleiben würde, als die Ergebnisse als richtig zu akzeptieren. Was dann genau geschah, ist nicht ganz klar, da es von dem in den Schatten gestellt wurde, was gleich folgt, aber der Gedankengang läßt sich ohne weiteres rekonstruieren. Das PaJaMo-Experiment zeigte, daß die Ribosomen-RNA nicht die Botschaft sein konnte. Alle vorangegangenen Schwierigkeiten hatten uns auf diese Schlußfolgerung vorbereitet, aber wir waren nicht in der Lage gewesen, den notwendigen nächsten Schritt zu tun, und der war: Wo ist die Botschaft denn dann? An diesem Punkt stieß Sydney Brenner einen lauten Schrei aus – er hatte die Antwort gefunden. (Ich hatte sie auch gefunden, was diese Angelegenheit betrifft, ansonsten jedoch niemand.) Eines der eher nebensächlichen Probleme bei diesem ganzen Sachverhalt war eine unbedeutendere Spezies von RNA gewesen, die in *E. coli* vorkam, und zwar kurz nachdem eine Infizierung durch den Bakterienphagen T4 stattgefunden hatte (*E. coli*, ein Darmbakterium, wird sehr oft im Labor verwendet). Einige Jahre zuvor, 1956, hatten zwei Wissenschaftler, Elliot Volkin und Lazarus Astrachan, gezeigt, daß dabei eine neue Spezies von RNA synthetisiert wurde, die eine ungewöhnliche Basenzusammensetzung aufwies, da sie diejenige des infizierenden Phagen widerspiegelte und nicht die des *E. coli*-Wirtes, die zufällig ganz anders aussah. Sie hatten zuerst geglaubt, es handle sich dabei um eine Vorform der Phagen-DNA, die die infizierte Zelle nun in großen Mengen synthetisieren mußte, aber weiterführende sorgfältige Untersuchungen ergaben, daß diese Hypothese falsch war. Dieses Ergebnis hing in der Luft, erstaunlich, aber ungeklärt.

Das Problem war nun: Wenn die Messenger-RNA eine andere Spezies von RNA war, die sich von der Ribosomen-RNA unterschied, warum hatten wir das dann nicht gesehen? Was Sydney gesehen hatte war, daß die Volkin-Astrachan-RNA die Messenger-RNA für die durch den Phagen infizierte Zelle *war*. Sobald diese zentrale Einsicht erst einmal vollzogen war, folgte alles weitere fast automatisch. Wenn es eine separate Messenger-RNA gab, dann brauchte ganz eindeutig ein Ribosom nicht die Sequenzinformation zu beinhalten. Es war nichts weiter als ein träger Lesekopf. Statt daß ein Ribosom an die Synthese eines einzigen Proteins gebunden war, konnte es sich an einer Botschaft entlangbewegen, ein Protein synthetisieren und dann zur nächsten Messenger-RNA weitergehen, wo es ein anderes Protein synthetisierte. Man konnte die Ergebnisse des PaJaMo-Experiments ohne weiteres erklären, wenn man davon ausging, daß die Messenger-RNA nur ein paarmal eingesetzt wurde, ehe sie zerstört wurde. (Wir hatten ursprünglich geglaubt, sie würde nur ein einziges Mal benutzt, aber wir sahen bald ein, daß dies eine überflüssige Einschränkung war.) Dies erklärte die lineare Zunahme von Protein mit der Zeit, denn die Messenger-RNA für β-Galaktosidase erreichte bald eine ausgewogene Konzentration, in der die Messenger-Synthese durch eine Messenger-Verminderung ausgeglichen wurde. Das klang nach Verschwendung, aber es ermöglichte der Zelle, sich rasch an Veränderungen ihrer Umwelt anzupassen.

An jenem Abend gab ich in der Goldenen Helix eine Party. Wir feierten oft Partys (es hieß, die Einladungen der Molekularbiologen seien die muntersten in Cambridge), aber diesmal war es etwas anderes. Die Hälfte der Gäste, etwa der Virologe Roy Markham, die bei dem Meeting am Vormittag nicht dabeigewesen waren, machten sich ganz schlicht und einfach einen schönen Abend. Die andere Hälfte diskutierte in kleinen Gruppen sehr ernst die neue Theorie; wir sahen jetzt, wie leicht sie verwirrende Daten erklären konnte, und planten bereits ganz konkret radikal neue, wichtige Experimente, um die Hypothese zu prüfen. Einige dieser Experimente führte später Sydney durch, als er Gast am Cal Tech war, zusammen mit François und Matt Meselson.

Es fällt schwer, zwei Dinge zu begreifen. Das eine ist die plötzliche Erleuchtung, als jemand zum ersten Mal auf diese Idee kam. Es war ein so denkwürdiger Augenblick, daß ich mich heute noch erinnere, wo Sydney, François und ich in dem Zimmer saßen, als es passierte. Das andere ist die Art und Weise, wie dies so viele von unseren Schwierigkeiten einfach hinwegfegte. Nur eine einzige falsche Annahme (daß die Ribosomen-RNA die Messenger-RNA sei) hatte unser ganzes Denken heillos durcheinandergebracht, so daß es schien, als wanderten wir im dichten Nebel. An jenem Morgen war ich mit ein paar wirren Ideen über die umfassende Kontrolle der Proteinsynthese aufgewacht. Als ich schlafen ging, hatten sich alle unsere Schwierigkeiten gelöst, und die strahlende Antwort stand klar und deutlich vor uns. Natürlich würde es Monate und Jahre brauchen, um diese neuen Ideen abzusichern, aber wir irrten nicht mehr verloren im Dschungel umher. Wir konnten die freie Ebene überblicken und sahen in der Ferne die klaren Umrisse der Berge.

Diese neuen Ideen bereiteten den Weg für die wichtigsten Experimente zum Knacken des genetischen Codes, denn jetzt lag es im Bereich des Denkbaren, den Ribosomen spezielle Boten *hinzuzufügen* (entweder natürliche Boten oder aber synthetische), eine Vorstellung, die vorher keinerlei Bedeutung gehabt hatte.

Natürlich könnten Sie sich jetzt gedrängt fühlen zu fragen: Warum hatten wir das nicht schon früher erkannt? In gewissem Sinne hatten wir es ja gesehen, aber da nichts dies zu stützen schien, hatten wir es nicht als wichtig erkannt. Wir mußten zuerst einmal akzeptieren, daß die RNA, die wir in der Tat im Cytoplasma sahen, *nicht* die Messenger-RNA war und folglich eine andere Funktion hatte. Was genau für eine Funktion das ist, ist bis heute nicht klar, auch wenn wir gezielt raten können. Zudem war es notwendig, hypothetisch eine sehr wichtige Spezies von RNA anzunehmen, *die nie jemand gesehen hatte*. Ich wünschte, ich wäre mutig genug gewesen, diesen Schritt zu vollziehen, aber meine angeborene Vorsicht scheint mich davon abgehalten zu haben. Die Ironie dabei war natürlich, daß man sie in einem speziellen Fall durchaus gesehen hatte (bei der durch Phagen infizierten Zelle), aber wir hatten sie nicht erkannt – bis zu jenem schicksalhaften Karfreitagvormittag. Selbstverständlich mußte die Messenger-RNA schließlich entdeckt werden, aber ich zweifle nicht daran, daß diese Offenbarung den Prozeß sehr beschleunigt hat. Man könnte sagen, daß sich danach die Experimente von selbst ergeben haben. Es blieb nichts als die harte Arbeit: ein trefflicher Stand der Dinge.

12 Tripletts

Obwohl Sydney und mir durchaus klar war, daß der genetische Code ein biochemisches Problem war, hofften wir dennoch, daß genetische Methoden zu einer Lösung beitragen könnten, vor allem, weil genetische Methoden, wenn man das richtige Material verwendet, sehr rasch zu Ergebnissen führen können, biochemische Verfahren hingegen oft ziemlich viel Zeit in Anspruch nehmen. Seymour Benzer hatte sich genetischer Methoden bedient, um zu zeigen, daß das genetische Material fast mit Sicherheit eindimensional ist. Diese Fragestellung war von der Doppelhelix inspiriert worden, aber die Methode, nach der er arbeitete, war völlig neu.

Um ein Gen in all seinen Feinheiten darstellen zu können, ist es notwendig, sich eher seltene Exemplare auszusuchen. Je näher sich zwei Mutanten in einem Gen sind, desto seltener tritt der Fall einer genetischen Rekombination zwischen ihnen ein. Benzer hatte sich für ein System entschieden, das zwei Vorteile bot. Die zur Debatte stehenden Gene befanden sich in dem Bakteriophagen T4, einem Virus, das die Zellen von *E. coli* angriff und zerstörte. Das Virus wächst sehr schnell und rekombiniert mit hoher Geschwindigkeit. Er hatte das als r_{II} bezeichnete Gen ausgesucht – eigentlich ein Paar von Genen, die sich sehr nahe nebeneinander befinden –, da es einen bemerkenswerten technischen Vorteil hatte. Wenn man die richtige Art von Wirtszellen benutzte, war es möglich, ein Virus mit einem Wildtyp-Gen zu isolieren, selbst wenn es mit Millionen von Viren mit der Mutantenversion vermischt war. Auf diese Weise konnte man sehr seltene rekombinierende Gene entdecken, so selten, daß man, laut Benzers Berechnungen, sogar unmittelbar aneinandergrenzende Basenpaare auf der DNA separieren konnte. Unglücklicherweise gab es keine entsprechende Methode, um eine Mutante inmitten Unmengen von Wildtypen abzusondern, aber auf der geeigneten Wirtszelle sah die Plaque – die kleine, durch das Wachstum eines Bakteriums in dem Rasen von *E. coli* in einer Petrischale entstandene Kolonie – anders aus und war leicht zu erkennen. Eine einzelne Mutantenplaque konnte man in einer Petrischale mit einigen hundert Wildtypenplaques ohne große Schwierigkeiten lokalisieren.

Bei der konventionellen Art und Weise, ein Gen zu kartographieren, hätte man eine Reihe unterschiedlicher Mutanten aussuchen und dann den Rekombinationsabstand zwischen irgendeinem beliebigen Paar von ihnen bestimmen müssen. Ausgefeiltere Methoden, bei denen man mit drei Mutanten arbeitete, waren ebenfalls möglich, aber all dies bedeutete, daß man Hunderte oder Tausende von Plaques zählen mußte, und das war äußerst mühsam.

Benzer, dem immer daran gelegen war, unnötige Arbeit zu vermeiden, dachte sich ein besseres Verfahren aus. Er stellte fest, daß einige seiner Mutanten keine Punkt-Mutationen waren, sondern anscheinend Deletionen. Auf seiner genetischen Karte wurden sie als Linien sichtbar, da sie mindestens zwei von den Punkt-Mutationen zu überlappen schienen. Auf diese Weise gelang es ihm, eine ganze Reihe von Deletions-Mutanten zu registrieren. Wenn zwei Deletionen sich überlappten, konnte eine genetische Rekombination nie mehr den intakten Wildtyp ergeben, da der überlappende Abschnitt bei keinem Elternteil vorhanden und folglich nicht mehr verfügbar war. Wenn sich andererseits zwei Deletionen *nicht* überlappten, konnte eine richtige Rekombination den Wildtyp wiederherstellen.

Eine Analogie kann dies vielleicht veranschaulichen. Stellen Sie sich zwei defekte Kopien eines bestimmten Buches vor; bei der einen fehlen die Seiten 100 bis 120, bei der anderen die Seiten 200 bis 215. Es ist ganz klar, daß man aus diesen beiden Exemplaren, bei denen jeweils ein zusammenhängender Teil fehlt, den Text des vollständigen Buches wiederherstellen kann. Wenn jedoch bei dem zweiten Buch nicht die Seiten 200 bis 215 fehlen, sondern die Seiten 110 bis 125, dann bestünde keine Möglichkeit, den Text der Seiten 110 bis 120 wiederherzustellen, da diese in beiden Exemplaren fehlen.

Um die Analogie noch genauer zu machen, muß ich ein wenig ausholen. Stellen Sie sich vor, das Buch enthielte detaillierte Anweisungen für die Konstruktion eines komplizierten Apparates. Nehmen Sie weiterhin an, daß, wenn eine Seite fehlt, entweder dieser Apparat nie gebaut würde oder daß, falls doch, dabei ein

Apparat herauskommen würde, der nicht funktioniert. Nehmen Sie schließlich an, daß wir eine Million Exemplare eines jeden unvollständigen Buches hätten. In diesem Fall würde folgende Regel gelten: Wählen Sie ein Exemplar eines jeden Typs von Buch aus. Nehmen Sie dann die ersten *n* Seiten von dem einen Buch und die übrigen Seiten von einem anderen. Prüfen Sie, ob man mit Hilfe dieses »gekreuzten« Buches einen Apparat bauen kann, der funktioniert. Machen Sie das eine Million Mal und wählen Sie dabei die crossing-over-Seite (Seite *n*) jeweils rein zufällig aus. Wenn gelegentlich ein funktionierender Apparat herauskommt, dann haben die beiden Lücken nicht überlappt. Kommt jedoch *nie* ein funktionierender Apparat heraus, dann haben die Auslassungen wahrscheinlich überlappt.

Dies scheint vielleicht eine sehr mühsame Methode zu sein, aber da wir nicht in die Phagen hineinsehen konnten, war es die einzige Methode, die uns zur Verfügung stand. Alles, was Benzer dann noch zu tun blieb, war, die beiden Viren zu kreuzen und gleichzeitig eine *E. coli*-Kultur damit zu infizieren. Die Viren konnten, nachdem sie innerhalb des Bakteriums gewachsen waren und rekombiniert hatten, auf eine Petrischale aufgetragen werden, auf der sich der spezielle Typ von Wirtszellen befand. Wenn die Deletionen nicht überlappten, dann würden sich in der Schale einige Rekombinationsplaques ergeben. Wenn sie jedoch *schon* überlappten, dann ergäben sich keine. Die mühsame Zählerei fiel also weg. Alles, was man brauchte, war ein simples Ja oder Nein.

Benzer argumentierte, daß man, falls das Gen zweidimensional wäre, schließlich irgendwann einmal ein spezielles Muster mit vier Deletionen entdecken würde. Deletion *A* würde Deletion *B* und *C* überlappen; das gleiche gälte für *D*; die Deletionen *B* und *C* hingegen würden nicht überlappen, ebensowenig *A* und *D*. (Siehe Abbildung 12.1.) Man sieht sofort, daß dies nicht passieren kann, wenn das Gen eindimensional ist. Benzer nahm Hunderte von Deletionen und kreuzte sie alle gegeneinander, und zwar paarweise. Die in der Abbildung gezeigte Situation trat nie ein. Aus diesem Grund, so seine Schlußfolgerung, ist das Gen wahrscheinlich eindimensional. Seine Ergebnisse erlaubten ihm darüber hinaus, alle seine Deletionen in eine bestimmte Reihen-

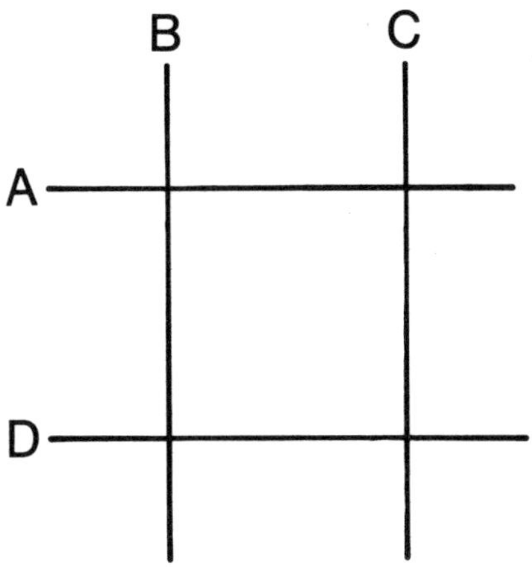

Abbildung 12.1. *Die graphische Darstellung zeigt, daß bei* zwei *Dimensionen A sowohl B als auch C überlappen kann; ebenso ist es möglich, daß B und C von D überlappt werden; hingegen überlappt weder A das D noch B das C. Das ist nicht möglich, wenn A, B, C und D Abschnitte einer (eindimensionalen) Geraden sind. Da Benzer unter seinen vielen Deletionen nie ein derartiges Überlappungsmuster fand, schloß er daraus, völlig zu Recht, daß das Gen, das er untersuchte, eindimensional war. Diese Schlußfolgerung stimmte mit der Tatsache überein, daß es aus DNA bestand.*

folge zu bringen, so daß er in etwa sehen konnte, wo jede einzelne sich auf der kartographischen Darstellung des Gens befand.

Aus den verschiedensten Gründen hatte unsere Gruppe sich entschieden, mit dem gleichen System zu arbeiten. Unser Hauptinteresse galt dem unterschiedlichen Typ von Mutanten, der durch verschiedene Chemikalien hervorgerufen wurde, sowie den Rückmutationen, die diese Chemikalien auslösten. Mutanten schienen im großen und ganzen in zwei Klassen zu gehören. Die meisten chemischen Substanzen produzierten Mutanten der ersten Klasse. Durch Chemikalien des Acridintyps produzierte Mutanten fielen jedoch in die andere Kategorie. Jede Klasse ließ sich sehr leicht durch den Typ von Mutagen wieder zurückverwandeln, der sie hervorgerufen hatte. Ernst Freese hatte vorgeschlagen, daß die eine Klasse Transitionen entsprach (Purin zu Purin oder Pyrimidin zu Pyrimidin – siehe Anhang A), während die andere Transversionen entsprach (Purin zu Pyrimidin und umgekehrt). Wir stellten eine andere Idee zur Diskussion. Einige Mutanten waren durchlässig – das heißt, sie zeigten, daß das Gen bis zu einem gewissen Grad aktiv war – wenn auch natürlich nicht in vollem Maße –, während andere nicht-durchlässig waren – das bedeutet, sie hatten im wesentlichen keine Aktivität. Uns fiel auf, daß durch Proflavin (ein typisches Acridin) produzierte Mutanten fast immer nicht-durchlässig waren. Das führte uns zu der Annahme, die Proflavin-Mutanten seien winzige Deletionen oder Hinzufügungen zu der Basensequenz, während die ganze andere Klasse von Mutanten aus Basensubstitutionen der einen oder anderen Art bestand. Allerdings fehlten uns weitere experimentelle Daten, um diese Vorstellung zu beweisen.

Mittlerweile war ich auf eine ganz andere Idee gekommen. Als ich darüber nachdachte, wie ein RNA-Molekül als Botschaft fungieren könnte, fragte ich mich, ob es sich auf sich selbst zurückfalten und auf diese Weise eine lose Doppelhelix-Struktur bilden konnte. Die Grundidee dabei war, daß einige Basen sich paaren konnten, während andere, die aufgrund der Paarungsregeln nicht zusammenpaßten, sich herauswinden würden. Der »Code« würde dann entweder von den herausgewundenen Basen oder von den gepaarten Basen oder aber von einer ausgeklügelteren Kombination dieser beiden Möglichkeiten bestimmt. Diese Vorstellung war wirklich reichlich vage, erlaubte jedoch eine wichtige Voraussage. Eine Mutante an dem einen Ende der Botschaft könnte – theoretisch – in ihrer Wirkung durch eine andere am entgegengesetzten Ende kompensiert werden, die sich mit ihr paarte. Auf diese Weise könnten einige Mutanten in einiger Entfernung sogenannte »Suppressoren« innerhalb des gleichen Gens haben.

Mir gefiel diese Idee eigentlich recht gut, aber ansonsten hielt niemand sehr viel davon. Bislang hatte ich mich selber noch nie unmittelbar mit Phagengenetik befaßt; ich war damit zufrieden gewesen, mir die experimentellen Ergebnisse meiner Kollegen anzusehen. Da kein Mensch daran interessiert schien, meine Idee experimentell zu überprüfen, entschloß ich mich, es selber zu tun. Phagengenetik war nicht weiter schwer zu erlernen; noch dazu hatte ich ja Experten an der Hand, die mir halfen. Dennoch unterliefen mir einige grundlegende Fehler, die glücklicherweise schnell korrigiert wurden. Die Experimente machten mir klar, wie oberflächlich mein Wissen war, obwohl ich doch an zahlreichen Diskussionen über eben dieses System teilgenommen hatte. Es geht eben nichts über unmittelbares Experimentieren, um eine bestimmte Technik mit all ihren Vor- und Nachteilen kennenzulernen. Es trägt auch dazu bei, daß man sich alle Einzelheiten wirklich merkt, vor allem da in den meisten wissenschaftlichen Papers nichts langweiliger ist als der Abschnitt »Experimentelle Methoden«.

Es war naheliegend, für mein Experiment r_{II}-Gene zu verwenden, und zwar konzentrierte ich mich auf das zweite, das sogenannte B-Cistron. (Cistron war Benzers Phantasiename für ein Gen, das mittels des sogenannten Cis-Trans-Tests definiert wurde.) Ich wählte eine Mutante aus unserem Vorrat aus, versuchte, eine Rückmutante zu finden – eine, die eher dem Wildtyp entsprach – und untersuchte dann, ob diese Rückentwicklung die Folge einer zweiten Mutation an irgendeiner anderen Stelle im gleichen Gen war. Wenn ich sie nicht fand, machte ich einfach weiter und versuchte es noch einmal mit einer anderen Mutante.

Zuerst gelang es mir nicht, irgendwelche Suppressoren zu entdecken. Vermutlich lag die Veränderung, die die Mutante zum Wildtyp zurückverwandelte, bei – oder zumindest sehr nahe bei – der ursprünglichen Veränderung, zu nahe, um sie feststellen zu können. Eines Tages kam Leslie Orgel auf einen Kaffee vorbei. Als er mir so über die Schulter schaute, erklärte ich ihm, was ich da machte und daß ich bislang keine Ergebnisse erzielt hätte. Er ging wieder zu den anderen zurück, während ich mir schnell die restlichen Schalen ansah. Zu meiner großen Freude stellte ich fest, daß ich einen Suppressor-Kandidaten hatte.

Es dauerte nicht lange, bis ich drei Mutanten mit Suppressoren hatte, die glücklicherweise weitläufig über die ganze Karte verteilt waren. Ich isolierte die Suppressoren und wollte sie als nächstes auf die Karte eintragen. Augenblicklich war meine Theorie widerlegt. Anstatt, daß die Suppressoren sich an der vorhergesagten Stelle anordneten, in einiger Entfernung nämlich, befand sich jeder ganz in der Nähe der jeweiligen Mutante. Der Suppressoreffekt mußte also irgendeine andere Ursache haben.

Ohne daß ich es wußte, war auch anderen Leuten aufgefallen,

daß eine Mutante im r_{II} einen Suppressor im gleichen Gen haben konnte. Das vielleicht bemerkenswerteste Beispiel wurde vom Cal Tech berichtet. Dick Feynman, der theoretische Physiker, interessierte sich mittlerweile so sehr für diese genetischen Probleme, daß er beschlossen hatte, selber einige Experimente durchzuführen. Zufällig fand er ein Beispiel für einen internen Suppressor. Da er nicht wußte, was dies implizieren könnte, fragte er seinen Mentor, Max Delbrück. Max schlug vor, daß die ursprüngliche Mutante eine veränderte Aminosäure produziert und die zweite Mutante an irgendeiner anderen Stelle im Protein eine andere Aminosäure verändert habe, was irgendwie die erste Veränderung ausglich. Es war leicht einzusehen, daß derlei geschehen könnte, aber man sollte eigentlich nicht annehmen, daß es sehr häufig der Fall ist.

Ich war mir dieser Möglichkeit durchaus bewußt, aber ich war nicht gerade glücklich damit, teilweise weil ich sehr genau wußte, wie wenig man sich damals hinsichtlich der Proteinstruktur auskannte. Ich beschloß, den Versuch zu unternehmen herauszufinden, wie viele verschiedene Suppressoren eine bestimmte Mutante haben könnte. Für meine weiteren Untersuchungen mußte ich eine von meinen drei Mutanten auswählen, und vernünftigerweise entschied ich mich für diejenige, bei der der Suppressor am weitesten von der Elternmutante entfernt war, in der Hoffnung, dies würde mir etwas mehr Spielraum verschaffen. Zudem stellte ich fest, daß zwei meiner drei Mutanten Produkte von Proflavin waren. Obwohl kein Test ergeben hatte, daß dies statistisch von Bedeutung war, schien es mir doch ein Hinweis zu sein.

Mittlerweile hatte ich schon etwas mehr Erfahrung, so daß ich jetzt mit den Experimenten einigermaßen schnell vorankam. Phagengenetik hat den Vorteil, daß die Experimente ziemlich schnell ehen, sobald einmal alles vorbereitet ist. Man braucht gar nicht lange, um hundert Kreuzungen durchzuführen, da die erforderlichen Manipulationen einfach sind und die eigentliche Kreuzung lediglich etwa zwanzig Minuten dauert; diese Zeit benötigt der Phage, um das Bakterium zu infizieren, sich in seinem Inneren zu vervielfältigen (und im Verlauf dieses Prozesses genetisches Material auszutauschen) sowie aufzuplatzen und dabei die Zelle zu töten. Die Produkte der Kreuzung müssen dann auf Petrischalen ausgebreitet werden, auf die man einen dünnen Film von Bakterien aufgetragen hat. Dann werden die Schalen in einen Inkubator geschoben, um einen Bakterienrasen zu erhalten. An der Stelle, wo ein einzelner Phage gelandet ist und eine Zelle infiziert hat, wird eine Phagenkolonie entstehen und dabei das Bakterium, das sich dort befindet, töten und ein kleines, klar abgegrenztes Loch (genannt Plaque) in dem Rasen auf der Oberfläche der Schale entstehen lassen. Dieser ganze Prozeß dauert einige Stunden, man kann also eine kleine Verschnaufpause einlegen. Dann muß man die Schale aus dem auf 37 °C erhitzten Inkubator nehmen und feststellen, ob sich Plaques gebildet haben oder nicht und, wenn ja, von welchem Typ. Interessante Plaques werden dann »herausgepickt« – das heißt, einige Phagen werden mit einem Stückchen Papier oder einem Zahnstocher herausgenommen; man läßt sie weiter wachsen, und der ganze Prozeß wird dann ein zweites Mal wiederholt, um sicherzugehen, daß der Phagenstamm rein ist. Wenn man einigermaßen zügig arbeitet, kann man ohne weiteres an einem Tag einen zusätzlichen Satz Kreuzungen durchführen und schon alles für einen neuen Durchgang am nächsten Tag vorbereiten.

Als die Experimente immer interessanter wurden, stellte ich fest, daß ich bei sorgfältiger Planung täglich *zwei* Sätze von Kreuzungen nacheinander schaffen konnte. Das bedeutete: morgens gleich anfangen, zum Mittagessen schnell nach Hause, nachmittags weitere Experimente, dann zum Abendessen nach Hause und anschließend noch einen letzten Satz. Glücklicherweise wohnten Odile und ich damals nur wenige Minuten vom Labor entfernt; es war ein angenehmer kleiner Spaziergang durch das historische Zentrum von Cambridge, daher empfand ich die Arbeit gar nicht als unangenehm. In der Tat hat Odile mir erzählt, sie hätte mich nie so fröhlich gesehen wie in jener Periode, als ich die ganze Zeit über experimentierte, aber das mag teilweise daran gelegen haben, daß schier endlose Wochen hindurch alle Experimente perfekt zu funktionieren schienen.

Binnen kurzem fand ich heraus, daß meine ursprüngliche Mutante nicht einen, sondern mehrere verschiedene Suppressoren hatte, die sich alle ziemlich nahe bei der ursprünglichen Mutante befanden. Ich beschloß, daß ich ihnen allen verschiedene Namen geben mußte. Oft arbeitete ich das Wochenende durch und nahm mir am Montag frei, damit die Leute in unserer Laborküche (die alles saubermachten und auch die Petrischalen vorbereiteten) mit der Arbeit nachkamen. Zufällig brauchte ich ausgerechnet an einem Wochenende einen neuen Namen, und außer mir war niemand da. Mutanten wurden im allgemeinen mit einem Buchstaben, gefolgt von einer Zahl, bezeichnet. So war P-31 die einunddreißigste Mutante in der P-Serie, die wahrscheinlich durch Proflavin hervorgerufen wurde. Unglücklicherweise konnte ich mich nicht mehr mit Sicherheit erinnern, welche Buchstaben bereits besetzt waren, also beschloß ich, meine Mutante neu zu benennen, FC-0, denn ich war mir ziemlich sicher, daß noch nie irgend jemand meine Initialen zur Benennung von Mutanten verwendet hatte. Ich nannte also die neuen Suppressoren FC-1, FC-2 und so weiter. Daß ich meine Initialen benutzte, erweckte bei einigen Leuten den Eindruck, ich sei reichlich eingebildet, aber die tatsächliche Erklärung ist, daß ich ein ziemlich schlechtes Gedächtnis habe.

Die neuen Suppressoren schienen alle gute, nicht-durchlässige Mutanten zu sein. Warum also, so fragte ich mich, sollte man nicht nachsehen, ob sie ihrerseits nicht auch Suppressoren hatten? Und das war in der Tat der Fall. Ich ging sogar noch einen Schritt weiter und entdeckte Suppressoren von Suppressoren von Suppressoren.

Was also lief da ab? Glücklicherweise waren die richtigen Vorstellungen gleich zur Hand. Nehmen Sie einmal an, die genetische Botschaft (ein Protein zu produzieren) wurde in Schritten von jeweils drei Basen gleichzeitig gelesen, beginnend an einem ganz bestimmten Punkt in der Botschaft. Um das Ganze etwas verständlicher zu machen, wollen wir eine sehr einfache Botschaft nehmen, die lediglich das Triplett TAG ständig wiederholt:

...TAG, TAG, TAG, TAG, TAG, TAG,...

Die Pünktchen besagen, daß vor und nach einer solchen Sequenz sich ebenfalls eine Botschaft befindet. Ich habe Kommas eingefügt, um zu zeigen, in welcher »Phase« die Sequenz gelesen werden muß. Ich nahm an, diese Phase sei durch ein spezielles »Start«-Signal irgendwo links vor dem abgebildeten Abschnitt festgelegt.

Nehmen Sie an, daß unsere ursprüngliche Mutante (jetzt als

FC-0 bezeichnet) der Basensequenz eine Base hinzugefügt hatte. Dann wäre von diesem Punkt an das Lesen aus dem Gleichschritt geraten (es wäre phasenverschoben geworden) und würde daher ein Nonsense-Protein hervorrufen, ein Protein nämlich, dessen Aminosäurensequenz, die der Mutante folgt, völlig falsch wäre, so daß das Genprodukt nicht funktionieren könnte.

Unsere einfache Sequenz könnte nun so aussehen:

$$\ldots \mathrm{TAG},\ \mathrm{T}\overset{+}{\mathrm{C}}\mathrm{A},\ \mathrm{GTA},\ \mathrm{GTA},\ \mathrm{GTA},\ \mathrm{GTA}\ldots$$

richtig → ←———— falsch ————→

(Die hinzugefügte Base wurde der Deutlichkeit halber als C bezeichnet; es hätte jedoch jede beliebige der vier Basen sein können.)

Ausgehend von dieser Interpretation war also ein Suppressor, etwa FC-1, die *Deletion* einer Base an einem Punkt ganz in der Nähe. Zwischen FC-0 und FC-1 wäre die Botschaft nach wie vor falsch, da sie in der falschen Phase gelesen wird, aber ansonsten wäre sie richtig.

Unser Beispiel könnte dann so aussehen:

$$\ldots \mathrm{TAG},\ \mathrm{T}\overset{+}{\mathrm{C}}\mathrm{A},\ \mathrm{GTA},\ \mathrm{GT}\overset{-}{\not{\mathrm{A}}}\mathrm{G},\ \mathrm{TAG},\ \mathrm{TAG}\ldots$$

das bedeutet:

$$\ldots \mathrm{TAG},\ \mathrm{T}\overset{+}{\mathrm{C}}\mathrm{A},\ \mathrm{GTA},\ \mathrm{GT}\overset{-}{\mathrm{G}},\ \mathrm{TAG},\ \mathrm{TAG}\ldots$$

richtig→ ←—falsch———→ ←richtig——→

Wenn der veränderte Teilbereich der Aminosäurensequenz nicht von wesentlicher Bedeutung war (und in unserem Fall gab es andere Hinweise, die darauf schließen ließen), dann würde das Protein nach wie vor einigermaßen funktionieren, und die Doppelmutante (FC-0 + FC-1) würde sich eher wie ein Wildtyp verhalten als wie eine nicht-durchlässige Mutante.

Ich bezeichnete daher den gesamten ersten Satz von Suppressoren als −. Der nächste Satz, die Suppressoren des ersten Satzes von Suppressoren, wurden mit + gekennzeichnet, *ihre* Suppressoren wiederum als −.

Ich hatte mit diesen Experimenten Anfang Mai begonnen, und jetzt war Sommer. Schon vorher hatte ich alles arrangiert, um mit meiner Familie in Urlaub zu fahren; es waren eigentlich unsere ersten richtigen Ferien, da meine finanzielle Situation jetzt etwas rosiger aussah. Wir hatten – für sehr wenig Geld – eine große Villa auf dem uralten Felsen von Tanger, einer Stadt in Nordafrika, gerade gegenüber von Gibraltar, gemietet. Hier lebten wir in Pracht und Herrlichkeit; ein arabischer Diener wohnte im Haus, ein weiterer kam jeden Tag. Odile und unser deutsches Au-pair-Mädchen, Eleanora, lernten, wie man auf dem arabischen Markt Lebensmittel einkauft, mit all dem Feilschen, Wieder-Weggehen und so weiter. Unsere beiden Töchter vervollkommneten am Strand ihre Schwimmkünste, und ich verbrachte normalerweise den ganzen Tag auf der Terrasse, in dem durchbrochenen Schattenmuster der Palmen.

Auf dem Weg nach Tanger hatte ich einen Abstecher zu einem wissenschaftlichen Meeting gemacht. Schon damals nahmen Wissenschaftler nur ungern an einem Meeting teil, wenn es nicht in einer interessanten Gegend stattfand. Diese Konferenz tagte in Col de Voz, auf halber Höhe des Mont Blanc. Ich referierte über meine vorläufigen Ergebnisse, die schließlich als eine sehr kurze Mitteilung anläßlich des Meetings veröffentlicht wurden.

Nach einem Monat in Tanger fuhr ich zu dem 1961er Biochemiker-Kongreß, der in Moskau stattfand; meine Familie sollte noch eine gute Woche in der Villa bleiben. Moskau wirkte diesmal ganz anders auf mich als bei meinem ersten Besuch, 1945, während des Krieges. Jetzt war Sommer und nicht grimmiger Winter, und alles war freundlicher und machte auch einen wohlhabenderen Eindruck als in den düsteren Kriegszeiten. Ich wohnte in einem Studentenzimmer in der Universität, in der die Konferenz stattfand, und lernte ein paar von unseren Gastgebern näher kennen. Eine dominierende Gestalt war Igor Tamm, der russische Physiker. Der Einfluß Lysenkos, jenes Mannes, der eine ganze Epoche hindurch der Genetik in der UdSSR die Luft abgeschnürt hatte, war kaum mehr zu spüren. Ich hatte das Gefühl, daß sein Niedergang zum großen Teil das Werk von Physikern wie Tamm war, die beträchtlichen politischen Einfluß hatten und die wissenschaftlichen Unfug als solchen erkannten, wenn sie damit konfrontiert wurden. Einige von uns wurden eingeladen, Vorträge vor der Abteilung Biologie der russischen Atomforschungsbehörde zu halten. Wir hielten unsere Vorlesungen auf englisch, aber sie wurden brillant übersetzt (jeweils abschnittsweise, während wir fortfuhren), und zwar von Bressler, einem russischen Wissenschaftler, den wir schon von Cambridge her kannten; er war dort zeitweise Gast gewesen. Nicht nur, daß Bressler verstand, was wir vortrugen, er ergänzte auch, wie ich bei genauerem Zuhören merkte, die »Querverweise« der Redner – eine wahrhaft erstaunliche Leistung.

Die Konferenz in Moskau war vor allem wegen der Ergebnisse interessant, von denen Marshall Nirenberg berichtete, der damals noch fast unbekannt war. Ich hatte Gerüchte über diese Experimente gehört, aber keine Einzelheiten. Matt Meselson, dem ich auf einem Korridor in die Arme lief, machte mich auf Marshalls Vortrag aufmerksam, den er in einem abgelegenen Seminarraum halten sollte. Ich war so beeindruckt, daß ich Marshall einlud, an einem viel größeren Meeting teilzunehmen, das ich leitete. Er hatte entdeckt, daß man eine künstliche Botschaft in ein System von Teströhrchen, in dem Proteine synthetisiert wurden, einbringen und sie dazu bringen konnte, die Synthese teilweise zu steuern. Im einzelnen hatte er Poly-U dem System hinzugefügt – die RNA-Botschaft, die ausschließlich aus einer Uracilsequenz besteht –, und es hatte dann Polyphenylalanin synthetisiert. Dies legte den Schluß nahe, daß UUU (wenn man von einem Dreifachcode ausging) ein Codon für Phenylalanin (eine der »magischen zwanzig« Aminosäuren) war, und dies war tatsächlich der Fall. Später habe ich behauptet, die Zuhörer seien »verblüfft« gewesen (ich glaube, ich habe ursprünglich »elektrisiert« geschrieben), als sie diese Neuigkeiten erfuhren. Seymour Benzer konterte mit einer Photographie, auf der alle fürchterlich gelangweilt dreinschauen! Trotzdem, es war eine epochemachende Entdeckung, nach der es keinen Blick zurück mehr gab.

Bis zu einem gewissen Grad gab es während dieser Woche in Moskau auch ein gesellschaftliches Leben. Ich genoß einen Besuch in einem altmodischen Appartement mit schweren Möbeln; hinter einem großen Bücherschrank stand ein Bett. Auch eine moderne Wohnung, in der ich zu Besuch war, gefiel mir recht gut; sie war in einem viel helleren Ton gehalten. Der Besitzer sammelte moderne russische Kunst. Ich amüsierte mich köstlich, als Alex Rich unserem Gastgeber einen merkwürdigen neuen amerikanischen Tanz vorführte, einen Tanz, den ich später als Twist identifizierte. Da Alex keine sehr ausgeprägte Taille hat, war der Twist, wie er ihn vorführte, alles andere als eine fließende Bewegung.

Ich kehrte nach Cambridge zurück. Der nächste Schritt bestand nun darin, zusätzliche Experimente durchzuführen, um die Vorstellung zu bestätigen, daß es sinnvoll war, jede unserer neuen r_{II}-Mutanten entweder als + oder als – zu kennzeichnen. Die Theorie sagte voraus, daß jede beliebige Kombination des Typs (+ +) oder (– –) eine Mutante sein würde. Meine Kollegen und ich konstruierten eine ganze Reihe solcher Paare, und es handelte sich bei allen um nicht-durchlässige Mutanten, wie vorhergesagt. Diese einfache Theorie sagte zudem voraus, daß *jede beliebige* Kombination des Typs (+ –) dem Wildtyp entsprechen würde, zumindest annähernd. Selbstverständlich wußten wir, daß dies in einigen Fällen zutraf, denn auf diese Weise hatten wir ja den Suppressor überhaupt erst entdeckt, aber viele andere Kombinationen (eines + mit einem –) waren nie untersucht worden. Wir bezeichneten sie als »Onkel und Tanten«, da man zu ihrer Erzeugung oft eine Mutante der einen Generation mit einer Mutante einer vorangegangenen Generation zusammenbringen mußte, die aber von der verschieden zu sein hatte, von der sie abstammte. Ich hatte Sydney gebeten, sich darum zu kümmern, daß einige von diesen getestet würden, während ich weg war, aber er hatte andere Dinge im Kopf, also mußte ich es selber machen, als ich wieder zurückkam.

An diesem Punkt kam es zu einer kleinen Komplikation. Einige der (+ –)-Kombinationen, die eigentlich dem Wildtyp entsprechen sollten, erwiesen sich als Mutanten. Wir erklärten das weg, indem wir annahmen, daß in einigen Fällen die kleine lokale Verschiebung zwischen dem + und dem – zu einer »Nonsense«-Mutante führte. Mittlerweile wissen wir, daß der Grund für diese Nonsensestellen ein Triplett war, das die Polypeptidkette beendete und auf diese Weise ein funktionsunfähiges Proteinfragment hervorbrachte. Darüber hinaus stellte ich fest, daß dies von der genauen Lesephase abhing. Bei einem nicht-überlappenden Triplett-Code gibt es eine richtige, aber *zwei* falsche Phasen, so daß eine Kombination (+ –), das heißt ein +, dem ein –

folgt, sich hinsichtlich der Lokalisierung von einer (− +)-Kombination unterscheidet.

Um auf unser einfaches Beispiel zurückzukommen – eine (+ −)-Kombination könnte folgendermaßen aussehen:

$$\ldots\text{TAG, T}\overset{+}{\text{C}}\text{A, GTA, GTA, G}\overset{-}{\text{T}}\text{G, TAG}\ldots$$

richtig → ←——— falsch ———→ ← richtig

und eine (− +)-Kombination

$$\ldots\text{TAG, }\overset{-}{\text{T}}\text{GT, AGT, AGT, AG}\overset{+}{\text{C}}\text{, TAG}\ldots$$

richtig → ←——— falsch ———→ ← richtig

Bei der ersten steht GTA zwischen den beiden Veränderungen; bei der zweiten ist es AGT. Wir konnten zeigen, daß unsere (+ −)- oder (− +)-Irrtümer dieser Gesetzmäßigkeit gehorchten, und das machte uns einigermaßen zuversichtlich, daß unsere Ideen prinzipiell richtig waren.

Schon vorher hatte Sydney eine Idee gehabt. Er überlegte, daß eine (+ +)-Mutante zum Wildtyp zurückmutieren könnte. Er versuchte es mit einer, aber die Rückmutation hatte sich wohl zu nahe bei einer bereits existierenden befunden, denn er konnte sie nicht separieren. Ein anderer, etwas mühsamerer Ansatz war die Konstruktion einer Dreifachmutante, die die Form (+ + +) oder (− − −) hatte. Gemäß unseren Vorstellungen sollten diese vom Wildtyp sein, da die drei aufeinanderfolgenden Phasenverschiebungen die richtige Phase wiederhergestellt haben müßten; dabei gingen wir natürlich immer davon aus, daß es sich um einen Triplett-Code handelte.

Bei unserer einfachen Sequenz könnte das beispielsweise so aussehen:

$$\ldots\text{TAG, TA}\overset{+}{\text{C}}\text{, GTA, G}\overset{+}{\text{C}}\text{T, AGT, AG}\overset{+}{\text{C}}\text{, TAG}\ldots$$

richtig → ←——— falsch ———→ ← richtig

Eine direkte, aber mühsame Möglichkeit, eine solche Triplett-Mutante zu konstruieren, ist das Verfahren, drei Mutanten auszusuchen, alle + und nicht zu weit voneinander entfernt, und dann zwei Paare zu konstruieren, die jeweils die gleiche mittlere Mutante haben. (Siehe Abbildung 12.2.) Das ist der mühsame Teil, denn es gibt keine Möglichkeit, eine derartige Kombination von

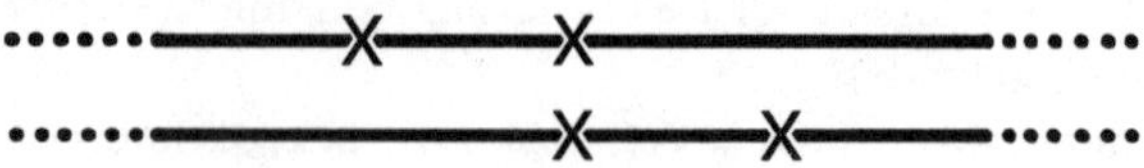

Abbildung 12.2 *Die zwei Linien stehen für die beiden Elternstränge. Jedes X bezeichnet eine Mutation. Es ist nicht möglich, die beiden Elternstränge so zu rekombinieren, daß sich ein Strang ohne jede Mutation ergibt. Die mittlere Mutation wird immer da sein. Zudem können einige Nachkommen alle drei Deletionen auf ein und demselben Strang haben.*

Mutanten auszulesen. Man muß die Kreuzung durchführen und in mühsamer Arbeit die Nachkommen untersuchen, die einen Mutanten-Phänotyp haben, indem man jeden einzelnen absondert, bis man einen findet, der tatsächlich das (+ +) ist, das man sucht. Der letzte Schritt ist dann einfach. Man kreuzt einfach zwei Doubles miteinander. Da ein jedes die mittlere der drei Mutanten enthält, besteht keine Möglichkeit, daß sich bei der Kreuzung ein echter Wildtyp ergibt. Wenn bei der Kreuzung scheinbare Wildtyp-Plaques entstehen, dann handelt es sich mit großer Wahrscheinlichkeit um die gesuchten (+ + +). Auf jeden Fall ist es nun sehr einfach, dies nachzuprüfen, indem man das vermutete Triplett absondert.

Selbstverständlich würde das Triplett nur dann einem Wildtyp ähneln, wenn der Code ein Triplett-Code war. Wurden hingegen jeweils vier oder fünf Basen gleichzeitig gelesen – was, soweit wir wußten, nicht ausgeschlossen war –, dann wäre das (+ + +) eine Mutante, und wir müßten ein (+ + + +) oder sogar ein (+ + + + +) konstruieren. Nicht alle im Laboratorium waren überzeugt, daß das Experiment funktionieren würde. Ich war mir dessen fast sicher. Ebenso Sydney, der damals gerade in Paris war. Er hatte drei mögliche (+ + +)-Kombinationen aufgelistet, die man ausprobieren sollte, aber nachdem er abgereist war, merkte ich glücklicherweise, daß zwei davon wahrscheinlich nicht funktionieren würden, da sie ein Stop-Codon für die Kette produzieren würden; daher konstruierten wir die dritte Kombination, die dieser Komplikation vermutlich nicht unterlag.

Mittlerweile hatte ich beschlossen, daß Leslie Barnett mir helfen sollte. Die letzten Kreuzungen wurden, wie geplant, durchgeführt und der Stapel Petrischalen in den Inkubator geschoben. Nach dem Abendessen kamen wir zurück, um sie zu inspizieren. Ein Blick auf die kritische Schale genügte! Es hatten sich Plaques gebildet! Die Dreifachmutante zeigte das Verhalten des Wildtyps (Phänotyp). Sorgfältig machten wir die Gegenprobe und überprüften noch einmal die Zahlen auf den Petrischalen, um sicherzugehen, daß wir uns auch die richtige angesehen hatten. Es war alles in Ordnung. Ich sah Leslie an. »Ist dir eigentlich klar«, sagte ich, »daß wir, du und ich, die einzigen Menschen auf der ganzen Welt sind, die *wissen*, daß es ein Triplett-Code ist?«

Das Ergebnis war, alles in allem, bemerkenswert. Hier hatten wir also drei unterschiedliche Mutanten, von denen eine jede das Funktionieren des Gens blockierte. Mit ihnen konnten wir drei mögliche Doppelmutanten konstruieren. Eine jede von diesen machte ebenfalls das Gen funktionsunfähig. Wenn wir jedoch alle drei in ein und dasselbe Gen einbrachten (und wir machten gesonderte Experimente, um zu zeigen, daß sie in ein und demselben Virus sein mußten und nicht eine in dem einen und die beiden anderen in einem zweiten Virus), dann begann das Gen wieder zu funktionieren. Das leuchtete ohne weiteres ein, wenn die Mutanten tatsächlich Additionen oder Deletionen waren und der Code tatsächlich ein Triplett-Code war. Kurz gesagt, wir hatten den ersten überzeugenden Beweis dafür geliefert, daß es sich bei dem Code um einen Triplett-Code handelte.

Ich übertreibe allerdings ein wenig. Die Beweise würden auch zu einem Code mit *sechs* Basen passen, aber diese Möglichkeit war, wie zusätzliche Experimente zeigten, äußerst unwahrscheinlich und kaum ernsthaft in Betracht zu ziehen.

Es blieb immer noch eine Menge zu tun, um unsere Ergebnisse zu vervollständigen. Wir konstruierten nicht nur ein, sondern sechs verschiedene Tripletts – fünf vom Typ (+ + +) und ein einziges des (− − −)-Typs – und zeigten, daß sie sich alle wie der Wildtyp verhielten. Ich arbeitete noch intensiver als zuvor, obwohl Leslie mir jetzt sehr half. Das heißt allerdings nicht, daß es keinerlei Ablenkungen und Zerstreuungen gegeben hätte. Eines Abends nach dem Essen arbeitete ich im Labor so vor mich hin, als eine bezaubernde Freundin von mir auftauchte und sich hinter mich stellte, während ich mit den Reagenzgläsern und Schalen hantierte. »Komm doch mit zu einer Party«, sagte sie und fuhr mir mit den Fingern durchs Haar. »Ich bin zu beschäftigt«, wehrte ich ab, »aber wo findet sie denn statt?« – »Na ja«, meinte sie, »wir dachten, wir könnten bei euch feiern.« Schließlich schlossen wir einen Kompromiß. Sie und Odile würden eine kleine Party organisieren, und ich würde mich ihnen anschließen, sobald ich fertig war.

Im Rückblick erscheint es mir erstaunlich, wie wenig wir arbeiteten – ich war im Sommer fast sechs Wochen lang weggewesen, auf dem Mont Blanc, in Tanger und in Moskau – und wie hart wir dennoch arbeiteten und wie schnell. Mit dem ausschlaggebenden Experiment hatte ich Anfang Mai begonnen. Und doch erschien das Paper noch im gleichen Jahr, im letzten Heft von *Nature*.

Wir blieben nicht an diesem Punkt stehen. Vor allem Sydney führte noch zahlreiche Experimente mit diesem System durch. Schließlich überlegten wir, daß es besser wäre, einen wirklich erschöpfenden Rechenschaftsbericht darüber zu veröffentlichen, und Leslie und ich arbeiteten sehr intensiv, um all die losen Fäden miteinander zu verknüpfen. Das führte zu einem bemerkenswerten Ergebnis. Man wußte mittlerweile, daß die beiden Tripletts UAA und UAG Stop-Codons waren. Ich war überzeugt, daß UGA ein drittes war. Sydney hatte ein kompliziertes Verfahren entwickelt, um dies genetisch zu testen, aber die Experimente zwangen uns schließlich zu der Annahme, daß dies nicht der Fall war. Als wir soweit waren, daß wir unsere Ergebnisse niederschreiben wollten, stellten wir fest, daß wir nicht alle denkbaren Experimente dieser Art gemacht hatten. Da wir eine Lücke in unseren Tabellen lieber vermeiden wollten, baten wir Leslie, ganz routinemäßig diejenigen Experimente noch durchzuführen, die wir übersehen hatten. Zu unserer Überraschung funktionierte es diesmal! Wir wiederholten nun auch alle früheren Experimente, und sie funktionierten ebenfalls! Es stellte sich heraus, daß wir beim ersten Mal eine Reihe von Kontrollen eingefügt hatten, um sicherzugehen, daß alles so war, wie es sein sollte. Unglücklicherweise war bei jedem einzelnen Experiment die eine oder andere Kontrolle ausgefallen. Als alle Kontrollen einwandfrei funktionierten, legte das Experiment fast zwingend nahe, daß UGA ein Stop-Codon war.

Wir hatten eigentlich vorgehabt, unsere Ergebnisse in den Seiten der Augustausgabe der *Philosophical Transactions of the Royal Society* würdig zu bestatten. Da wir nun ein einigermaßen interessantes Ergebnis vorzuweisen hatten, nahmen wir die Experimente aus dem geplanten Paper für die *Philosophical Transactions* heraus und machten daraus eine gesonderte Abhandlung, die kurz darauf in *Nature* erschien. Ich war ein wenig überrascht, als ich auf den Korrekturfahnen meinen Namen sah, denn in unserem Labor war es Brauch, daß der Name von jemandem in einem Paper nur dann erwähnt wurde, wenn er wirklich einen wesentlichen Beitrag dazu geleistet hatte. »Wieso«, fragte ich Sydney, »wieso hast du auch mich erwähnt?« Er grinste mich an: »Für permanentes Nörgeln«, beschied er mich, also ließ ich meinen Namen stehen.

Eines der mühsameren Experimente, das Leslie machte, war, daß er *sechs* +'s zusammen in ein Gen einführte und zeigte, daß das Ergebnis dem Wildtyp ähnelte. Man kann sich kaum vorstellen, wie langwierig und schwierig ein solches Experiment ist. Die erforderlichen (+ + + + + +) müssen der Reihe nach aneinandergefügt werden, und in jedem Stadium muß man dafür sorgen, daß das Gen auch wirklich die Struktur hat, die es haben sollte. Wenn die endgültige Konstruktion abgeschlossen und getestet war, mußte man sie nach wie vor auseinandernehmen, und zwar schrittweise, um sicherzugehen, daß sie auch wirklich das war, was wir dachten. Allein für eine skizzenhafte Beschreibung des Ganzen brauchte Leslie etliche von den großen Seiten in den *Philosophical Transactions*.

Als wir die endgültige Fassung des Manuskripts durchsahen, sagte ich zu Sydney, meiner Ansicht nach seien er und ich wohl die einzigen Menschen auf der ganzen Welt, die es je sorgfältig lesen würden. Zum Spaß beschlossen wir, eine fingierte Quellenangabe hineinzuschreiben; wir fügten also an einer Stelle ein: »Leonardo da Vinci (persönliche Auskunft)«, und reichten das Paper bei der Royal Society ein. Ein (uns unbekannter) Gutachter ließ es ohne Kommentar durchgehen, aber dann rief uns Bill Hayes, der andere Gutachter, an und fragte: »Wer ist denn der junge Italiener, der bei euch im Labor arbeitet?« Also mußten wir den Verweis leider wieder streichen.

Die Demonstration anhand genetischer Methoden, daß der Code ein Triplett-Code ist, war eine Tour de force, aber binnen kurzem wurde dies mittels direkter biochemischer Methoden bewiesen. Auf lange Sicht bedeutsamer war die Demonstration, daß Acridin-Mutanten kleine Deletionen und Auslassungen verursachten. Selbst das war nicht unumstritten, da Leonard Lerman einen sehr ansprechenden physikochemischen Hinweis geliefert hatte, daß Acridin *zwischen* die DNA-Basen schlüpfte, und dies konnte sehr leicht zu Additionen oder Deletionen von DNA führen, wenn sie kopiert wurde. Darüber hinaus mußte die Theorie mittels direkter biochemischer Methoden bewiesen werden. Sowohl der Biochemiker Bill Dreyer als auch ein anderer Biochemiker, George Streisinger, hatten dies vor, obwohl sie ziemlich lange dafür brauchten – Biochemie warf damals noch viele technische Probleme auf. Ungefähr jeden Monat diskutierten Sydney und ich, ob wir es nicht selber machen sollten, aber wir zögerten, vor allem weil George ein »Ehemaliger« war – er hatte eine Zeitlang bei uns im Labor gearbeitet. Schließlich hatte George die Antwort, und zwar hatte er nicht mit den unbekannten Produkten der zwei Gene gearbeitet, sondern mit Phagenlysozym. Es kam genau das heraus, was wir erwartet hatten. Zwischen den Mutanten war ein Strang Aminosäuren tatsächlich verändert, und zudem paßten sie gut zu dem, was man über den genetischen Code wußte, der sich allmählich herauskristallisierte.

Kurze Zeit später nahm ich an einem Meeting in der Villa Serbelloni am Comer See teil, das der Biologe Conrad Waddington (von seinen Freunden Wad genannt) organisiert hatte. Dort lernte ich den Mathematiker René Thom kennen. So ziemlich das erste, was er mir gegenüber äußerte, war, daß unsere Arbeit über die Acridin-Mutanten falsch sein müsse. Ich hatte gerade erfahren, daß unsere Ideen biochemisch bestätigt worden waren, also war ich einigermaßen überrascht und fragte ihn, warum er das annehme. Er erklärte, wenn man eine, sagen wir einmal, Dreifachmutante konstruierte, würde man notwendigerweise eine Poisson-Verteilung eines Einfachen, Zweifachen, Vierfachen und so weiter bekommen; folglich seien unsere Behauptungen nicht richtig. Da wir in mühseliger Arbeit unsere Mehrfachmutanten zusammengesetzt (und eine jede sorgfältig getestet) hatten, war mir augenblicklich klar, daß sein Einwand keinerlei Beweiskraft hatte, da ihm ein Mißverständnis zugrunde lag. Entweder hatte er unser Paper nicht aufmerksam genug gelesen, oder er hatte es, falls er es überhaupt gelesen hatte, nicht verstanden. Aber schließlich und endlich sind meiner Erfahrung nach die meisten Mathematiker denkfaul; vor allem hassen sie es, Abhandlungen über Experimente zu lesen.

Ich hatte den Eindruck, daß René Thom ein guter Mathematiker, aber irgendwie arrogant war; er mochte es nicht, wenn er seine Ideen in Begriffen erklären mußte, die auch Nicht-Mathematiker verstehen konnten. Glücklicherweise nahm noch ein anderer Mathematiker, Christopher Zeeman, an der Konferenz teil, und er verstand es außergewöhnlich gut, Thoms Vorstellungen zu vermitteln.

Mein anderer Eindruck war, daß Thom im Grunde sehr wenig Ahnung davon hatte, wie man wirklich wissenschaftlich arbeitete. Was er verstand, das mochte er nicht, und er tat es verächtlich als »angelsächsisch« ab. Ich hatte das Gefühl, daß er sehr überzeugende biologische Einfälle hatte, aber leider mit negativem Vorzeichen. Ich vermutete, jegliche Theorie hinsichtlich Biologie, die er möglicherweise hatte, würde wahrscheinlich falsch sein.

13 Schlußfolgerungen

Es ist nun Zeit zu versuchen, all die Fäden miteinander zu verknüpfen. In den geschilderten Episoden habe ich mich bemüht, Ihnen einige Aspekte der biologischen Forschung nahezubringen, einerseits, um ihren speziellen Charakter deutlich zu machen, andererseits, um so ganz nebenbei mit einigen wenigen Pinselstrichen ein Bild der Forschung als einer dem Menschen wesentlichen Tätigkeit zu zeichnen.

Was die biologische Forschung so reizvoll macht, ist der uralte, fortwährende Prozeß der natürlichen Auslese. Jeder Organismus, jede Zelle und all die größeren biochemischen Moleküle sind das Endergebnis eines langen, komplizierten Prozesses, der oft mehrere Milliarden Jahre in die Vergangenheit zurückreicht. Aus diesem Grund unterscheidet sich die Biologie grundlegend von der Physik. Physik – ob es sich nun um Grundlagenforschung (etwa die Erforschung der Elementarteilchen und ihrer Wechselwirkungen) handelt oder um angewandte Physik (beispielsweise Geophysik oder Astronomie) – ist etwas ganz anderes als Biologie. Es stimmt – in den beiden letztgenannten Bereichen hat man es mit Veränderungen zu tun, die sich über vergleichbare Zeiträume erstrecken, und das, was wir sehen, ist möglicherweise das Endergebnis eines langen historischen Prozesses. Die übereinandergelagerten Gesteinsschichten im Grand Canyon sind ein gutes Beispiel dafür. Trotzdem, auch wenn die Sterne möglicherweise »evolvieren«, so geschieht dies doch nicht auf dem Wege natürlicher Auslese. Außerhalb der Biologie finden wir den Mechanismus der exakten geometrischen Replikation nicht, der, zusammen mit der Replikation der Mutanten, dazu führt, daß aus vereinzelten Ereignissen ganz alltägliche und gängige Erscheinungen werden. Selbst wenn wir gelegentlich eine Annäherung an einen solchen Prozeß erahnen können, läuft er doch mit Sicherheit nicht immer und immer wieder ab, bis sich ein komplexes Teil zum anderen fügt.

Ein weiteres wesentliches Merkmal der Biologie ist die Existenz vieler identischer Exemplare von komplexen Strukturen. Selbstverständlich kann man davon ausgehen, daß viele Sterne sich im großen und ganzen ähneln. Und viele Kristalle in Mineralien müssen eine im Prinzip ähnliche Struktur haben. Aber wir finden weder Unmengen von Sternen noch von Kristallen, die in vielen winzigen Details identisch sind. Andererseits existiert ein bestimmter Typ von Proteinmolekül normalerweise in vielen vollkommen identischen Kopien. Würden diese allein durch Zufall entstehen und ohne das Mitwirken der natürlichen Auslese, dann müßte man diesen Vorgang als nahezu unendlich unwahrscheinlich einstufen.

Die Physik ist auch insofern ganz anders, als hier die Ergebnisse in aussagekräftigen, umfassenden und oft zwar nicht unmittelbar einleuchtenden, aber berechenbaren Gesetzen ausgedrückt werden können. In der Biologie gibt es eigentlich nichts, das der speziellen und der allgemeinen Relativitätstheorie oder der Quantenelektromechanik oder auch nur den einfachen Erhaltungssätzen etwa der Newtonschen Mechanik entspräche: die Erhaltung der Energie, des Impulses und des Drehimpulses. Auch die Biologie kennt »Gesetze«, etwa die Mendelschen Vererbungsregeln, aber dabei handelt es sich oft um nichts weiter als um weitgefaßte Verallgemeinerungen, von denen es jeweils bezeichnende Ausnahmen gibt. Die Gesetze der Physik, davon ist man überzeugt, sind überall im Universum dieselben. Es ist jedoch unwahrscheinlich, daß dies auch für die Biologie gilt. Wir haben keine Ahnung, wie ähnlich ein extraterrestrisches biologisches System (falls es ein solches gibt) unserem eigenen ist. Wir können es natürlich für wahrscheinlich halten, daß auch ein derartiges biologisches System der natürlichen Auslese – oder etwas einigermaßen Vergleichbarem – unterliegt, aber selbst dies ist nichts weiter als eine plausibel erscheinende Annahme.

In der Biologie geht es um *Mechanismen*, Mechanismen, die aus chemischen Komponenten bestehen und oft durch andere, spätere Mechanismen modifiziert werden, die den früheren hinzugefügt werden. Während Occams Rasiermesser in den Naturwissenschaften ein nützliches Instrument ist, kann es in der Biologie unter Umständen sehr irreführend sein. Es ist daher äußerst riskant, Einfachheit und Eleganz in der Biologie als Richtschnur zu wählen. Während man bei der DNA noch den Anspruch erheben konnte, daß sie eine sowohl einfache als auch elegante Lösung war, darf man andererseits nicht übersehen, daß die DNA sich fast mit Sicherheit zu einem Zeitpunkt herausbildete, der dem Ursprung des Lebens ziemlich nahe lag, als die Dinge notwendigerweise einfach sein mußten, um zu funktionieren.

Biologen dürfen nie vergessen, daß das, was sie sehen, nicht erdacht und geplant worden ist, sondern sich entwickelt hat. Man könnte nun daraus den Schluß ziehen, daß evolutionäre Argumente für die biologische Forschung eine vorrangige Rolle spielen, aber dies ist keineswegs der Fall. Es ist schon schwierig genug, das zu untersuchen, was hier und jetzt abläuft. Um wieviel schwerer ist es dann herauszufinden, was genau im Verlauf der Evolution geschehen ist. Daher können evolutionäre Argumentationen sinnvollerweise nur als *Hinweise* darauf dienen, in welcher Richtung man forschen sollte, aber es ist äußerst gefährlich, sich allzusehr auf sie zu verlassen. Es passiert sehr leicht, daß man falsche Schlußfolgerungen zieht, wenn man den zur Debatte stehenden Prozeß nicht schon sehr gut versteht.

All dies kann es Physikern sehr schwermachen, sich auf biologische Forschungsmethoden einzustellen. Physiker neigen sehr dazu, nach der falschen Art von Verallgemeinerungen zu suchen, sich theoretische Modelle auszusuchen, die zu glatt, zu umfassend und zu sauber sind. Es überrascht keineswegs, daß diese theoretischen Modelle nur selten zu den Daten passen. Wenn man eine wirklich gute biologische Theorie ausarbeiten will, muß man versuchen, den von der Evolution produzierten Wirrwarr zu durchschauen, einen Durchblick zu gewinnen auf die zugrundeliegenden Mechanismen; zudem muß man sich darüber im klaren sein, daß diese wahrscheinlich von anderen, sekundären Mechanismen überlagert sind. Was einem Physiker als hoffnungslos komplizierter Prozeß erscheint, war vielleicht für die Natur die einfachste Lösung, da sie ja nur von dem ausgehen konnte, was bereits vorhanden war.

Der genetische Code ist ein sehr gutes Beispiel für das, was ich meine. Wer, um alles in der Welt, könnte sich eine derart komplizierte Anordnung der vierundsechzig Tripletts ausdenken (siehe Anhang B)? Gewiß, der kommalose Code (S. 137f.) entsprach allen Anforderungen, denen eine Theorie genügen sollte. Eine elegante Lösung, die von sehr einfachen Annahmen ausging – und trotzdem grundfalsch war. Und dennoch ist der genetische Code in gewisser Hinsicht sehr einfach. Alle Codons haben lediglich drei Basen. Im Gegensatz dazu umfaßt der Morse-Code Symbole verschiedener Länge, und zwar codieren die kürzeren für die häufiger verwendeten Buchstaben. Das macht den Code effizienter, aber diese Eigenschaft wäre möglicherweise für die Natur in jener Urzeit zu schwierig zu entwickeln gewesen. Argumenten, die sich auf »Effizienz« berufen, muß man daher in der Biologie immer sehr mißtrauisch begegnen, weil wir eben nicht wissen, mit genau welchen Problemen die Myriaden von Organismen im Verlauf der Evolution fertigwerden mußten. Und wenn wir das nicht wissen, wie könnten wir dann entscheiden, was wirklich effizient war?

Aus dem Beispiel des genetischen Code kann man auch eine allgemeinere Lehre ziehen, nämlich die, daß in der Biologie einige Probleme nicht oder noch nicht geeignet dafür sind, theoretisch in Angriff genommen zu werden, und zwar aus zwei gewichtigen Gründen. Den ersten haben wir bereits angedeutet – die derzeitigen Mechanismen könnten sehr wohl das Ergebnis historischer Zufälle sein. Der andere ist, daß die daran beteiligten »Berechnungen« möglicherweise extrem kompliziert sind. Letzteres scheint für das Problem der Proteinfaltung zu gelten.

Die Natur führt diese Faltungs-»Berechnungen« mühelos, genau und parallel durch, eine Kombination, die exakt nachahmen zu wollen aussichtslos ist. Darüber hinaus hat die Evolution sicherlich probate Strategien erfunden, um viele der denkbaren Strukturen auf eine Weise auszuprobieren, die auf dem Weg zu einer korrekten Faltung Abkürzungen ermöglicht. Die endgültige Struktur stellt ein empfindliches Gleichgewicht zwischen zwei Größen dar, nämlich den anziehenden Kräften zwischen den Atomen und den abstoßenden. Bei beiden ist es sehr schwierig, sie genau zu berechnen, aber um die freie Energie einer beliebigen Struktur zu taxieren, müssen wir diesen Unterschied kennen. Die Tatsache, daß derlei normalerweise in wäßrigen Lösungen abläuft, so daß wir die vielen Wassermoleküle mit berücksichtigen müssen, die das Protein umgeben, macht das Problem noch schwieriger.

Diese Schwierigkeiten bedeuten allerdings nicht, daß wir nicht nach allgemeinen Prinzipien suchen sollten, die hierbei eine Rolle spielen (beispielsweise faltet sich ein Protein in einer wäßrigen Lösung, damit es diejenigen Seitengruppen, die Wasser nicht mögen, vor einem Kontakt mit Wasser schützt). Es bedeutet jedoch sehr wohl, daß es unter Umständen besser ist, solche Probleme allmählich einzukreisen und nicht zu versuchen, sie in einem zu frühen Stadium Hals über Kopf in Angriff zu nehmen.

Aus der Geschichte der Molekularbiologie lassen sich noch etliche andere Lehren ziehen; allerdings wäre es nicht weiter schwierig, entsprechende Beispiele auch in anderen Wissenschaftsbereichen zu finden. Es ist erstaunlich, wie eine einzige falsche Vorstellung das ganze Problem in dichten Nebel hüllen kann. Mein Denkfehler, jede Base der DNA existiere in mindestens zwei verschiedenen Formen, war ein solcher Fall. Ein anderer, in gewisser Weise viel schwerer wiegender, war die Annahme, die Ribosomen-RNA sei die Messenger-RNA. Aber überlegen Sie sich nur, wie plausibel diese – irrige – Idee war. Der Embryologe Jean Brachet hatte gezeigt, daß Zellen mit einer hohen Rate der Proteinsynthese in ihrem Cytoplasma beträchtliche Mengen von RNA enthielten. Sydney und ich wußten, daß es einen Boten geben mußte, um die genetische Botschaft eines jeden Gens von der DNA im Zellkern zu den Ribosomen im Cytoplasma zu transportieren, und wir nahmen an, dabei müsse es sich um RNA handeln. In diesem Punkt hatten wir auch recht. Aber wer hätte die Kühnheit besessen zu sagen, daß die RNA, die wir sahen, *nicht* der Bote war, sondern daß der Bote vielmehr eine andere Art von RNA war, die man damals noch nicht entdeckt hatte und die sich schnell umsetzte und daher vermutlich in kleinen Mengen dort vorhanden war? Erst die allmählich sich häufenden experimentellen Daten, die unserer Grundidee zu widersprechen schienen, brachten uns von unserer vorgefaßten Meinung ab. Aber wir waren uns dessen immer sehr bewußt gewesen, daß irgend etwas nicht stimmte, und versuchten unablässig herauszukriegen, was es war. Diese Unzufriedenheit mit unseren Vorstellungen versetzte uns überhaupt erst in die Lage zu erkennen, wo der Fehler steckte. Hätten wir nicht so gewissenhaft immer wieder über diese Widersprüche nachgedacht, dann hätten wir die Antwort vielleicht nie gefunden. Natürlich, letztlich hätte irgendwann einmal irgend jemand es entdeckt, aber das Ganze hätte nicht so schnell solche Fortschritte gemacht – und wir hätten reichlich dumm dagestanden.

Es ist, wenn man es nicht selber erlebt hat, gar nicht so einfach, dieses Gefühl einer plötzlichen Erleuchtung zu beschreiben, das man verspürt, wenn schließlich der Groschen fällt. Augenblicklich ist einem klar, wie viele vorher irritierende Fakten durch die neue Hypothese tadellos erklärt werden. Man würde sich am liebsten selbst ohrfeigen, daß man nicht schon früher darauf gekommen ist, denn jetzt scheint alles so offensichtlich. Und doch war vorher alles wie in einen dichten Nebel gehüllt. Oft stellt sich heraus, daß man andere Experimente durchführen muß, um die neue Vorstellung zu beweisen. Manchmal kann man dies in erstaunlich kurzer Zeit erledigen, und wenn die Experimente erfolgreich verlaufen, tragen sie dazu bei, die Hypothese über jeden vernünftigen Zweifel erhaben zu machen. In solchen Fällen kann sich binnen eines Jahres oder innerhalb noch kürzerer Zeit heillose Verwirrung in fast absolute Gewißheit verwandeln.

Schon an früherer Stelle (Kapitel 10) bin ich auf die Bedeutung allgemeiner negativer Hypothesen (wenn man gute findet) eingegangen und auf den Fehler, einen bestimmten Prozeß mit ganz anderen Mechanismen, die ihn kontrollieren, zu verwechseln, sowie vor allem darauf, wie wichtig es ist, einen weniger wichtigen zusätzlichen Vorgang nicht mit dem Hauptmechanismus zu verwechseln, an dem man eigentlich interessiert ist. Der grundlegende Fehler der meisten zur Zeit gängigen Theorien ist jedoch meiner Ansicht nach, daß man sich einbildet, eine Theorie sei in der Tat ein gutes Modell für einen bestimmten natürlichen Mechanismus und nicht nur eine bloße Demonstration – eine »Keine-Sorge«-Theorie. Die meisten Theoretiker sind regelrecht verliebt in ihre eigenen Ideen, oft einfach deswegen, weil sie schon so lange mit ihnen zusammenleben. Es fällt schwer einzusehen, daß eine Theorie, an der man hängt und die ja in mancher Hinsicht tatsächlich ganz gut funktioniert, völlig falsch ist.

Die grundlegende Schwierigkeit ist die Komplexität der Natur, die zur Folge hat, daß viele durchaus voneinander abweichende Theorien bis zu einem gewissen Grad bestimmte Ergebnisse erklären können. Wenn in der Biologie Eleganz und Einfachheit eine riskante Leitlinie in Richtung auf die korrekte Antwort sind, welche einschränkenden Regeln gibt es dann, die als Ariadnefaden durch das Labyrinth denkbarer Theorien dienen könnten? Die einzigen sinnvollen Einschränkungen scheinen mir die experimentellen Daten zu liefern. Und selbst diese Information ist nicht ohne Risiko, da experimentell gewonnene Fakten, wie wir bereits gesehen haben, oft irreführend oder schlichtweg falsch sind. Es genügt also nicht, so einigermaßen über die experimentellen Hinweise Bescheid zu wissen; vielmehr ist eine umfassende, kritische Kenntnis vieler Arten von Beweismaterial erforderlich, weil man nie wissen kann, welche Art von Fakten wahrscheinlich irgendeinen Aufschluß geben kann.

Mir scheint, nur sehr wenige theoretische Biologen folgen diesem Ansatz. Wenn sie sich mit etwas konfrontiert sehen, das Schwierigkeiten aufzuwerfen scheint, ziehen sie es im allgemeinen vor, an ihrer Theorie herumzubasteln, anstatt nach einem wirklich aussagekräftigen Prüfstein dafür zu suchen. Man sollte immer die Frage stellen: Was ist die Quintessenz der Art von Theorie, die ich mir ausgedacht habe, und wie kann ich sie testen? Dies gilt selbst dann, wenn sich erweisen sollte, daß man dazu eine neue experimentelle Methode braucht.

Theoretische Biologen sollten sich darüber im klaren sein, daß es äußerst unwahrscheinlich ist, eine aussagekräftige Theorie (im Gegensatz zu einer bloßen Demonstration) zu entwickeln, indem man lediglich ein paar gute Ideen hat, die entfernt etwas mit dem zu tun haben, was man für Fakten hält. Und noch unwahrscheinlicher ist es, daß man auf Anhieb eine gute Theorie zustande bringt. Es ist unprofessionell, sich an einer umfassenden, schönen Idee festzuklammern, von der man sich nicht mehr lösen kann (und will). Profis wissen, daß sie eine Theorie nach der anderen entwickeln müssen, ehe Aussicht besteht, ins Schwarze zu treffen. Gerade dieser Prozeß, eine Theorie zugunsten einer anderen aufzugeben, verleiht ihnen ein Maß an kritischer Distanz, das von grundlegender Bedeutung ist, wenn sie Erfolg haben wollen.

Die Aufgabe der Theoretiker, gerade in der Biologie, besteht darin, neue Experimente vorzuschlagen. Eine gute Theorie macht nicht nur Voraussagen, sondern sie macht überraschende Voraussagen, die sich schließlich und endlich als richtig erweisen. (Wenn ihre Voraussagen den Experimentatoren naheliegend und offensichtlich erscheinen, wozu bräuchten sie dann überhaupt noch eine Theorie?) Die Theoretiker beklagen sich oft, die Experimentatoren würden ihre Arbeit schlichtweg nicht zur Kenntnis nehmen. Aber lassen Sie nur einmal einen Theoretiker auch nur eine einzige Theorie der Art, wie oben angedeutet, entwickeln, und alle Welt wird augenblicklich zu dem – nicht immer zutreffenden – Schluß kommen, daß er wirklich außergewöhnlich gut mit schwierigen Problemen zu Rande komme. Er ist dann möglicherweise etwas irritiert, mit wie vielen Problemen, mit denen er sich auseinandersetzen soll, jetzt eben die Experimentatoren zu ihm kommen, die ihn vorher ignoriert haben. Wenn mein Buch irgend jemandem hilft, gute biologische Theorien zu entwickeln, dann hat es einen wichtigen Zweck erfüllt.

14 Epilog – Die Jahre danach

Die alljährliche Konferenz im Cold Spring Harbor Laboratory, die im Juni 1966 stattfand, hatte den genetischen Code zum Thema. Sie markierte das Ende der klassischen Molekularbiologie, denn die detaillierte Beschreibung des genetischen Codes zeigte, daß im großen und ganzen die grundlegenden Vorstellungen der Molekularbiologie weitgehend richtig waren. Ich und die meisten anderen Leute, sowohl solche, die unmittelbar in der Forschung tätig waren, als auch Außenstehende, fanden es bemerkenswert, wie schnell wir so weit gekommen waren. Als ich im Jahre 1947 meine biologischen Forschungen aufgenommen hatte, konnte ich nicht ahnen, daß all die wirklich wichtigen Fragen, die mich interessierten – Woraus besteht ein Gen? Wie läuft die Replikation ab? Wie wird ein Gen an- und abgeschaltet? Was macht es? –, noch im Rahmen meines Berufslebens beantwortet würden. Ich hatte mir ein Thema beziehungsweise eine Reihe von Themen ausgesucht, von denen ich glaubte, ich würde mich während meiner gesamten aktiven wissenschaftlichen Laufbahn damit befassen, und jetzt stellte ich fest, daß ich fast alle meine Ziele erreicht hatte.

Natürlich waren nicht alle Fragen detailliert beantwortet worden. Wir kannten immer noch nicht die Basensequenz eines jeden beliebigen Gens. Unsere Vorstellungen hinsichtlich der biochemischen Vorgänge bei der Genreplikation waren allzusehr vereinfacht. Lediglich bei den Bakterien wußten wir, wie ein Gen kontrolliert wurde, und selbst in diesem Fall fehlten uns die molekularen Details. Über die Kontrolle der Gene in höheren Organismen wußten wir kaum etwas. Und obwohl uns klar war, daß die Proteinsynthese von der Messenger-RNA gesteuert wurde, war doch die Stelle, an der diese Proteinsynthese stattfand – das Ribosom –, fast so etwas wie ein Buch mit sieben Siegeln. Dennoch stellten wir um das Jahr 1966 fest, daß die Grundlagen der Molekularbiologie mittlerweile eindeutig genug umrissen waren, um sie als sichere Ausgangsbasis für die umfassende und zeitaufwendige Aufgabe zu verwenden, die vielen Einzelheiten zu ergänzen.

Sydney Brenner und ich fanden, es sei nun an der Zeit, sich auf neues Terrain zu begeben. Wir entschieden uns für Embryologie, die mittlerweile häufig mit dem umfassenderen Begriff Entwicklungsbiologie bezeichnet wird. Sydney suchte sich – nach intensiver Lektüre und ebenso intensivem Nachdenken – den kleinen Fadenwurm *Caenorhabditus elegans* aus, der ihm als Untersuchungsobjekt geeignet erschien, da er sich schnell vermehrte und sich im Labor ohne größere Schwierigkeiten züchten ließ, und weil seine genetischen Eigenschaften ungewöhnlich, aber recht interessant waren. (Es handelt sich bei diesem Fadenwurm um einen selbstbefruchtenden Zwitter.) Fast alle derzeit laufenden Untersuchungen an diesem kleinen Tier – es wird sogar bei der Erforschung des Alterungsprozesses verwendet – gehen auf diese bahnbrechenden Untersuchungen von Sydney zurück.

Ich kam zu dem Schluß, daß ein wesentliches Merkmal der Entwicklung Gradienten waren – was auch immer das war. Irgendwie schien eine Zelle im Epithel (der obersten Zellschicht) zu wissen, an welcher Stelle in dieser Schicht sie sich befand. Man schrieb dies dem Vorhandensein von »Gradienten« der einen oder anderen Art zu – möglicherweise der regelmäßigen Veränderung der Konzentration einer chemischen Substanz von einem Teilbereich der Zellschicht zu einem anderen. Über das Wesen dieser postulierten Gradienten wußte man damals so gut wie nichts. Etwa zu dieser Zeit schloß sich uns Peter Lawrence an, und ich verfolgte seine Arbeit über Gradienten in der Cuticula (Epidermis) von Insekten – auf diesem Gebiet hatte Michael Locke bahnbrechende Arbeit geleistet – mit großem Interesse. Meine Kollegen Michael Wilcox und Graeme Mitchison untersuchten noch einfachere Systeme, nämlich das Strukturmuster der Zellen in den langen Zellketten, die von einer der Blaugrünalgen (jetzt als Bakterium bezeichnet) gebildet wurden. Trotz all ihrer Bemühungen erwies es sich als unmöglich, die biochemischen Grundlagen dieses Problems in den Griff zu bekommen – welche Moleküle wurden benutzt, um diesen oder jenen Gradienten zu bilden? –, und schließlich wandte ich mich anderen Aspekten des Themas zu. Jetzt interessierte ich mich für die Histone, die kleinen Eiweißpartikel, die in Verbindung mit DNA in den Chromosomen höherer Organismen vorkommen, und befaßte mich eingehend mit den Untersuchungen meiner Kollegen Roger Kornberg, Aaron Klug und anderer, die zur Entdeckung der Struktur von Nucleosomen führten, jenen kleinen Teilchen, auf die die Chromosomen-DNA gewickelt ist.

1976 beschloß ich, mich für ein Studienjahr am Salk Institute beurlauben zu lassen. Das Salk (der vollständige Name lautet: The Salk Institute für Biological Studies) liegt ganz in der Nähe der Klippen, die in La Jolla, einem Vorort von San Diego in Südkalifornien, in den Pazifischen Ozean abfallen. Zwölf Jahre lang, fast seit der offiziellen Gründung des Instituts am 1. Dezember 1960, war ich auswärtiger Fellow gewesen (im Endeffekt ein Mitglied des Besucherkomitees), und eigentlich hatte ich mit dem Institut schon zu tun gehabt, noch ehe es seine Arbeit aufnahm. Ganz zu Anfang pflegten »Bruno« Bronowski und ich von London aus nach Paris zu fliegen, um dort zusammen mit Jonas Salk, Jacques Monod, Mel Cohn und Ed Lennox so faszinierende Probleme wie die Statuten des geplanten Instituts zu diskutieren.

Der Präsident des Salk Institute, Dr. Frederic de Hoffmann, setzte alle Hebel in Bewegung, um mich zum Bleiben zu bewegen. Schließlich überredete er die Kieckhefer Foundation dazu, einen Lehrstuhl für mich einzurichten. Ich verabschiedete mich vom Medical Research Council, und Odile und ich zogen nach Südkalifornien, wo wir seitdem leben.

Kalifornien grenzt im Osten an die Wüste, im Westen an den Pazifik, im Süden an Mexiko und im Norden an den Bundesstaat Oregon, wo es fast die ganze Zeit zu regnen scheint. Es ist nahezu doppelt so groß wie England, hat aber kaum halb so viele Einwohner wie das Vereinigte Königreich und ist bedeutend wohlhabender. Und es verfügt über ein ausgedehntes, eindrucksvolles Netz von Universitäten. Odile und ich sind »resident aliens« – das heißt Immigranten –, obwohl wir nach wie vor die britische Staatsbürgerschaft haben. Ein Immigrant hat kein Wahlrecht, ansonsten aber alle Rechten und Pflichten eines US-Bürgers – einschließlich des Zahlens von Steuern.

Ich persönlich fühle mich in Kalifornien zu Hause. Mir gefällt diese Atmosphäre des Wohlstands, und ich mag den gelassenen und lockeren Lebensstil. Auch daß man so leicht ans Meer, in die Berge, aber auch in die Wüste gelangen kann, macht das Leben hier reizvoll. Es gibt meilenweit Sandstrände, die man entlangspazieren kann – außerhalb der Saison sind sie fast menschenleer. Mit dem Auto ist man in einer Stunde in den Bergen, die höher sind als die in England (was allerdings nicht viel heißt); im Winter sind sie oft schneebedeckt. Die höchsten ragen über der Wüste auf. Wenn es im Winter genügend geregnet hat, verwandelt die Wüste sich im Frühling in ein wahres Blütenmeer. Aber auch sonst übt sie eine seltsame Faszination aus, nicht zuletzt wegen der raffinierten Farbschattierungen und der unermeßlichen Weite des Himmels.

Trotz des fast idealen Klimas scheinen die Wissenschaftler hier hart zu arbeiten. Einige von ihnen arbeiten sogar so hart, daß ihnen kaum mehr Zeit bleibt, sich ernsthafte Gedanken zu machen. Sie sollten lieber das Sprichwort »Ein Leben der Arbeit ist ein vergeudetes Leben« beherzigen. Im übrigen Teil Amerikas fühle ich mich bei weitem nicht so wohl. New York scheint mir sowohl von der Entfernung wie auch von der Atmosphäre her genauso weit entfernt wie mittlerweile London. Meine Empfindungen hinsichtlich New York und Kalifornien sind genau das Gegenteil von denen Woody Allens. Woody liebt New York und kann Kalifornien nicht ausstehen. Seiner Ansicht nach ist die »einzige kulturelle Errungenschaft dort, daß man bei Rot rechts abbiegen darf«. Aber schließlich und endlich scheint er in dem zu schwelgen, was wir im Westen als »Ostküstensnobismus« bezeichnen.

In den zehn Jahren, die seit 1966 verstrichen waren, hatte die Molekularbiologie durchaus nicht stillgestanden, aber vor allem war dies eine Zeit der Konsolidierung gewesen. Die wohl erstaunlichste Entdeckung waren die Retroviren – RNA-Viren, die auf DNA transkribiert und in Chromosomen-DNA eingegliedert wurden. Diese äußerst wichtige Entdeckung gelang unabhängig voneinander Howard Temin und David Baltimore. 1975 wurden sie dafür mit dem Nobelpreis ausgezeichnet, den sie sich mit Renato Dulbecco teilten, der jetzt am Salk Institute tätig ist. (Das Virus, das AIDS hervorruft, ist ein Retrovirus. Ohne diese bahnbrechende Arbeit wäre es sehr schwierig gewesen, aus AIDS klug zu werden.)

Obwohl mir das nicht ganz klar war, stand die Molekularbiologie damals vor einem bedeutenden Schritt vorwärts und zwar wegen dreier neuer Techniken: der Rekombination von DNA, einer schnellen Bestimmung der DNA-Sequenzen und der monoklonalen Antikörper. Kritiker, die früher der Molekularbiologie vorgeworfen hatten, sie habe kaum praktische Vorteile gebracht, wurden durch die Erkenntnis zum Schweigen gebracht, daß man mit Hilfe dieser Techniken Geld machen konnte. Ich will gar nicht erst versuchen, diese äußerst wichtigen Fortschritte in allen Einzelheiten zu schildern, auch nicht die bemerkenswerten Ergebnisse, die man nun tagtäglich damit erzielte, und zwar vor allem aus dem Grund, weil ich selbst nicht unmittelbar daran beteiligt war.

Ich kam zu dem Schluß, daß mein Wechsel an das Salk Institute mir eine ideale Gelegenheit bot, mich näher mit der Funktionsweise des Gehirns zu befassen. Schon seit Jahren hatte ich die Entwicklungen auf Teilgebieten dieses Forschungsbereichs aus der Ferne aufmerksam verfolgt. (Von den Arbeiten David Hubels und Torsten Wiesels über das visuelle System erfuhr ich zum erstenmal aus einer Fußnote in der Literaturzeitschrift *Encounter*.) Mir wurde klar – wenn ich mich jemals näher mit der Erforschung des Gehirns befassen wollte, dann hieß es: jetzt oder nie, denn mittlerweile hatte ich bereits die Sechzig überschritten.

Ich brauchte etliche Jahre, um mich von meinen alten Interessen zu lösen; es fiel mir vor allem deswegen so schwer, weil in der Molekularbiologie nun Überraschungen an der Tagesordnung waren. Eine dieser Überraschungen war die Entdeckung, daß in vielen Fällen ein Teilabschnitt DNA, der für eine einzelne Polypeptidkette codierte, nicht fortlaufend war, wie wir angenommen hatten, sondern durch lange Abschnitte scheinbarer »Nonsense«-Sequenzen unterbrochen wurde. Diese Sequenzen, die man inzwischen als »Introns« bezeichnet, wurden in einem »Spleißen« genannten Vorgang aus der Vorstufe der Messenger-RNA herausgenommen. Die resultierende Messenger-RNA, bei der jetzt alle sinnvollen Sequenzabschnitte (genannt »Exons«) miteinander verbunden waren, wurde dann in das Cytoplasma »exportiert«, so daß sie auf dem Ribosom die Synthese des Proteins steuern konnte, das sie codierte.

Solche Introns fanden sich hauptsächlich in höheren Organismen. In unseren Genen sind die Nonsense-Sequenzen (Introns) oft länger als diejenigen, die einen Sinn haben (die Exons). In den »höheren« Organismen, die nicht besonders viel DNA hatten, etwa die Fruchtfliege *Drosophila*, gab es viel weniger Introns. Und in primitiven Organismen, beispielsweise Bakterien, kamen

Introns fast überhaupt nicht vor, und wenn doch, dann nur an speziellen Stellen [kleine Introns in Transfer-RNA-Genen].

Zudem fand man heraus, daß nicht alle Abschnitte der DNA *zwischen* Genen notwendigerweise viel bedeuten. Ein Großteil unserer DNA, vielleicht bis zu 90 Prozent, schien auf den ersten Blick überflüssiger Ausschuß zu sein. Selbst wenn er irgendeinen Sinn und Zweck hatte, hing doch seine Funktion wahrscheinlich nicht von den genauen Einzelheiten seiner Sequenz ab. Leslie Orgel und ich verfaßten einen Artikel, in dem wir die Idee zur Diskussion stellten, daß ein Großteil davon »eigennützige DNA« sei – eine angemessenere Bezeichnung wäre vielleicht »parasitäre DNA« –, die nicht um des Organismus, sondern um ihrer selbst willen vorhanden war. In seinem Buch *The Selfish Gen* (dt. *Das egoistische Gen*, 1978) hatte bereits Richard Dawkins diese Gedanken – in sehr komprimierter Form – vorgetragen.

Leslie und ich waren der Ansicht, diese selbstsüchtige DNA sei ursprünglich, bei vielen verschiedenen Anlässen, in Form von DNA-Parasiten entstanden, die auf dem Chromosom von einer Stelle zur anderen hüpften und dabei in der Wirts-DNA Kopien von sich hinterließen. Nach einer gewissen Zeit würden viele dieser Sequenzen aufgrund zufälliger Mutationen sinnlos werden und allmählich, im Rahmen eines langandauernden Prozesses, von der Wirtszelle abgestoßen werden. In der Zwischenzeit könnten unter Umständen neue parasitäre Sequenzen beginnen, in die Wirts-DNA einzudringen, bis schließlich ein ungefähres Gleichgewicht zwischen Wirts-DNA und Parasiten-DNA erreicht wäre. Ob dies alles wirklich stimmt, muß sich erst noch zeigen.

Genau dies, die Möglichkeit, daß es eine solche egoistische DNA gibt, ließe sich im Rahmen einer Theorie der natürlichen Auslese erwarten. Bestimmt haben Sie eine gewisse Vorstellung davon, was ein Parasit ist – etwa ein Bandwurm –, aber vielleicht fällt es Ihnen zumindest anfangs schwer, die Vorstellung zu akzeptieren, daß auch ein Molekül ein Parasit sein kann, der sich in Ihren Chromosomen eingenistet hat. Aber warum eigentlich nicht?

Denken Sie daran, das Vorhandensein von Introns war eine ungeheure Überraschung. Ehe Experimentatoren zufällig über sie stolperten, hatte kein Mensch ihre Existenz unmißverständlich postuliert. Vielleicht hätte man die Introns schon früher entdeckt, wenn sie in erwähnenswerten Mengen in *E. coli* oder Coli-Phagen vorhanden gewesen wären. Von der klassischen Genetik her wies nichts auf ihre Existenz hin, nicht einmal in einem Organismus wie Hefe, bei dem man eine kartographische Darstellung der Genetik mit einer relativ hohen Auflösung angefertigt hatte. Introns sind genau das, was man bei einer reinen Black-box-Methode übersieht, das heißt, wenn man lediglich das Verhalten des Organismus betrachtet und nicht den Organismus als solchen untersucht.

Damals schrieb ich außerdem ein populärwissenschaftliches Buch über den Ursprung des Lebens, das für interessierte Laien gedacht war. Leslie Orgel und ich waren, als wir im September 1971 an einer wissenschaftlichen Konferenz über Kommunikationsmöglichkeiten mit außerirdischer Intelligenz (CETI = Communicating with extraterrestrial intelligence) in Eriwan in der Sowjetrepublik Armenien teilnahmen, auf die Idee gekommen, den Grundstein zum Leben auf unserer Erde hätten möglicherweise Mikroorganismen gelegt, die von einer höheren Zivilisation irgendwo im All mit einem unbemannten Raumschiff hierhergeschickt worden seien. Zweierlei hatte uns auf diese Theorie gebracht. Das eine war die Gleichförmigkeit des genetischen Codes; sie legte den Schluß nahe, daß in einem bestimmten Stadium das Leben hier sich aufgrund eines Bevölkerungsengpasses entwickelt hatte. Das andere war die Tatsache, daß das Universum wohl mehr als doppelt so alt ist wie die Erde; es wäre also genügend Zeit gewesen, daß das Leben zweimal evolviert hätte, von den einfachen Anfängen bis hin zu einer hochentwickelten Intelligenz.

Wir bezeichneten unsere Theorie als gelenkte Panspermie. Der erstmals 1907 von dem schwedischen Physiker Svante Arrhenius verwandte Begriff »Panspermie« beinhaltet die Vorstellung, daß Mikroorganismen durch das Weltall zur Erde getrieben seien und dort alles irdische Leben »ausgesät« hätten. Wir fügten das Wort »gelenkte« hinzu, um zum Ausdruck zu bringen, daß irgend jemand diese Mikroorganismen absichtlich hierhergeschickt hatte.

Die Hauptschwierigkeit beim Verfassen eines populärwissenschaftlichen Buches über den Ursprung des Lebens ist, daß es dabei vorwiegend um Probleme der Chemie geht – vor allem um organische Chemie. Und fast alle Leute mögen Chemie nicht. »Ich habe alles verstanden«, erklärte meine Mutter einmal, nachdem sie eine Besprechung gelesen hatte, die ich ihr gegeben hatte, »bis auf diese Hieroglyphen.« Anliegen meines Buches war es allerdings nicht, das Problem des Ursprungs des Lebens zu lösen, sondern vielmehr eine Vorstellung davon zu vermitteln, wie viele verschiedene Wissenschaften dabei eine Rolle spielen, von der Kosmologie und Astronomie bis hin zu Biologie und Chemie.

Ich persönlich hatte – und habe – eine eher distanzierte Einstellung zur gelenkten Panspermie, und an einer Stelle meines Buches erklärte ich sogar, wie eine gute Theorie aussehen sollte und warum unsere Theorie zwar nicht ganz von der Hand zu weisen, aber dennoch sehr spekulativ war. Das Buch, das 1981 bei Simon & Schuster herauskam, hatte den Titel: *Life Itself* (dt. *Das Leben selbst*, 1983). Zwar war meiner Ansicht nach dieser Titel angesichts des Inhalts zu weit gefaßt, aber der Verleger bestand darauf.

Wir wollen uns wieder dem Gehirn zuwenden. Als ich mich entschloß, mich eingehender damit zu befassen, glaubte ich, ich wüßte über die meisten damit zusammenhängenden Probleme bereits einigermaßen Bescheid. In Cambridge war ich lange Jahre hindurch mit Horace Barlow befreundet gewesen – mein Freund, der Mathematiker Georg Kreisel, hatte uns miteinander bekannt gemacht –, und in den fünfziger Jahren hatte ich die Vorlesungen Horaces im Hardy Club – über das Froschauge mit seinen postulierten »Insektendetektoren« – gehört. Dort hatte ich auch Alan Hodgkin und Andrew Huxley über ihr berühmtes Modell für das Axonpotential im Riesenaxon des Kalmar (zehnarmiger Tintenfisch) referieren hören. Später lernte ich bei einem kleinen Meeting im Salk Institute im Jahre 1964 den Neurophysiologen David Hubel kennen. Sinn und Zweck dieses Treffens war es, den Fellows des Instituts Auskunft über den damaligen Stand der Neurobiologie zu geben, für den Fall, daß wir am Salk einige Stellen für die entsprechenden Fachbereiche schaffen wollten.

Anläßlich dieses Treffens lernte ich auch den Neurophysiologen Roger Sperry und den Neuroanatomen Walle Nauta kennen. Im ganzen referierten etwa ein Dutzend Leute vor lediglich einem Dutzend Zuhörer, denn damals war das Salk noch relativ jung. Aber was für Zuhörer! Unter ihnen waren beispielsweise Jacques Monod und der Physiker Leo Szilard. Die Zuhörer waren derart kritisch, daß der letzte Referent wie Espenlaub zitterte, als er an das Rednerpult trat. Ich wünschte nur, das Salk hätte schon damals die Arbeit in Neurobiologie aufnehmen können. Finanzielle Erwägungen verhinderten dies, aber jetzt befaßt sich nahezu die Hälfte aller Arbeiten mit neurobiologischen Problemen.

Mir wurde bald klar, wie wenig Ahnung ich im Grunde genommen von alledem hatte. Ganz abgesehen davon, daß in Neuroanatomie und Neurophysiologie sehr viel erreicht worden war, seit ich mich zum ersten Mal am Rande damit befaßt hatte, gab es auch ganze Bereiche, etwa die Psychophysik, über die ich überhaupt nichts wußte. (Bei Psychophysik handelt es sich nicht um eine neue kalifornische Heilslehre. Es ist ein alter Terminus für jenen Zweig der Psychologie, der sich mit dem *Messen* der Reaktionen einer Person oder eines Tieres auf physikalische Reize, etwa Licht, Geräusch, Berührung etc., beschäftigt.)

Darüber hinaus stellte ich fest, daß es ein neues Spezialgebiet gab, das sich Sinnesphysiologie oder Wissenschaft vom Wahrnehmen und Erkennen nannte. (Es wurde gelegentlich – ein wenig unfreundlich – geäußert, jedes Fach, das sich als »Wissenschaft« bezeichne, sei vermutlich alles andere als das.) Die Wissenschaft vom Erkennen war Teil des Aufbegehrens gegen den Behaviorismus. Die Behavioristen vertraten die Auffassung, man solle lediglich das Verhalten eines Tieres erforschen und nicht versuchen, irgendwelche postulierten *mentalen* Prozesse, die sich im Inneren des Tieres abspielen, mit einzubeziehen oder Modelle davon zu konstruieren. Anfang unseres Jahrhunderts war der Behaviorismus die dominierende Schule der Psychologie, insbesondere in Amerika.

Wissenschaftler, die sich mit dem Phänomen des Erkennens befassen, halten es – ganz im Gegensatz zu der engen Betrachtungsweise der Behavioristen – für wichtig, explizite Modelle der mentalen Prozesse, insbesondere beim Menschen, zu konstruieren. Die moderne Linguistik ist ein wichtiger Teil der Wissenschaft vom Erkennen, da sie ja eben dies tut. Allerdings besteht kein großes Interesse daran, sich das Gehirn als solches näher anzusehen. Viele »Kognitivisten« tendieren dazu, das Gehirn als eine Art »Black-box«, ein magisches Kästchen also, zu betrachten, an das man lieber nicht rührt. Das geht so weit, daß einige Leute die

Wissenschaft vom Erkennen als Untersuchungen definieren, die solche Dinge wie Nervenzellen gar nicht erst in Betracht ziehen. Normalerweise geht man in der kognitiven Wissenschaft so vor, daß man einige psychologische Phänomene herausgreift, ein Modell des postulierten mentalen Prozesses konstruiert und dann mittels Computersimulationen dieses Modell testet, um sicherzugehen, daß es auch wirklich so funktioniert, wie man sich das vorgestellt hat. Wenn es zu wenigstens ein paar von den psychologischen Fakten paßt, gilt es als brauchbares Modell. Die Tatsache, daß die Wahrscheinlichkeit, das richtige Modell konstruiert zu haben, äußerst gering ist, scheint niemanden zu stören.

Mir kam – und kommt – dies alles äußerst seltsam vor. Im Grunde genommen entspricht es der philosophischen Einstellung der Funktionalisten, die glauben, das einzig Wichtige sei die Erforschung der Funktionsweise einer Person oder eines Tieres, und man könne sie als solche auf abstrakte Art und Weise untersuchen, ohne sich darum zu kümmern, welche Einheiten nun tatsächlich die Funktionen ausüben, die man untersucht. Wie ich feststellen mußte, ist eine solche Einstellung unter Psychologen sehr verbreitet. Manche gehen sogar so weit abzustreiten, daß eine Kenntnis dessen, was genau im Kopf vorgeht, überhaupt etwas Nützliches für die Psychologie bringen könnte. Und sie tendieren dazu, mit der Faust auf den Tisch zu schlagen, um solchen Behauptungen Nachdruck zu verleihen.

Wenn man in sie dringt, weshalb sie das glauben, ziehen sie sich im allgemeinen mit der Erklärung aus der Affaire, der ganze Krempel sei so teuflisch kompliziert, daß vermutlich nichts Vernünftiges herauskäme, wenn man es sich näher ansähe. Die naheliegende Antwort darauf ist die Frage, wie, um alles in der Welt, sie – wenn das alles tatsächlich so kompliziert ist – hoffen können, das Rätsel, wie dies alles funktioniert, zu lösen, wenn sie lediglich den In- und Output betrachten und das, was dazwischen abläuft, ausklammern? Die einzige Antwort, die ich auf diese Frage je bekommen habe, lautete, es sei von wesentlicher Bedeutung, Organismen einer höheren Stufe zu untersuchen; eine Beschäftigung mit den Neuronen *als solchen* (von mir kursiviert) werde nie zur Lösung dieser Probleme beitragen. Letzterem stimme ich vorbehaltlos zu, aber meiner Ansicht nach rechtfertigt dies nicht, die

Neuronen insgesamt zu ignorieren. Normalerweise ist es nicht gerade vorteilhaft, die eine Hand auf den Rücken gebunden zu haben, wenn man ein wirklich schwieriges Problem angehen will.

Ich bin vielmehr gerade entgegengesetzter Ansicht wie die Funktionalisten: »Wenn du die Funktion verstehen willst, untersuche die Struktur«, soll ich einmal während meiner Zeit als Molekularbiologe geäußert haben. (Ich glaube, das war beim Segeln.) Meiner Meinung nach sollte man diese Probleme auf *allen* Ebenen in Angriff nehmen, wie man dies ja auch in der Molekularbiologie getan hat. Schließlich und endlich ist die klassische Genetik ebenfalls ein geheimnisumwobenes Thema. Wichtig ist es, eine Verbindung zur Molekularbiologie herzustellen. In der Natur sind Hybriden normalerweise unfruchtbar, aber in der Wissenschaft ist oft das Gegenteil der Fall. Eine Vermischung verschiedener Forschungsbereiche ist oft erstaunlich fruchtbar, während eine wissenschaftliche Disziplin, die zu »rein« bleibt, normalerweise dahinwelkt.

Wenn man komplizierte Systeme untersucht, kann man in der Tat die eigentlichen Probleme nur dann erkennen, wenn man die höheren Stufen dieses Systems betrachtet, aber der *Beweis* jeglicher Theorie hinsichtlich höherer Stufen bedarf, wenn sie über jeden vernünftigen Zweifel erhaben sein soll, normalerweise detaillierter Daten von den niedrigeren Ebenen. Darüber hinaus weisen Forschungsdaten, die sich bei der Untersuchung niedrigerer Stufen ergeben, nicht selten auf wichtige Vorgehensweisen hin, um neue Theorien für höhere Stufen zu formulieren. Zudem erhält man oft wichtige Informationen über Komponenten niedrigerer Stufen, wenn man sie bei einfacheren Tieren untersucht, an denen sich derartige Versuche leichter durchführen lassen. Ein Beispiel dafür aus jüngster Zeit wären die Arbeiten über das Gedächtnis bei Invertebraten (wirbellosen Tieren).

Das erste Problem, mit dem ich mich konfrontiert sah, war die Entscheidung, auf welche Tierart ich mich konzentrieren sollte. Einige meiner Kollegen unter den Molekularbiologen hatten sich für kleine, ziemlich primitive Tiere entschieden. Wie ich bereits erwähnt habe, hatte Sydney Brenner sich einen kleinen Fadenwurm ausgesucht. Seymour Benzer hatte beschlossen, die Genetik der Verhaltensweisen der kleinen Fruchtfliege *Drosophila* zu erforschen, nicht zuletzt, weil an ihr bereits so viele grundlegende genetische Untersuchungen vorgenommen worden waren.

Ich kam zu dem Schluß, daß ich mich *auf lange Sicht* hauptsächlich für das Bewußtsein interessierte, obwohl ich mir sehr wohl bewußt war, daß es töricht wäre, gleich damit anzufangen. Am deutlichsten tritt das Bewußtsein beim Menschen in Erscheinung – zumindest weiß ich, daß ich ein Bewußtsein habe, und ich habe gute Gründe für die Annahme, daß dies auch für Sie gilt. Ob eine Fruchtfliege ein Bewußtsein hat, ist eine ungeklärte Frage. Es gibt jedoch ernstzunehmende Einwände gegen Experimente am Menschen, denn oft sind sie aus ethisch-moralischen Gründen unzulässig. Aus diesem Grund erschien es vernünftig, sich auf Tiere zu konzentrieren, die in der Evolution dem Menschen sehr nahe stehen, das heißt auf Säugetiere und insbesondere auf Primaten – Affen und Menschenaffen.

Mein nächstes Problem war, mich für einen bestimmten Teilaspekt des Säugergehirns zu entscheiden. Da mein Wissen eher bescheiden war, entschied ich mich für das Nächstliegende: das visuelle System. Der Mensch ist ein ausgeprägt visuelles Wesen (was im übrigen auch für die Affen gilt), und das Sehvermögen war bereits unter allen möglichen Gesichtspunkten erforscht worden.

Wie kann man das Sehvermögen beim Menschen untersuchen, indem man mit Affen arbeitet? Die naheliegende Vorgehensweise ist, soviel wie nur möglich beim Menschen und parallel dazu beim Affen oder anderen Säugetieren zu untersuchen. Bei Untersuchungen über die Wahrnehmungen ist es mittlerweile üblich, mit Schlußfolgerungen aus sorgfältigen psychologischen Untersuchungen am Menschen (plus ziemlich ungenauen psychologischen Studien am Affen), kombiniert mit allen verfügbaren neuroanatomischen und neurophysiologischen Informationen hinsichtlich der entsprechenden Teile eines Affenhirns, zu arbeiten. Von Fall zu Fall kann man sich anderer Daten aus Untersuchungen am Menschen, etwa der »evoked potentials« (evozierte Potentiale, ein bestimmter Typus von Gehirnwellen) oder verschiedener ziemlich teurer Verfahren bedienen, aber bislang haben diese eine viel geringere Auflösung in Raum und/oder Zeit und vermitteln uns daher im allgemeinen wenig Information.

Aus diesen Gründen ist für Leute wie mich das visuelle System sehr reizvoll, da – soweit wir wissen – der Sehvorgang bei einem Makaken dem unsrigen sehr ähnlich ist. Es gibt natürlich kaum Forschungsbereiche, die für uns wichtiger sind als die Sprache, denn sie stellt ja einen der wesentlichsten Unterschiede zwischen Mensch und Tier dar. Leider gibt es, aus eben diesem Grund, kein Tier, das für derartige Untersuchungen geeignet wäre. Das ist auch der Grund dafür, daß meiner Ansicht nach die moderne Linguistik – so raffiniert und ausgeklügelt sie auch sein mag – gegen eine Mauer rennen wird, wenn es nicht gelingt, mehr darüber herauszufinden, was in unserem Kopf vorgeht, wenn wir sprechen, zuhören oder lesen. Wenn Sprache auch nur annähernd so kompliziert ist wie das Sehen, dann ist meines Erachtens die Aussicht, ohne solch zusätzliche Informationen ihre tatsächliche Funktionsweise zu enträtseln, ziemlich gering. Es überrascht keineswegs, daß Linguisten diesen Einwand für unakzeptabel halten.

Ich beschloß, zumindest anfangs gar nicht erst zu versuchen, selber Experimente durchzuführen. Abgesehen von der Tatsache, daß sie rein technisch oft sehr schwierig sind, glaubte ich, von einem theoretischen Standpunkt aus mehr erreichen zu können. Ich hatte den Eindruck, eine sinnvolle Funktion erfüllen zu können, wenn ich das Phänomen des Sehens unter so vielen Blickwinkeln wie nur möglich untersuchte. Und ich hoffte, möglicherweise zu einem Brückenschlag zwischen den verschiedenen wissenschaftlichen Disziplinen, die sich unter diesem oder jenem Gesichtspunkt mit dem Gehirn beschäftigten, beitragen zu können. Ich rechnete eigentlich kaum damit, in meinem fortgeschrittenen Alter noch radikal neue theoretische Konzepte zu entwickeln, aber ich hielt eine fruchtbare Zusammenarbeit mit jüngeren Wissenschaftlern durchaus für möglich. Jedenfalls erwartete ich, daß dieser Themenbereich sich als unendlich interessant erweisen würde, und ich fand, daß es mir in meinem Alter zustand, etwas zu meinem eigenen Vergnügen zu tun, vorausgesetzt, ich könnte gelegentlich etwas Nützliches beisteuern.

Nachdem ich also beschlossen hatte, mich mit dem visuellen System der Säuger zu befassen, mußte ich mich entscheiden, bei welchem Aspekt ich beginnen sollte. Ich hatte nie irgendeine medizinische Ausbildung genossen, folglich waren meine Kenntnisse in

Neuroanatomie praktisch gleich Null. Ich beschloß, dieses Problem als erstes anzugehen, da dies wohl das Langweiligste an dem Ganzen sein würde. Ich könnte es also, so dachte ich mir, genausogut gleich hinter mich bringen, ehe ich mich anderen, interessanteren Punkten zuwandte.

Zu meiner Überraschung stellte ich jedoch schon bald fest, daß in der knochentrockenen Neuroanatomie eine kleine Revolution stattgefunden hatte. Vor allem dank der Einführung verschiedener relativ einfacher biochemischer Verfahren konnte man nun feststellen, wie die einzelnen Bereiche des Gehirns miteinander verbunden waren. Darüber hinaus erlaubten diese Techniken nicht nur viele Schlußfolgerungen, sondern sie waren auch weit verläßlicher als die meisten alten Methoden. Leider läßt sich die Mehrzahl von ihnen nicht beim Menschen anwenden (es ist, aus naheliegenden ethischen Gründen, nicht möglich, nach Abschluß des Experimentes den Studenten, der sich als Versuchsobjekt zur Verfügung gestellt hatte, »einzuschläfern«, wie man dies bei Tieren macht). Wir befinden uns also in der seltsamen Situation, mehr über die neuralen Verknüpfungen im Gehirn das Makaken zu wissen als über die im menschlichen Gehirn. In absehbarer Zeit werden wir sogar derart viel über das generelle Strukturmuster dieser Verknüpfungen beim Makaken sowie über die Lokalisierung verschiedener chemischer Transmitter und der entsprechenden Rezeptoren im Gehirn wissen, daß die einzige Möglichkeit, dieser Fülle neuer Informationen Herr zu werden, eine Speicherung in Computern sein wird, und zwar auf eine Art und Weise, daß sie in anschaulicher und verständlicher graphischer Form dargestellt werden können.

Ich begann damit, daß ich Abhandlungen und Besprechungen von Experimenten las, und stellte fest, daß es gar nicht so schwierig war, die Experimentatoren zu verstehen, vorausgesetzt, man interessierte sich wirklich für das, was sie machten, und hatte sich vorher bemüht, anhand ihrer Publikationen herauszufinden, worum es ihnen eigentlich ging. Auf diese Weise gewann ich einige neue Freunde, viel zu viele, um sie hier einzeln aufzuführen. Ich hatte Glück, daß es in La Jolla mehrere Leute gab, die sich für das Sehen oder die entsprechende Theorie interessierten. Eine von Bob Boyton geleitete Gruppe im Psychology Department der

University of California, San Diego (UCSD), untersuchte vorrangig die Psychophysik des Sehens. Andere Psychophysiker, die ich kennenlernte, waren Don MacLeod und V. S. (»Rama«) Ramachandran, der aus Irvine nach San Diego kam. Mit einer anderen Gruppe der gleichen Abteilung hatte ich ebenfalls Kontakt; sie wurde damals von David Rumelhart und Jay McClelland geleitet und befaßte sich vorwiegend mit den theoretischen Aspekten. Nach einiger Zeit übertrug mir die Abteilung eine außerordentliche Professur für Psychologie, trotz meiner eher dürftigen Kenntnisse auf diesem Gebiet.

1980 kam Max Cowan ans Salk und scharte hier eine ansehnliche Gruppe von Neurobiologen um sich. Einige von ihnen, etwa Richard Andersen (jetzt am M. I. T.) und Simon LeVay, führen jetzt Experimente mit dem visuellen System durch. Obwohl Max 1986 das Salk verließ, kommt der Neurobiologie hier nach wie vor ein hoher Stellenwert zu, und erst kürzlich wurde ein Experimentator aus Princeton, Tom Albright, berufen.

Ein weiterer Segen war es, als im Jahre 1984 die beiden kanadischen Philosophen Paul und Pat Churchland Lehrstühle in der Abteilung Philosophie der UCSD übernahmen. Es ist ungewöhnlich, daß sich Philosophen auch nur entfernt Gedanken über das Gehirn machen; daher ist es eine große Hilfe, wenn man sich der Unterstützung zweier Leute versichern kann, die sich in dieser Hinsicht engagieren. Beide hatten hervorragende Abhandlungen über den Reduktionismus verfaßt (für einige ist dies ein Schimpfwort, vor allem für jene, die mich als Erzreduktionisten einstufen). Vor kurzem hat Pat ein dickes Buch mit dem Titel *Neurophilosophy* geschrieben, das von der Bradford-Book-Abteilung der M. I. T. Press veröffentlicht wurde; darin legt sie die philosophischen, theoretischen und experimentellen Aspekte ihrer neuen Betrachtungsweise dar. Der Untertitel lautet: »Towards a Unified Science of the Mind-Brain«.

Ramachandran und Gordon Shaw (ein Physiker am U. C. Irvine) waren Gründungsmitglieder des Helmholtz-Clubs, benannt nach dem deutschen Physiker des 19. Jahrhunderts, der die wissenschaftliche Untersuchung der Wahrnehmung begründet hatte. Die Mitglieder treffen sich ungefähr einmal monatlich; das Ganze beginnt mit einem Mittagessen und findet seinen Abschluß in einem Abendessen. In dieser Zeit halten zwei Leute Vorträge über Themen, die meistens etwas mit dem visuellen System zu tun haben. Dieser Stundenplan läßt genügend Zeit für Diskussionen. Die Meetings finden in Irvine statt, auf halbem Weg zwischen Los Angeles und San Diego, so daß Mitglieder wie auch Geladene von der anderen Universität daran teilnehmen können.

Hier ist nicht der Ort zu versuchen, auch nur in Umrissen darzulegen, was wir mittlerweile über das visuelle System wissen – dazu bräuchte man mindestens noch ein weiteres Buch –, ganz zu schweigen von den anderen Bereichen des Gehirns. Ich möchte mich aus diesem Grund auf eher allgemeine Äußerungen beschränken. Als erstes: Den meisten Leuten leuchtet es nicht so ohne weiteres ein, weshalb wir überhaupt das Sehen untersuchen müssen. Wir sehen doch klar und deutlich und anscheinend ohne größere Anstrengung – wo also liegt das Problem? Erstaunlicherweise muß unser Gehirn, wenn es eine anschauliche mentale Vorstellung von der Welt da draußen konstruieren soll, viele komplexe Aktivitäten (gelegentlich als Berechnungen bezeichnet) ausführen, deren man sich kaum bewußt ist.

Nur allzu leicht unterliegen wir dem Trugschluß mit dem Homunculus – daß nämlich irgendwo ein kleines Männchen an unser Gehirn angekoppelt ist, das alles beobachtet. Die meisten Neurobiologen (Sir John Eccles ist da eine Ausnahme) sind durchaus nicht dieser Auffassung; sie glauben, daß unser Bild von der Welt und von uns selbst einzig und allein von dem Feuern von Neuronen und anderen chemischen oder elektrochemischen Prozessen abhängt, die innerhalb unseres Körpers ablaufen. Wie derlei Vorgänge uns ein anschauliches Bild von der Welt und von uns vermitteln und es uns zudem ermöglichen zu handeln – genau dies wollen wir herausfinden.

Die wichtigste Funktion des visuellen Systems ist es, in unserem Kopf eine Darstellung der Dinge in der Welt draußen zu konstruieren. Dies muß es mittels der komplexen Signale tun, die auf die Retina unseres Auges auftreffen. Obwohl diese Signale implizit eine Menge Information beinhalten, muß das Gehirn sie erst auswerten und verarbeiten, um explizite Repräsentationen von dem zu erhalten, was uns interessiert. So reagieren die Photorezeptoren in unseren Augen auf die Wellenlänge des auftreffenden

Lichts, das von einem bestimmten Objekt kommt. Aber das Gehirn ist hauptsächlich an dem *Reflexionsvermögen* (der Farbe) eines Objekts interessiert, und diese Information kann es selbst unter ganz verschiedenen Bedingungen der Beleuchtung, denen das Objekt ausgesetzt ist, herausziehen.

Das visuelle System wurde entwickelt, um die vielen Aspekte der realen Welt aufzuspüren, die im Verlauf der Evolution für das Überleben wichtig waren, beispielsweise das Erkennen von Nahrung, Beutetieren und möglichen Gefährten. Vor allem aber war es an sich bewegenden Dingen interessiert. Die Evolution konzentriert sich auf jene Merkmale, die nützliche Informationen liefern. In vielen Fällen muß das Gehirn die entsprechenden Operationen so schnell wie möglich durchführen. Die Neuronen selbst sind ihrem Wesen nach ziemlich langsam (verglichen mit den Transistoren in einem Digitalcomputer); folglich muß das Gehirn so organisiert sein, daß es viele seiner »Berechnungen« so schnell wie möglich ausführen kann. Auf welche Weise dies geschieht, wissen wir noch nicht.

Es ist alles andere als schwer, jemanden davon zu überzeugen, daß das Gehirn ganz gewiß nicht so funktioniert, wie er sich dies möglicherweise vorstellt. Diese Mißverständnisse kann man anhand von Gehirnschäden beim Menschen demonstrieren oder indem man Experimente an einem unversehrten menschlichen Gehirn durchführt oder aber indem man zusammenfaßt, was wir über das Gehirn des Affen wissen. Was ein gleichförmiger und einfacher Vorgang zu sein scheint, ist in Wirklichkeit das Ergebnis komplizierter Wechselwirkungen zwischen Systemen, Subsystemen und Sub-Subsystemen. Beispielsweise bestimmt ein System, wie wir Farben sehen, ein anderes, wie wir dreidimensional sehen (obwohl wir von jedem unserer zwei Augen lediglich zweidimensionale Informationen erhalten), und so weiter. Ein Subsystem des letztgenannten Systems hängt von dem *Unterschied* zwischen den Bildern in unseren beiden Augen ab; man bezeichnet dies als stereoskopisches Sehen. Ein anderes ist für die Perspektive zuständig. Ein drittes nützt die Tatsache aus, daß sich Objekte, die weiter entfernt sind, in einem kleineren Sehwinkel befinden als solche, die ganz in unserer Nähe sind. Wieder andere sind für Okklusionen zuständig (wenn ein Objekt einen Teil eines dahinter befindlichen Objekts verdeckt), für die Entstehung einer Form aufgrund des Schattens und so weiter. Und ein jedes dieser Subsysteme kann seinerseits Sub-Subsysteme benötigen, um zu funktionieren.

Normalerweise produzieren alle diese Systeme in etwa die gleiche Antwort, aber mit Hilfe von Tricks – etwa indem wir relativ künstliche visuelle Szenen konstruieren – können wir sie gegeneinander aufstellen, um so eine visuelle Illusion hervorzurufen. Wenn jemand mit einem Auge durch ein kleines Loch in einen Raum blickt, der falsche Perspektiven hat, kann man ein Objekt auf der einen Seite des Raumes kleiner erscheinen lassen, als wenn das gleiche Objekt sich auf der anderen Seite befindet. Ein solcher Raum natürlicher Größe (genannt Ames-Raum) befindet sich im Exploratorium in San Francisco. Als ich hineinschaute, tauchten ein paar Kinder auf, die anscheinend von einer Seite auf die andere liefen. Sie schienen größer zu werden, wenn sie auf die eine Seite rannten, und kleiner, wenn sie auf die andere Seite liefen. Natürlich war mir vollkommen klar, daß sich die Körpergröße von Kindern nie derart verändert, aber dennoch war diese Illusion überwältigend.

Die Vorstellung, daß es sich bei dem visuellen System um eine Art Trickkiste handelt, wurde von Rama Ramachandran zur Diskussion gestellt, und zwar hauptsächlich als Ergebnis seiner eleganten und geistreichen psychophysischen Untersuchungen. Seinen Standpunkt bezeichnet er als utilitaristische Theorie der Wahrnehmung; dazu schreibt er:

> Es ist vielleicht nicht zu weit hergeholt, wenn man behauptet, daß das visuelle System mit einem verblüffenden Aufgebot an für ganz spezielle Zwecke maßgeschneiderten Tricks und Faustregeln arbeitet, um seine Probleme zu lösen. Wenn diese pessimistische Einschätzung der Wahrnehmung zutrifft, dann sollte es die Aufgabe der Forscher, die sich mit dem Phänomen des Sehens befassen, sein, lieber diese Regeln aufzudecken, als dem System ein Maß an Differenziertheit zuzuschreiben, über das es ganz schlicht und einfach nicht verfügt. Die Suche nach übergreifenden Prinzipien könnte sich als vergebliche Liebesmüh' erweisen.

Dieser Ansatz läßt sich wenigstens mit dem, was wir über den Aufbau der Hirnrinde beim Affen wissen, und mit François Jacobs Vorstellung, daß die Evolution ein Flickschuster ist, in Einklang bringen. Natürlich ist es durchaus möglich, daß all diesen verschiedenen Tricks lediglich ein paar fundamentale Lern-Algorithmen zugrunde liegen, die – aufbauend auf den primitiven Strukturen, die die Genetik hervorgebracht hat – diese komplizierte Vielfalt von Mechanismen bewirken.

Noch etwas anderes fand ich heraus, daß nämlich – wieviel man auch über das Verhalten von Neuronen in vielen Teilbereichen des visuellen Systems weiß (zumindest bei Affen) – niemand wirklich eine klare Vorstellung davon hat, wie wir überhaupt sehen. Diese ungute Situation wird den Studenten dieses Fachs gegenüber normalerweise nicht erwähnt. Die Neurophysiologen haben eine gewisse Vorstellung davon, wie das Gehirn das Bild auseinandernimmt und wie geringfügig voneinander getrennte Bereiche unserer Großhirnrinde Informationen bezüglich Bewegung, Farbe, Position im Raum und so weiter verarbeiten. Allerdings versteht man immer noch nicht, wie das Gehirn all dies zusammenfügt, um uns unser lebendiges und einheitliches Bild von der Welt zu vermitteln.

Des weiteren stellte ich fest, daß es noch einen anderen Aspekt dieses Faches gab, den man besser nicht erwähnte: das Bewußtsein. Es war in der Tat so, daß ein Interesse an diesem Problem normalerweise als Zeichen beginnender Senilität gewertet wurde. Diese Tabuisierung überraschte mich wirklich sehr. Selbstverständlich war mir klar, daß bis vor kurzem die meisten Experimente mit dem visuellen System von Tieren durchgeführt wurden, wenn sie betäubt und folglich ohne Bewußtsein waren, so daß sie, genaugenommen, eigentlich überhaupt nichts sehen konnten. Viele Jahre lang störte dies die Experimentatoren nicht sonderlich, da sie feststellten, daß sich die Neuronen im Gehirn auch unter diesen restriktiven Bedingungen recht interessant verhielten. In jüngerer Zeit hat man mehr Experimente an wachen Tieren durchgeführt. Auch wenn es vom Technischen her um einiges schwieriger ist, die Tiere unter derlei Bedingungen zu untersuchen, wird dies doch beispielsweise dadurch aufgewogen, daß man die Tiere nach getaner Arbeit wieder in ihren Käfig setzen kann und die Experimentatoren zum Abendessen nach Hause gehen. Normalerweise untersucht man diese Tiere monatelang, ehe man sie einschläfert. (Experimente an betäubten Tieren können weit aufreibender sein, da sie normalerweise viele Stunden dauern, und zwar ohne Unterbrechung; anschließend wird das Tier im allgemeinen sofort schmerzlos getötet.) Es ist schon seltsam – bislang sind kaum Experimente mit *derselben* Art von Neuronen bei *demselben* Tier durchgeführt worden, und zwar zuerst, wenn das Tier bei Bewußtsein, und dann, wenn es betäubt ist.

Nicht nur die Neurophysiologen wollten nicht über das Bewußtsein reden. Das gleiche galt für die Psychophysiker und Sinnesphysiologen. Vor ungefähr einem Jahr organisierte der Psychologe George Mandell eine Reihe von Seminaren in der Abteilung Psychologie der UCSD. Diese Seminare zeigten, daß es kaum einen Konsens darüber gab, was eigentlich das Problem war, ganz zu schweigen davon, wie es zu lösen wäre. Die meisten Redner schienen zu glauben, daß in absehbarer Zukunft keine Lösung denkbar sei, und redeten lediglich um den heißen Brei herum. Einzig und allein David Zipser (ebenfalls ein Ex-Molekularbiologe, der jetzt an der UCSD ist) stimmte mit mir dahin gehend überein, daß für das Bewußtsein vermutlich ein spezieller neuraler Mechanismus irgendeiner Art eine Rolle spielte, der wahrscheinlich über den Hippocampus und viele Bereiche der Hirnrinde verteilt ist, und daß es durchaus möglich sei, auf experimentellem Wege zumindest die allgemeine Natur dieses Mechanismus zu entdecken.

Es ist schon seltsam – in der Biologie kommt man oft gerade bei den grundlegenden Problemen, deren Lösung unendlich schwierig erscheint, am ehesten zu einem Ergebnis. Dies liegt daran, daß es nur so wenige auch nur im entferntesten denkbare Lösungsmöglichkeiten gibt und daß man schließlich notgedrungen auf die richtige Antwort stößt. (Ein Beispiel für ein solches Problem wurde gegen Ende von Kapitel 3 erwähnt.) Wirklich schwierig zu entwirren sind jedoch diejenigen biologischen Probleme, zu denen es eine fast unbegrenzte Vielzahl von plausiblen Antworten gibt und man mühsam versuchen muß, zwischen ihnen eine Wahl zu treffen.

Ein Haupthindernis bei der experimentellen Untersuchung des

Bewußtseins ist die Tatsache, daß zwar Menschen uns mitteilen können, wessen sie sich bewußt sind (ob sie beispielsweise plötzlich die Fähigkeit zum Farbensehen verloren haben und jetzt nur noch verschiedene Grauschattierungen wahrnehmen), daß es bei Affen aber sehr viel schwieriger ist, eine solche Information zu erhalten. Es stimmt, man *kann* in mühseliger Arbeit Affen dazu abrichten, auf einen Knopf zu drücken, wenn sie eine vertikale Linie sehen, und auf einen anderen, wenn man ihnen eine horizontale Linie zeigt. Aber wir können Leute auffordern, sich eine Farbe *vorzustellen* oder aber sich vorzustellen, daß sie ihre Finger hin und her bewegen. Hingegen ist es sehr schwer, so etwas einem Affen beizubringen. Und doch können wir andererseits das Gehirn im Schädel eines Affen sehr viel gründlicher untersuchen als das eines Menschen. Aus diesem Grund ist es durchaus von einiger Wichtigkeit, zumindest irgendeine *Theorie* des Bewußtseins zu haben – wie vorläufig sie auch sein mag –, die als Richtschnur bei Experimenten sowohl mit Menschen wie auch mit Affen dienen kann. Ich vermute, daß das Bewußtsein ohne ein voll funktionierendes Langzeitgedächtnis auskommen kann, ein extremes Kurzzeitgedächtnis hingegen unerläßlich ist. Dies legt unmittelbar den Schluß nahe, daß man sich die molekulare und zellulare Grundlage des extremen Kurzzeitgedächtnisses – ein bislang eher vernachlässigtes Gebiet – ansehen sollte, und dies läßt sich an Tieren, selbst bei so billigen und relativ einfachen wie Mäusen, durchführen.

Und was ist mit der Theorie? Es leuchtet ohne weiteres ein, daß eine Theorie irgendeiner Art von wesentlicher Bedeutung ist, da eine jede Erklärung des Gehirns sich auf eine große Anzahl von Neuronen beziehen wird, zwischen denen komplizierte Wechselwirkungen bestehen. Darüber hinaus ist das System hochgradig nichtlinear, und es ist gar nicht so einfach, gezielt zu raten, wie irgendein komplexes Modell sich verhalten wird.

Ich stellte binnen kurzem fest, daß umfangreiche theoretische Arbeit geleistet wurde. Sie verteilte sich auf eine Reihe etwas unterschiedlicher Schulen, von denen eine jede höchst ungern die Arbeiten der jeweils anderen erwähnte. Und das ist im allgemeinen bezeichnend für ein Fachgebiet, in dem keine definitiven Schlußfolgerungen gezogen werden. (Ein gutes Beispiel dafür sind vielleicht Philosophie und Theologie.) Ich frischte meine Bekanntschaft mit dem Theoretiker David Marr auf (den ich noch aus Cambridge kannte), als er im April 1979 zusammen mit einem weiteren Theoretiker, Tomaso (Tommy) Poggio, für einen Monat ans Salk kam, um Vorlesungen über das visuelle System zu halten. Mittlerweile ist David leider gestorben, im jungen Alter von nur fünfunddreißig Jahren, aber Tommy (der jetzt am M. I. T. ist) geht es gut; wir sind inzwischen gute Freunde geworden. Schließlich traf ich auch viele der Theoretiker, die über das Gehirn arbeiten (zu viele, um sie hier aufzuzählen), hauptsächlich indem ich an entsprechenden Konferenzen und Meetings teilnahm. Einige lernte ich anläßlich privater Besuche näher kennen.

Ein Großteil dieser theoretischen Arbeiten befaßte sich mit den neuralen Netzwerken – das heißt mit Modellen, bei denen zwischen Gruppen von Einheiten (in gewisser Weise den Neuronen ähnlich) komplizierte Wechselwirkungen ablaufen, um irgendeine Funktion zu erfüllen, die – manchmal ziemlich entfernt – mit irgendeinem Aspekt der Psychologie zusammenhängt. Es wurde eingehend untersucht, wie man solche Netzwerke dazu bringen konnte, zu lernen, und zwar anhand einfacher Regeln – Algorithmen –, die die Theoretiker sich ausgedacht hatten.

Ein kürzlich erschienenes zweibändiges Werk mit dem Titel *Parallel Distributed Processing* (PDP) (parallele oder Vektor-Rechnung) beschreibt einen Großteil der Arbeit, die eine Schule von Theoretikern geleistet hat, nämlich die San-Diego-Gruppe und deren Anhänger. Es wurde von David Rumelhart (jetzt in Stanford) und Jay McClelland (jetzt in Carnegie-Mellon) herausgegeben und erschien im Verlag Bradford Books. Obwohl es ein so umfangreiches und eher akademisches Buch ist, wurde es ein Bestseller. Die Ergebnisse sind so verblüffend, daß der PDP-Ansatz einen dramatischen Einfluß sowohl auf Psychologen wie auch auf Wissenschaftler hat, die sich mit künstlicher Intelligenz (AI = artificial intelligence) befassen, vor allem auf jene, die eine neue Generation hochgradig paralleler Computer zu konstruieren versuchen. Es sieht ganz so aus, als würde sich dies zur neuesten Mode in der Psychologie entwickeln.

Es besteht kein Zweifel daran, daß man äußerst aufschlußreiche Ergebnisse erzielt hat. Beispielsweise können wir sehen, wie ein neurales Netzwerk ein »Gedächtnis« für verschiedene Strukturmuster des Feuerns seiner »Neuronen« speichern und wie ein jeder Teilbereich dieser Muster (das Stichwort) das ganze Muster abrufen kann. Ebenso, wie man einem solchen System durch Erfahrung beibringen kann, gewisse implizite Regeln zu erlernen (gerade so wie ein Kind die Regeln der Grammatik seiner Muttersprache zuerst stillschweigend lernt, ohne sie explizit formulieren zu können). Ein Beispiel für ein solches Netzwerk, genannt »NetTalk«, das von Terry Sejnowski und Charles Rosenberg entwickelt wurde, demonstriert auf verblüffende Weise, wie diese kleine Maschine durch Erfahrung lernen kann, einen geschriebenen englischen Text richtig vorzulesen, auch wenn sie ihn nie zuvor gesehen hat. Terry, den ich inzwischen recht gut kenne, führte sie uns eines Tages zu unserer großen Verblüffung bei einem Fakultätsessen im Salk vor. (Außerdem hat er in der *Today-Show* davon erzählt.) Dieses einfache Modell *versteht* nicht, was es liest. Und seine Aussprache ist nie ganz korrekt, was zum Teil daran liegt, daß im Englischen die Aussprache gelegentlich von der Bedeutung abhängt.

Trotz alledem habe ich einige ernste Vorbehalte hinsichtlich der bislang geleisteten Arbeit auf diesem Gebiet. Vor allem haben die dabei verwendeten »Einheiten« fast immer etliche Eigenschaften, die unrealistisch erscheinen. Beispielsweise kann eine einzelne Einheit an einigen ihrer Endpunkte eine Anregung, an anderen eine Inhibierung auslösen. Was wir derzeit über das Gehirn wissen – auch wenn dieses Wissen begrenzt ist –, läßt vermuten, daß dieser Fall nur selten, wenn überhaupt, eintritt, zumindest was den Neokortex betrifft. Es ist daher unmöglich, alle derartigen Theorien auf neurobiologischer Stufe zu überprüfen, da sie beim ersten und naheliegendsten Versuch völlig versagen. Auf diesen Einwand haben die Theoretiker im allgemeinen die Antwort parat, sie könnten ohne weiteres ihre Modelle abändern, um diesen Aspekt realistischer zu gestalten, aber in der Praxis machen sie sich nie die Mühe. Man spürt, daß sie in Wirklichkeit gar nicht wissen wollen, ob ihr Modell richtig ist oder nicht. Zudem ist der wichtigste Algorithmus, mit dem man derzeit arbeitet [der sogenannte rückschreitende Algorithmus], in der Neurobiologie äußerst unwahrscheinlich. Alle Versuche, diese spezielle Schwierigkeit zu überwinden, wirken meiner Ansicht nach reichlich gezwungen. Zwar widerstrebt es mir, aber aus alldem muß ich den Schluß ziehen, daß diese Modelle in Wirklichkeit gar keine Theorien sind, sondern eher »Demonstrationen«. Es gibt eindeutige Hinweise, daß Einheiten, die eine gewisse Ähnlichkeit mit Neuronen haben, Erstaunliches zuwege bringen können, aber kaum etwas weist darauf hin, daß das Gehirn sich tatsächlich so verhält, wie sie es nahelegen.

Es wäre natürlich durchaus möglich, diese Netzwerke und ihre Algorithmen beim Entwurf einer neuen Generation hochgradig paralleler Computer zu verwenden. Das größte technische Problem scheint dabei zu sein, eine praktikable Möglichkeit zu finden, *modifizierbare* Verbindungen in Siliconchips einzubauen; allerdings dürfte dieses Problem in absehbarer Zeit gelöst sein.

Es gibt noch zwei weitere Einwände gegen viele dieser Modelle von neuralen Netzwerken. Der erste ist, daß sie nicht schnell genug sind. Eine hohe Geschwindigkeit ist eine wesentliche Voraussetzung für Lebewesen, wie wir es sind. Aber die meisten Theoretiker müssen der Geschwindigkeit erst noch die Bedeutung zugestehen, die ihr tatsächlich zukommt. Der zweite Einwand betrifft Beziehungen. In diesem Fall könnte ein Beispiel ganz hilfreich sein. Stellen Sie sich vor, daß zwei Buchstaben – zwei *beliebige* Buchstaben – ganz kurz auf einem Bildschirm aufleuchten. Die Aufgabe besteht nun darin zu sagen, welches der obere ist. (Dieses Problem haben auch – ganz unabhängig – die beiden Psychologen Stuart Sutherland und Jerry Fodor zur Diskussion gestellt.) Bei älteren Modellen, die Skalarprozessoren verwenden, wie sie normalerweise in den modernen Digitalcomputern eingesetzt werden, ist dies nicht weiter schwer; versucht man hingegen, dabei mit Parallelprozessoren zu arbeiten, dann scheint dies sehr mühsam zu sein. Meiner Vermutung nach fehlt möglicherweise ein Mechanismus der *Aufmerksamkeit*. Bei Aufmerksamkeit handelt es sich wahrscheinlich um einen *seriellen* Prozeß, der über den hochgradig parallelen PDP-Prozessen abläuft.

Ein Teil der Schwierigkeiten mit der Neurophysiologie rührt daher, daß sie irgendwo zwischen drei anderen Bereichen angesiedelt ist. Das eine Extrem stellen jene Forscher dar, die sich unmittelbar mit dem Gehirn befassen. Das ist Wissenschaft. Sie will entdecken, mit welchen Mechanismen die Natur tatsächlich arbeitet. Das andere Extrem ist die künstliche Intelligenz. Sie verkörpert den rein technischen Aspekt. Ihr Ziel ist es, *eine Vorrichtung zu produzieren*, die auf die gewünschte Art und Weise funktioniert. Bei dem dritten Bereich handelt es sich um die Mathematik. Mathematik kümmert sich weder um die wissenschaftlichen noch um die technischen Aspekte (die lediglich ein Nährboden für Schwierigkeiten sind), sondern einzig und allein um das Verhältnis zwischen abstrakten Wesenheiten.

Wissenschaftler, die sich um eine Theorie des Gehirns bemühen, werden also in verschiedene Richtungen gezerrt. Intellektueller Snobismus weckt in ihnen das Gefühl, Ergebnisse liefern zu müssen, die mathematisch weitreichend und umfassend sind und auch auf das Gehirn zutreffen. Daß dieser Fall eintritt, ist eher unwahrscheinlich, wenn das Gehirn tatsächlich eine komplizierte Kombination ziemlich einfacher Tricks ist, die die natürliche Auslese entwickelt hat. Wenn eine Vorstellung, die sie formulieren, nicht zur Erklärung des Gehirns beiträgt, können die Theoretiker immer noch hoffen, daß sie sich in bezug auf die künstliche Intelligenz als nützlich erweist. Sie stehen also nicht unter dem Druck, sich immer weiter und immer intensiver bemühen zu müssen, bis sie aufgedeckt haben, wie das Gehirn nun tatsächlich arbeitet. Es macht viel mehr Spaß, »interessante« Computerprogramme zu entwerfen, und zudem ist es bei dieser Art von Arbeit sehr viel leichter, finanzielle Mittel bewilligt zu bekommen. Es besteht sogar die Möglichkeit, Geld zu machen, wenn man diese Ideen bei Computern anwenden könnte. Die Lage wird auch durch die gängige Einstellung nicht gerade leichter, daß Psychologie eine »sanfte« (das ist beschreibende) Wissenschaft sei, die selten, wenn überhaupt, definitive Ergebnisse liefert, sondern von einer theoretischen Mode in die nächste stolpert. Niemand fragt gerne, ob ein Modell wirklich korrekt ist, denn würde man dies tun, so käme ein Großteil der Arbeit zum Stillstand.

Ich wünschte, ich könnte berichten, daß meine Anstrengungen etwas Nennenswertes erbrachten. Ausgehend von unseren Überlegungen zu neuralen Netzwerken dachten Graeme Mitchison und ich uns 1983 eine neue Begründung für den sogenannten REM-

Schlaf aus, obwohl zwei andere Gruppen unabhängig von uns den gleichen Mechanismus untersuchten. Es macht ungeheuer Spaß, darüber zu referieren, da sich fast jedermann für Schlafen und Träumen interessiert. Ich habe diesen Vortrag vor Physikern (einschließlich der Forschungsgesellschaft einer Ölgesellschaft), Frauenkränzchen und Hochschullehrern wie auch in zahlreichen akademischen Abteilungen gehalten. Unsere Idee besagte im wesentlichen, daß Erinnerungen im Gehirn von Säugern sehr wahrscheinlich auf ganz andere Weise gespeichert werden als in einem Karteisystem oder in einem modernen Computer. Man nimmt allgemein an, im Gehirn würden Erinnerungen sowohl »verteilt« als auch, bis zu einem bestimmten Grad, überlagert. Simulationen zeigen, daß dies nicht unbedingt problematisch ist, außer wenn das System überlastet wird; in diesem Fall können falsche Erinnerungen zum Vorschein kommen. Bei diesen handelt es sich nicht selten um Vermengungen von gespeicherten Erinnerungen, denen irgend etwas gemeinsam ist.

Solche Vermischungen lassen mich sofort an Träume sowie an das denken, was Freud als »Verdichtung« bezeichnete. Wenn wir beispielsweise von jemandem träumen, dann stellt die Person im Traum normalerweise eine Mischung aus zwei oder drei einander ziemlich ähnlichen Personen dar. Graeme und ich machten daher den Vorschlag, daß während des REM-Schlafes (der manchmal auch als »Traumschlaf« bezeichnet wird) ein automatischer Korrekturmechanismus einsetzt, um diese mögliche Vermischung von Erinnerungen einzuschränken. Wir sind der Ansicht, daß dieser Mechanismus die Grundursache unserer Träume ist, an die man sich übrigens meistens nicht einmal erinnert. Ob diese Vorstellung zutreffend ist, wird sich erst noch erweisen müssen.

Darüber hinaus verfaßte ich ein Paper über die neurale Grundlage der Aufmerksamkeit, aber auch dieses war in hohem Maße spekulativ. Ich stehe nach wie vor der Aufgabe gegenüber, eine Theorie zu entwickeln, die einerseits neu ist, andererseits unzusammenhängende experimentelle Fakten überzeugend erklärt.

Im Rückblick wird mir wieder bewußt, wie merkwürdig dieses neue Fachgebiet sich mir darstellte. Zweifelsohne ist die Gehirnforschung im Vergleich zur Molekularbiologie intellektuell ziemlich zurückgeblieben. Zudem macht sie viel langsamer Fortschritte. Man kann dies an der Verwendung des Wortes »kürzlich« beobachten. Im Rahmen der klassischen Studien (Latein und Griechisch) bedeutet »kürzlich« innerhalb der letzten zwanzig Jahre. In der Neurobiologie oder Psychologie bezeichnet es im allgemeinen einen Zeitraum von einigen Jahren, während es in der modernen Molekularbiologie innerhalb der letzten paar *Wochen* bedeutet.

Vor allem drei Ansätze sind notwendig, um ein kompliziertes System aufzuschlüsseln. Man kann es auseinandernehmen und alle Einzelteile beschreiben – woraus sie bestehen und wie sie arbeiten. Dann kann man feststellen, wo genau jedes einzelne Teil innerhalb des Systems im Verhältnis zu all den anderen Teilen lokalisiert ist und welche Wechselwirkungen zwischen ihnen ablaufen. Es ist unwahrscheinlich, daß diese beiden Ansätze, jeweils für sich genommen, enthüllen, wie das System eigentlich funktioniert. Um dies herauszufinden, muß man auch das Verhalten des Systems und seiner Komponenten erforschen und dabei sehr behutsam die diversen Einzelteile beeinflussen, um festzustellen, welche Wirkung derartige Veränderungen auf das Verhalten auf all den verschiedenen Ebenen haben. Wenn wir das alles an unserem Gehirn untersuchen könnten, würden wir sehr schnell herausfinden, wie es arbeitet.

Molekular- und Zellbiologie könnten einen entscheidenden Beitrag für alle drei Ansätze leisten. Mit dem ersten arbeitet man bereits. Beispielsweise wurden die Gene für eine bestimmte Anzahl von Molekülen, denen eine Schlüsselfunktion zukommt, isoliert und beschrieben, und ihre Produkte wurden synthetisiert, so daß man sie leichter untersuchen kann. Was den zweiten Ansatz betrifft, so hat man hier schon einige kleinere Fortschritte erzielt, aber es müssen noch mehr werden. Beispielsweise könnte sich eine Methode als recht nützlich erweisen, die ein einzelnes Neuron auf eine Art und Weise einbringt, daß alle anderen Neuronen, die damit verbunden sind (und zwar nur diese), gekennzeichnet werden.

Auch der dritte Ansatz verlangt nach neuen Vorgehensweisen, vor allem weil die herkömmlichen Verfahren, Teile des Gehirns abzulösen, sehr primitiv sind. Beispielsweise wäre es recht nützlich, wenn man in der Lage wäre, einen speziellen Typ von Neuron in einem bestimmten Bereich des Gehirns zu inaktivieren, und zwar vorzugsweise so, daß dieser Vorgang wieder rückgängig gemacht werden kann. Darüber hinaus braucht man subtilere und aussagekräftigere Methoden, um das Verhalten des ganzen Lebewesens wie auch das einzelner Gruppen von Neuronen zu untersuchen. Die Molekularbiologie macht so schnell Fortschritte, daß sie binnen kurzem massive Auswirkungen auf alle Teilbereiche der Neurobiologie haben wird.

Im Sommer 1984 bat man mich, bei der Siebten Europäischen Konferenz über Visuelle Wahrnehmung in Cambridge, England, eine Ansprache zu halten. Es war eines jener gemütlichen Zusammentreffen nach dem Essen, bei denen vom Vortragenden erwartet wird, auf unterhaltsame Weise Informationen zu vermitteln. Am Ende meines Vortrags konstatierte ich, daß im Laufe einer Generation wohl die meisten Wissenschaftler in den jeweiligen Psychologieabteilungen sich mit »Molekular-Psychologie« befassen würden. Auf den Gesichtern der meisten Zuhörer spiegelte sich schiere Ungläubigkeit. »Wenn Sie das nicht glauben«, fuhr ich fort, »dann überlegen Sie nur einmal, was mit den *Biologie*-Abteilungen passiert ist. Heutzutage betreiben die meisten Wissenschaftler dort *Molekular*-Biologie, aber eine Generation vorher war dies ein Gebiet, das nur Spezialisten kannten.« Ihre Ungläubigkeit schlug in Sorge um: War es *das*, was die Zukunft zu bieten hatte? In den letzten paar Jahren hat sich gezeigt, daß dieser Trend sich allmählich bemerkbar macht [beispielsweise neuere Untersuchungen zum NMDA-Rezeptor für Glutamat und seine Beziehung zum Gedächtnis].

Der derzeitige Stand der Gehirnforschung erinnert mich an den Stand der Biologie und Embryologie in den, sagen wir einmal, zwanziger und dreißiger Jahren. Viel Interessantes ist entdeckt und an vielen Fronten sind alljährlich neue Fortschritte erzielt worden, aber die Kernfragen sind zum großen Teil noch unbeantwortet und werden dies, ohne neue Ideen und Verfahren, wohl auch bleiben. Die Molekularbiologie ist in den sechziger Jahren erwachsen geworden, während Embryologie erst jetzt zu einem einigermaßen klar umrissenen Forschungsbereich wird. Die Gehirnforschung hat noch einen sehr langen Weg vor sich, aber die

Faszination des Gegenstandes und die immense Bedeutung der Antworten wird sie notwendigerweise vorwärtstreiben. Es ist eine wesentliche Voraussetzung, daß wir unser Gehirn einigermaßen genau verstehen, wenn wir den uns zukommenden Platz in diesem riesigen und komplizierten Universum einnehmen wollen, das wir um uns herum sehen.

Anhang A: Kurzer Abriß der klassischen Molekularbiologie

Das genetische Material aller in der Natur existierenden Organismen ist Nucleinsäure. Es gibt zwei Arten von Nucleinsäure: DNA (die Kurzform für deoxyribonucleic acid = Desoxyribonucleinsäure = DNS) und die damit nah verwandte RNA (die Abkürzung für ribonucleic acid = Ribonucleinsäure = RNS). Einige kleine Viren verwenden für ihre Gene ausschließlich RNA. Alle anderen Organismen und Viren benutzen DNA. (Langsame Viren können hier eine Ausnahme machen.) Die Moleküle sowohl der DNA als auch der RNA sind lang und schlank, manchmal sogar außergewöhnlich lang. DNA ist ein Polymer mit einem regelmäßigen Rückgrat und einander abwechselnden Phosphatgruppen und Zuckergruppen (der Zucker wird Desoxyribose genannt).

An jede Zuckergruppe ist eine kleine, flache Molekulargruppe angehängt, die als Base bezeichnet wird. Es gibt vier Haupttypen von Basen, nämlich A (Adenin), G (Guanin), T (Thymin) und C (Cytosin). (Bei A und G handelt es sich um Purine, T und C sind Pyrimidine.) Die *Anordnung* der Basen entlang einem beliebigen Abschnitt der DNA entspricht der genetischen Information. Um 1950 hatte Erwin Chargaff entdeckt, daß in der DNA aus vielen verschiedenen Organismen die Menge von A derjenigen von T und die Menge von G derjenigen von C gleich war. Diese Regelmäßigkeiten bezeichnet man als die Chargaffschen Regeln.

Die RNA ist hinsichtlich ihrer Struktur der DNA ähnlich, lediglich der Zucker unterscheidet sich geringfügig (Ribose statt Desoxyribose), und anstelle von T hat sie U (Uracil). (Bei Thymin selbst handelt es sich um 5-methyl-Uracil.) An die Stelle des AT-Paares tritt hier also das sehr ähnliche AU-Paar.

Die DNA hat normalerweise die Form einer Doppelhelix, die aus zwei voneinander getrennten Ketten besteht, die sich um eine gemeinsame Achse umeinanderwinden. Überraschenderweise verlaufen die beiden Ketten antiparallel, das heißt in *entgegengesetzter* Richtung. Das bedeutet, wenn die Sequenz der Atome im Rückgrat der einen Kette aufwärts verläuft, dann ist die Sequenz der anderen abwärts gerichtet.

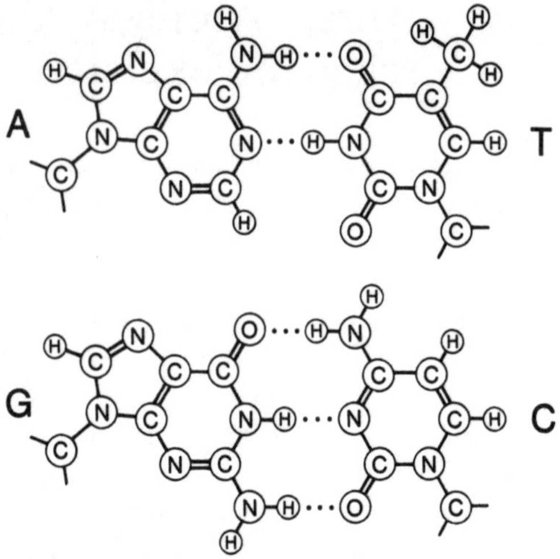

Abbildung A–1 *Die beiden Basenpaare: A = T und G ≡ C. Die Basen: A – Adenin, T – Thymin, G – Guanin und C – Cytosin; die Atome: C – Kohlenstoff, N – Stickstoff, O – Sauerstoff und H – Wasserstoff.*

Die Basenpaare paaren sich auf jeder Stufe. Das heißt, eine Base auf der einen Kette paart sich mit der Base, die ihr auf der anderen Kette gegenüberliegt. Es sind nur bestimmte Basenpaare möglich, nämlich:

$$\begin{cases} T = A \\ A = T \end{cases}$$

$$\begin{cases} G \equiv C \\ C \equiv G \end{cases}$$

Die entsprechenden chemischen Formeln finden Sie in Abbildung A–1. Diese Basenpaare werden durch schwache Bindungen zusammengehalten, die man als Wasserstoffbindungen bezeichnet (hier durch die Bindestriche symbolisiert). So bildet das AT-Paar zwei Wasserstoffbindungen, das GC-Paar hingegen drei. *Diese Paarung der Basen ist das wesentliche Merkmal dieser Struktur.*

Zur Replikation von DNA entflicht die Zelle die beiden Ketten und verwendet eine jede einzelne als Form oder Schablone einer neuen Partnerkette. Wenn dieser Vorgang abgeschlossen ist, haben wir *zwei* Doppelhelices, von denen eine jede eine alte und eine neue Kette enthält. Da die Basen für die neuen Ketten so ausgewählt werden müssen, daß sie den Paarungsregeln (A mit T und G mit C) gehorchen, haben wir jetzt *zwei* Doppelhelices, von denen jede hinsichtlich der Basensequenz identisch mit derjenigen ist, von der wir ausgegangen sind. Kurz gesagt: Dieser eindeutige Paarungsmechanismus stellt die molekulare Grundlage für ein exaktes Kopieren dar. In Wirklichkeit verläuft dieser ganze Vorgang natürlich viel komplizierter, als hier skizziert.

Eine wichtige Funktion der Nucleinsäure ist es, für Protein zu codieren. Ein Proteinmolekül ist ebenfalls ein Polymer mit einem regelmäßigen Rückgrat (genannt Polypeptidkette) und Seitengruppen, die in regelmäßigen Abständen angehängt sind. Sowohl das Rückgrat als auch die Seitengruppen von Protein unterscheiden sich vom Chemischen her erheblich vom Rückgrat und den Seitenketten der Nucleinsäure. Zudem finden sich in Proteinen zwanzig verschiedene Seitengruppen verglichen mit nur vier in der Nucleinsäure.

Abbildung A–2 zeigt die allgemeine chemische Formel für eine Polypeptidkette. Die »Seitenketten« hängen an den mit R, R′, R″ und so weiter bezeichneten Punkten. Die genaue chemische Formel jeder der zwanzig verschiedenen Seitenketten kennt man; sie sind in allen Lehrbüchern für Biochemie nachzuschlagen.

Jede Polypeptidkette wird auf solche Weise gebildet, daß kleine, Aminosäuren genannte Moleküle mit ihren Kopf- und Schwanzenden aneinandergefügt werden. Die allgemeine Formel für eine Aminosäure zeigt Abbildung A–3; dabei steht R für die Seitenkette, die für jede der magischen zwanzig anders ist. Im Verlauf dieses Prozesses wird jeweils ein Wassermolekül eliminiert, wenn eine Verbindung stattfindet. (In Wirklichkeit laufen die einzelnen Schritte des chemischen Vorgangs etwas komplizierter ab als in dieser vereinfachten, generalisierenden Beschreibung.)

Bei allen in Proteine (außer in Glycin) eingefügten Aminosäuren handelt es sich um L-Aminosäuren, im Gegensatz zu ihren

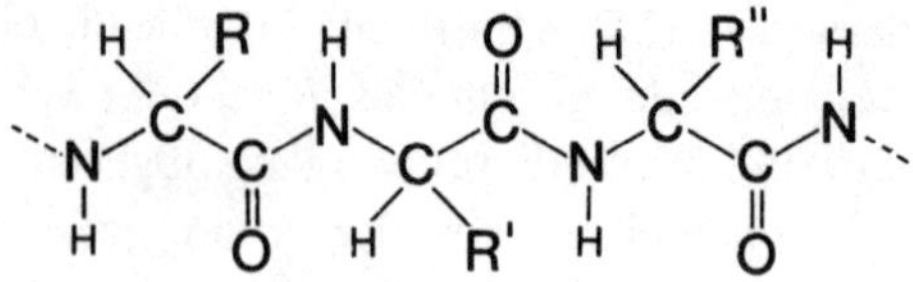

Abbildung A–2 *Die grundlegende chemische Formel einer Polypeptidkette (hier sind annähernd drei Wiederholungen gezeigt). C – Kohlenstoff, N – Stickstoff, O – Sauerstoff, H – Wasserstoff. R, R', R'' bezeichnen die verschiedenen Seitenketten (R steht für »Rest«).*

Spiegelbildern, die man als D-Aminosäuren bezeichnet (L steht für *L*evo = links, D für *D*extro = rechts). Diese Terminologie bezieht sich auf die dreidimensionale Anordnung um das obere Kohlenstoffatom in Abbildung A–3.

Die Synthese von Protein findet auf einem komplizierten Teilabschnitt der biochemischen Maschinerie statt, die man als Ribosom bezeichnet; unterstützt wird dieser Vorgang durch einen Satz kleiner RNA-Moleküle, die man als tRNA (Transfer-RNA) bezeichnet, sowie durch eine Reihe spezieller Enzyme. Die Sequenzinformation wird von einem Typ von RNA-Molekül geliefert, den man als mRNA (Messenger-RNA = Boten-RNA) bezeichnet. In den meisten Fällen wird diese mRNA, die nur über einen einzigen Strang verfügt, als Kopie eines bestimmten Abschnitts der DNA synthetisiert, und zwar entsprechend den Paarungsregeln. Ein Ribosom wandert ein Stückchen mRNA entlang und liest ihre Basensequenz in Gruppen von jeweils drei ab (vergleiche Anhang B). Der Vorgang sieht im Prinzip so aus: DNA ⇝ mRNA ⇝ Protein, wobei die geschlängelten Pfeile die Richtung bezeichnen, in der die Sequenzinformation übertragen wird.

Um die ganze Angelegenheit noch komplizierter zu machen, besteht ein jedes Ribosom nicht nur aus einem großen Satz von Proteinmolekülen, sondern auch aus etlichen Molekülen von RNA, von denen zwei ziemlich groß sind. Diese RNA-Moleküle sind *keine* Boten. Sie sind Teil der Ribosomenstruktur.

Wenn eine Polypeptidkette synthetisiert worden ist, faltet sie sich zusammen, um die komplizierte dreidimensionale Struktur zu

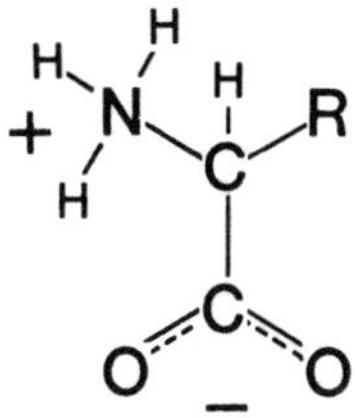

Abbildung A–3 *Die generelle Formel für eine Aminosäure. Die Aminogruppe ist* NH_3^+*; die Säuregruppe ist* COO^-*. Die Seitengruppe, die für jede Aminosäure anders ist, wird durch das R bezeichnet. C – Kohlenstoff, N – Stickstoff, O – Sauerstoff, H – Wasserstoff.*

bilden, die das Protein zur Erfüllung seiner hochspezialisierten Funktion braucht.

Proteine können ganz unterschiedlicher Größe sein. Ein typisches kann unter Umständen einige hundert Seitengruppen lang sein. So besteht ein Gen nicht selten aus einem Stück DNA, das normalerweise etwa tausend oder mehr Basenpaare lang ist und für eine einzige Polypeptidkette codiert. Andere Teile der DNA dienen als Kontrollsequenzen, die daran beteiligt sind, Gene »ein- und auszuschalten«.

Die Nucleinsäure eines kleinen Virus kann 5000 Basen lang sein und für eine Handvoll Proteine codieren. Eine Bakterienzelle hat wahrscheinlich einige Millionen Basen in ihrer DNA – die sich oft alle in einem zirkulären Abschnitt befinden – und codiert für mehrere tausend verschiedene Arten von Protein. Eine einzige unserer Zellen enthält annähernd drei Milliarden Basen von der Mutter und etwa gleich viele vom Vater; sie codieren für 100000 Arten von Proteinen. In den siebziger Jahren entdeckte man, daß die DNA höherer Organismen lange Abschnitte von DNA enthalten kann (die sich zum Teil *innerhalb* der Gene befinden und als Introns bezeichnet werden), die anscheinend keine Funktion haben.

Das sogenannte zentrale Dogma ist eine grundlegende Hypothese, die vorherzusagen versucht, welche Übertragungen von Sequenzinformation *nicht* stattfinden können. Sie entsprechen den fehlenden Pfeilen in Abbildung A–4. Die Linien bezeichnen gän-

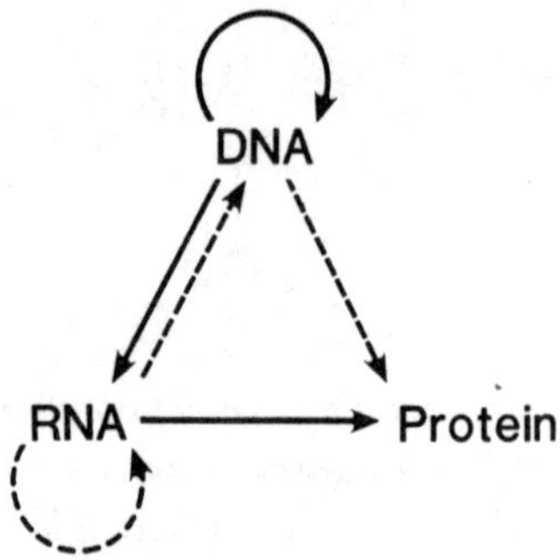

Abbildung A–4 *Das Diagramm verdeutlicht das zentrale Dogma. Die Pfeile stellen die verschiedenen Übertragungen von Sequenzinformation dar. Durchgehende Linien geben die gängigen Transfers an. Die gestrichelten Pfeile bezeichnen die selteneren Übertragungen. Beachten Sie, daß es sich bei den fehlenden Transfers um diejenigen handelt, die von dem Protein ausgehen würden.*

gige Übertragungen, während seltene Transfers durch die gestrichelten Linien gekennzeichnet sind. Beachten Sie, daß die fehlenden Pfeile allen möglichen Übertragungen *von* dem Protein aus entsprechen.

Die gängigen Transfers sind schon an früherer Stelle beschrieben worden. Eine der selteneren Übertragungen, nämlich RNA ⇝ RNA, wird von bestimmten RNA-Viren benutzt, etwa vom Grippe- und Poliovirus. Die Übertragung RNA ⇝ DNA (umgekehrte Transkription) ist bei den sogenannten Retroviren anzutreffen. Ein Beispiel dafür ist das AIDS-Virus. Die Übertragung DNA ⇝ Protein ist etwas »Exotisches«. Unter besonderen Voraussetzungen kann im Reagenzglas eine einsträngige DNA als Bote fungieren; in der Natur jedoch kommt dies wahrscheinlich nie vor.

Anhang B: Der genetische Code

Der genetische Code ist das kleine Wörterbuch, das die Vier-Buchstaben-Sprache der Nucleinsäuren (A, G, T und C für die DNA; die RNA hat U anstelle von T) zu der Zwanzig-Buchstaben-Sprache der Proteine in Beziehung setzt. Eine Gruppe von drei aufeinanderfolgenden Buchstaben, genannt Codon, codiert jeweils für eine Aminosäure. (Im ganzen gibt es $4 \times 4 \times 4 = 64$ Codons.) Die meisten Aminosäuren werden von mehr als einem Codon codiert. Zusätzlich gibt es noch drei Codons für das Signal: »Ende der Kette«.

Der genetische Code wird im allgemeinen in Form der Tabelle B–1 veranschaulicht. Auf den ersten Blick wirkt diese Tabelle möglicherweise etwas verwirrend, aber im Grunde ist sie ganz einfach. Die exakte chemische Formel einer jeden Aminosäure ist bekannt. Beispielsweise heißt eine der Aminosäuren Valin. Um die Tabelle leichter lesbar zu machen, wird Valin als Val abgekürzt. Entsprechend wird Histidin, der Name einer weiteren Aminosäure, His geschrieben. Die drei Basen eines jeden Tripletts können für jeden Eintrag in der Tabelle abgelesen werden. Die erste Base steht links, die zweite oben und die dritte rechts. Man sieht also, daß Valin (Val) durch GUU, GUC, GUA und GUG codiert wird, während Histidin (His) die Codons CAU und CAC hat. Die drei Codons für die Beendigung der Polypeptidkette (STOP) sind UAA, UAG und UGA. Das linke Ende einer RNA- oder DNA-Kette wird aus chemischen Gründen als das sogenannte 5'-Ende und das rechte als das 3'-Ende bezeichnet.

1. Position (5′-Ende) ↓	2. Position U	C	A	G	3. Position (3′-Ende) ↓
U	Phe	Ser	Tyr	Cys	U
	Phe	Ser	Tyr	Cys	C
	Leu	Ser	STOP	STOP	A
	Leu	Ser	STOP	Trp	G
C	Leu	Pro	His	Arg	U
	Leu	Pro	His	Arg	C
	Leu	Pro	Gln	Arg	A
	Leu	Pro	Gln	Arg	G
A	Ile	Thr	Asn	Ser	U
	Ile	Thr	Asn	Ser	C
	Ile	Thr	Lys	Arg	A
	Met	Thr	Lys	Arg	G
G	Val	Ala	Asp	Gly	U
	Val	Ala	Asp	Gly	C
	Val	Ala	Glu	Gly	A
	Val	Ala	Glu	Gly	G

Tabelle B 1 *Der Code scheint bei allen bislang untersuchten höheren Pflanzen und Tieren genau derselbe zu sein. Dennoch sind einige kleinere Abweichungen bekannt, insbesondere bei der DNA bestimmter Mitochondrien, den kleinen Organellen (Zellorganen), die im Cytoplasma höherer Organismen leben, sowie bei bestimmten Pilzen.*

Abkürzungen

U *Uracil (bei DNA steht T [= Thymin] an der Stelle von U)*
C *Cytosin*
A *Adenin*
G *Guanin*

Ala *Alanin*
Arg *Arginin*
Asn *Asparagin*
Asp *Aspartat*
Cys *Cysteinz*
Gln *Glutamin*
Glu *Glutamat*
Gly *Glycin*
His *Histidin*
Ile *Isoleucin*
Leu *Leucin*

Lys *Lysin*
Met *Methionin*
Phe *Phenylalanin*
Pro *Prolin*
Ser *Serin*
Thr *Threonin*
Trp *Tryptophan*
Tyr *Tyrosin*
Val *Valin*

STOP bedeutet »beende die Kette«.

Register